HUODIAN JIZU DIANXING SHIJIAN ANLI FENXI

火电机组典型事件
案例分析

曹忠友　李跃林　刘继锋　闫爱军　编著

中国电力出版社
CHINA ELECTRIC POWER PRESS

内 容 提 要

"安全第一、预防为主、综合治理"是电力生产和建设的基本方针，是电力安全生产必须遵循的根本原则。

本书主要以运行人员在进行事故处理过程中处理不当导致事故扩大；人员误操作，运行人员对所进行操作未能进行有效风险辨识，在操作过程中未认真核对操作设备、阀门、开关，盲目操作；在系统操作时操作人员未能辨识操作时将会带来的风险，风险辨识及分析不到位等方面对事件进行详细阐述。

本书适合火力发电厂生产、运行、检修人员及相关人员学习使用，也可供科研院所专业人员及高等院校师生参考使用。

图书在版编目（CIP）数据

火电机组典型事件案例分析 / 曹忠友等编著 .—北京 ： 中国电力出版社，2021.4
ISBN 978-7-5198-5210-8

Ⅰ .①火… Ⅱ .①曹… Ⅲ .①火力发电 – 发电机组 – 安全事故 – 案例 Ⅳ .① TM621.3

中国版本图书馆 CIP 数据核字（2020）第 248288 号

出版发行：中国电力出版社
地　　址：北京市东城区北京站西街 19 号（邮政编码 100005）
网　　址：http ://www.cepp.sgcc.com.cn
责任编辑：孙　芳（010–63412381）
责任校对：黄　蓓　常燕昆
装帧设计：赵珊珊
责任印制：吴　迪

印　　刷：北京天宇星印刷厂
版　　次：2021 年 4 月第一版
印　　次：2021 年 4 月北京第一次印刷
开　　本：787 毫米 ×1092 毫米　16 开
印　　张：15.25
字　　数：279 千字
印　　数：0001–1500 册
定　　价：88.00 元

前　言

　　"安全第一、预防为主、综合治理"是电力生产和建设的基本方针，是电力安全生产必须遵循的根本原则。

　　为了使广大运行人员从各起生产现场事件中吸取教训，做到安全生产始终警钟长鸣，避免各类事件的发生。结合电厂生产、基建发生的事件，整理编制了《火电机组典型事件案例分析》。本书共包括人身安全事件10起，汽轮机专业事件22起，锅炉专业事件27起，电气一次专业事件13起，电气二次专业事件6起，热工专业事件8起，化学专业事件6起，燃料专业事件4起，脱硫脱硝专业事件3起。

　　本书中所选事件主要是与运行相关的事件，但也包含基建、检修方面的内容，可以作为广大运行管理人员、技术人员的学习资料，同时对其他专业人员也具有借鉴意义。

　　本书在编制过程中，得到了广大生产管理人员、运行人员的帮助，再次表示感谢。

　　在整理编制本书过程中，鉴于作者水平和时间有限，书中难免有些疏漏、不妥之处，恳请广大读者批评指正。

编者

2021 年 1 月

目 录

第一章 人身安全事件

（一）电弧灼伤四级事件

1. 基本情况

2018 年 4 月 13 日，施工单位在某供电公司 110kV 站 3 号主变压器 1103 开关机构 A 修项目施工中，发生一起 1 名施工作业人员触电烧伤的电力人身安全事件。

（1）供电局变电管理二所"220kV 10 台、110kV 26 台断路器操动机构常规检修（规范化检修）"项目是 2017 年年中新增检修项目。主要实施内容是对 10 组 220kV、26 组 110kV 开关机构进行 A 修，包括加热器、辅助开关、分合闸按钮、远方就地钥匙开关、控制箱门行程开关、计数器、加热器、密封条等配件检修，转动部位润滑，开关特性测试试验等工作。项目实施单位为施工单位，合同签订日期为 2017 年 12 月 7 日。现场勘查日期为 2017 年 12 月 15 日，施工方案审批日期为 2017 年 12 月 18 日，未设置监理单位。截至 2018 年 4 月 12 日，已完成 13 台开关机构 A 修工作。

（2）施工单位计划 2017 年 4 月 13 日 08：00—14 日 18：00 在 110kV 站开展 3 号主变压器 1103 开关机构 A 修。

（3）2017 年 4 月 13 日 08：30，完成将 110kV 站 3 号主变压器及两侧开关转检修操作；09：50，完成 3 号主变压器 1103 开关机构 A 修工作安全措施布置；10：50，完成 110kV 站 3 号主变压器停电申请单的全部停电操作；11：10，工作许可人王某会同专职监护人罗某某（变电检修二班班员），对工作负责人陈某进行现场安全交代，工作许可人、工作负责人、专职监护人三方签名确认后完成许可手续。

2. 事件经过

（1）2017 年 4 月 13 日 11：17，工作负责人陈某对工作人员周某、李某某（设备厂家）进行安全交代。工作分工如下：周某负责 3 号主变压器 1103 开关至 11031 隔离开关导线开关侧接线板拆除并对接触面进行清洁处理；李某某负责检测开关操动机构箱内元件，以及操动机构箱内元件检修及更换，机构箱门密封条更换，开关特性测试。

（2）2017 年 4 月 13 日 12：03，工作人员周某解开 3 号主变压器 1103 开关至 11031

隔离开关导线开关侧接线板并用绳子绑扎固定后，扩大工作范围，从1103B0接地开关操动机构沿着隔离开关水泥支柱与隔离开关底座间的空隙往上爬，爬到构架后，左脚站在隔离开关支柱柱头板，右脚跨向隔离开关底座槽钢，在起身过程中，为保持身体平衡，左手伸出，与11031隔离开关C相母线侧金属帽距离不足放电，电弧造成周某颜面、左上肢、躯干、右下肢局部灼伤，并从构架跌落至地上。

（3）经市中心人民医院（三甲）诊断，周某烧伤面积为体表面积28%，其中深Ⅲ°为6%，深Ⅱ°为22%，当时向市中心人民医院烧伤科专家了解，周某可以在一个月左右出院。根据《人体损伤程度鉴定标准（2020）》"5.12.2 重伤二级：a）Ⅱ°以上烧烫伤面积达体表面积30%或Ⅲ°面积达10%"和"5.12.3 轻伤一级：a）Ⅱ°以上烧烫伤面积达体表面积20%或者Ⅲ°面积达5%。"，初步判断为轻伤一级伤害。

（4）依据相关事故调查规程初步认定为1起四级事件。

（5）3号主变压器1M侧11031隔离开关C相两侧支柱瓷瓶的金属帽均有块状放电痕迹，传动连杆及底座有分散点状放电痕迹。11031隔离开关放点如图1-1所示。

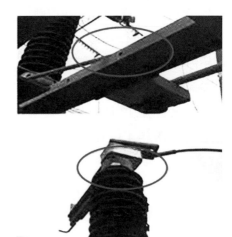

图1-1　11031隔离开关放点

3. 事件原因

（1）直接原因：

1）周某在失去监护的情况下，扩大工作范围，爬上3号主变压器母线侧11031隔离开关C相，与11031隔离开关C相母线侧金属帽距离不足放电，导致被电弧灼伤并从构架槽钢之间跌落至地上。

2）工作负责人给周某安排的工作是负责3号主变压器1103开关至11031隔离开关导线开关侧接线板拆除并对接触面进行清洁处理。从现场人员问话以及周某的携带工具情况（开口扳手两把、梅花扳手两把、除锈剂一瓶、力矩一把、导电膏一支、百洁布一

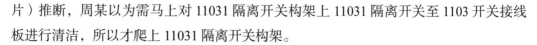

片）推断，周某以为需马上对 11031 隔离开关构架上 11031 隔离开关至 1103 开关接线板进行清洁，所以才爬上 11031 隔离开关构架。

3）结合周某左上肢、右下肢烧伤情况和现场设备放电点综合分析，判断周某爬到构架后，左脚站在隔离开关支柱柱头板，右脚跨向隔离开关底座槽钢，在起身过程中，为保持身体平衡，左手伸出去扶绝缘支柱，11031 隔离开关 C 相母线侧金属帽对伤者周某左上肢放电，产生弥散性电弧，造成隔离开关断口击穿，形成放电主通道，大部分故障电流及电弧能量通过隔离开关侧导电臂经接地开关下地。起弧瞬间，周某被弹开跌落，仅少部分电流及电弧能量通过周某左上肢及右下肢的表皮经传动连杆和隔离开关槽钢底座下地。

（2）间接原因。

1）现场监护人员对现场工作人员周某失去监护。工作负责人陈某和专职监护人罗某某在监护周某完成解开 3 号主变压器 1103 开关至 11031 隔离开关导线开关侧接线板并用绳子绑扎固定的工作后，看到周某下到地面，认为已经完成作业，1103 开关与带电系统已经隔离，周某也已下到地面，不会再有作业风险，注意力转移到监护厂家李某某做 1103 开关机构箱工作，从而失去对周某的监护，未能及时制止周某的违章作业行为。

2）现场安全措施布置不规范。运行人员布置的遮栏未能将 3 号主变压器 1M 侧 11031 隔离开关有效隔离，遗留安全隐患。

3）工作负责人在工作许可时未能正确核实已做完的所有安全措施符合作业安全要求。

4. 暴露问题

（1）施工单位。

1）工作人员周某未能正确理解工作负责人开工前安全交代。虽然周某在开工前的安全交代记录上签名，但通过事件原因分析发现，周某对现场工作任务、工作流程、带电设备均不了解，未认真听取工作负责人安全交代内容。凭经验爬上 11031 隔离开关 C 相构架作业，扩大工作范围。

2）工作负责人工作任务交待不清晰，安全交代流于形式。工作负责人陈某在进行安全交代时，讲完工作任务和安全注意事项后，没有要求周某复述工作任务、工作流程和工作地点邻近的带电设备，只是简单地要求其签字，就认为周某已理解所交代的内容。

3）施工单位工作计划性不强。施工单位临时将原工作班成员抽调到其他工程，施工计划随意性强，准备不充分，管理混乱。

4）施工单位安全教育培训效果差。工作人员周某虽然通过安规考试，但仍然对安全风险认识不足，存在违章作业行为，暴露出施工单位的安全教育培训效果差的问题。执行安全教育的要求不严格，施工单位的安全教育培训流于形式，没有达到应有的警示教育作用。

（2）设备运维单位。

1）现场运行人员安全风险辨识能力不足。未能充分评估作业风险点，并针对性布置安全措施，在装设遮拦时，将无作业内容的3号主变压器1M侧11031隔离开关支柱围入工作范围。

2）专职监护人职责履行不到位。专职监护人在工作许可时，未发现现场安全遮栏设置不规范问题，违反《供电局专职监护人管理业务指导书》5.5.2"检查作业现场安全措施是否正确、完备，是否具备开工条件"。

3）现场安全监管缺失。在同一时间段、同一变电站内存在五项施工作业，涉及多班组多地点作业，而实际作业风险管控级别仍按单个作业任务（风险最高四级）进行管控，未综合安排督查队员对现场进行监督管控，导致现场安全监管力量不足。

（二）倒闸操作不规范，触电死亡事件

2017年4月19日，某公司10kV变电站例行检修工作结束后，变电站值班员在恢复送电倒闸操作过程中，发生一起触电伤亡事故，造成1人死亡。

1. 基本情况

某公司是一个集供电、电力设备安装、电力设施检修测试和多种经营为一体的综合性企业。担负着地区生产生活供电任务。该站于2001年9月建成，2006年6月正式投入运行，有2条110kV进线、5条35kV出线、11条6kV出线、2台主变压器。内设主控室和6kV高压室。高压室主要电气装置包括30个6kV高压开关柜，南北对向分布。站内共有6名员工，分3班，每班2人，倒班工作。

2. 事件经过

（1）2017年4月19日，电力公司所属检修分公司负责对110kV变电站的1号站用电变压器、3013开关和3015开关进行检修。当天站内值班员为正值班员张某、副值班员张某某。按照当天检修计划，检修人员完成1号站用电变压器和3013开关检修任务后，进行3015开关检修。

10：44，完成3015开关检修工作，办理完工作终结手续后，检修人员离开检修现场。

10：54，值班员张某接到电力调度命令进行3015开关由检修转运行操作。

11：00，张某与张某某在高压室完成新中联线3015-1隔离开关和3015-2隔离开关的合闸操作，两人回到主控室后，发现后台计算机监控系统显示3015-2隔离开关仍为

分闸状态，初步判断为隔离开关没有完全处于合闸状态。两人再次来到3015开关柜前，用力将3015-2隔离开关手柄向上推动。

11：03，张某左手向左搬动开关柜柜门闭锁手柄，右手用力将开关柜门打开，观察柜内设备。

11：06，张某身体探入已带电的3015开关柜内进行观察，柜内6kV带电体对身体放电，引发弧光短路，造成全身瞬间起火燃烧，当场死亡。

（2）事故发生后，张某某立即向公司领导进行了汇报，拨打120急救电话，通知属地公安部门。11：25左右，电力公司经理、党委书记等先后赶到事故现场，电力公司生产、安全、保卫等部门也陆续赶到现场，按事故报告规定向公司报告。公司领导察看了现场，并按规定向地方政府和勘探与生产公司进行了事故报告。

（3）电力公司立即启动应急预案，生产调度中心组织运行方式调整，对变电站负荷进行转移，至12：10，变电站所带负荷全部转移完毕，未影响供电。

3. 事件原因

（1）直接原因。值班员张某违规进入高压开关柜，遭受6kV高压电击。

（2）间接原因。本地信号传输系统异常，隔离开关位置信号显示有误。同时采集信号的电力公司生产调度中心、变电分公司监控中心显示3015-2隔离开关为合入状态，而变电站主控室监控屏显示分断状态。超出岗位职责，违章进行故障处理。变电站两名值班人员发现3015-2隔离开关没有变位指示后，没有执行报告制度，也没有向电力公司生产调度中心进行核实，而是蛮力操纵隔离开关，强力扭开柜门，探头、探身进柜内。违反了Q/SY DG 1407—2014《变电站运行规程》中的4.2.6"操作过程中遇有故障或异常时，应停止操作，报告调度；遇有疑问时，应询问清楚；待发令人再行许可后再进行操作"的规定。

3015开关柜型号老旧，闭锁机构磨损，防护性能下降，在当事人违规强行操作下闭锁失效，柜门被打开。

（3）管理原因。

1）没有针对信号异常情况进行确认。该起事故中，当事人在合闸操作后到主控室监控屏确认隔离开关的分合指示时，二次信号系统传输出现异常，现场隔离开关状态与主控室监控屏显示不符，导致运行人员误判断。

2）未严格履行工作职责，正值违章操作。正值在进行3015开关操作过程中代替副值操作，违反了Q/SY DG 1407—2014《变电站运行规程》中的4.1.1"……正值班员为监护人，副值班员为操作人……"的规定。

3）现场管理存在欠缺。检修现场没有安排人员实施现场安全监督，非检修人员进入现场，现场人员安全护具佩戴不合规。

4）检修工作组织协调有漏洞。电力公司应在电力例行检修时，同步开展二次系统检查；检修人员应在送电操作正常完成后，办理验收交接。

5）安全教育不到位、员工安全意识淡薄。值班人员对高压带电作业危险认识不足，两名当事人在倒闸送电过程中，强行打开开关柜柜门，进入开关柜观察处理问题，共同违章。

6）对事故重视程度不够，此次事故发生后没有及时在公司内通报事故情况并及时采取相应的防范措施。

4. 防范措施

（1）完善操作程序。增加隔离开关操作后，确认隔离开关分合信号状态，并与调度核实是否同步。

（2）全面排查治理习惯性违章。依据相关管理办法、标准的要求，在岗位员工中全方面开展习惯性违章的自查自改和治理工作，要求岗位员工必须深刻剖析习惯性违章行为，做到自身排查与相互监督相结合。同时，各级领导干部要认真履行岗位职责，严格落实、执行相关安全工作规程的有关要求，强化检查指导，集中力量治理和消除习惯性违章行为。

（3）强化电力制度执行情况的监督考核。加强员工对相关《电力安全工作规程》《变电站倒闸操作规程》、Q/SYDG 1407—2014《变电站运行规程》等规章制度的掌握，要求岗位人员在工作中必须严格落实各项制度规定，一旦发现员工在工作中存在违反规定的情况，严格处理。继续排查仍未按相关制度落实执行的环节，立即组织整改，加大执行情况的监督力度，加强运行操作和检修作业的现场监督、检查，加大"两票"及倒闸操作执行情况的考核，确保各项电力制度得到严格执行。

（4）深入开展作业风险排查防控工作。立即组织员工再次对工作所涉及的作业风险进行全面排查，将以往遗漏或未重视的作业风险查找出来，组织骨干人员开展风险评价，制定出可操作性强、切实有效的风险削减控制措施，在工作中严加落实。

（5）组织员工开展事故反思活动。组织各级员工开展此次事故的大反思活动，详细通报事故的经过，以安全经验分享的形式来警示员工，使员工深刻认识到严格执行《倒闸操作规程》的重要性和必要性，时刻绷紧安全这根弦。同时，要举一反三，深刻吸取此次事故的深刻教训，还要加强员工专业知识和安全技能的培养锻炼，杜绝各类安全事故的发生。事发过程人员触电情况如图1-2所示。

图 1-2　事发过程人员触电情况

（三）磨煤机热风灼烫，3人烫伤死亡事件

1. 基本情况

2016年2月25日，某电厂在1号炉C磨煤机入口热风道内检修作业过程中，发生一起热风灼烫事件，造成死亡3人的较大生产安全责任事改。

2. 事件经过

2016年2月22日，某电厂设备管理部编制1号锅炉C磨煤机内部检修方案，并按照工作流程逐级批准后执行。

2月23日上午，检修维护部锅炉车间制粉班C磨煤机检修工作组工作负责人张某到发电管理部办理工作票。11：00，发电管理部人员逐项落实安全措施。12：00，经运行许可开始检修施工。15：30，张某进入C磨煤机检查，发现C磨煤机定心支架开焊，决定与之前在运行中发现的热一次风道内焊口开焊、热一次风气动调节挡板轴密封压盖盘根故障，一并进行处理。

2月24日07：30，检修维护部锅炉车间召开早平衡会，制粉班班长李某作为C磨煤机检修工作现场总负责人对制粉班内检修工作任务进行分配，并向锅炉车间主任提出申请，要求派两名焊工参加C磨煤机入口热一次风道补焊作业。焊接班派两人参加作业。

2月25日13：20，张某到C给煤机检修工作组指导调整皮带跑偏；制粉班技术员刘某联系发电管理部运行人员，调试C磨煤机入口热一风气动调节挡板；制粉班检修人员3人清理热一次风道上面的废弃保温棉，并配合调试热一次风气动调节挡板。

13：30，刘某电话联系发电管理部集控运行单元长杜某，要求通知热控人员到现场对C磨煤机入口热一次风气动调节挡板进行调试。杜某用电话通知热控工程师站，值班人员李某甲接到杜某电话后，电话请示一同值班人员主检修工杨某，杨某安排李某甲到现场去看看。

13：40，李某甲到达C磨煤机检修现场，张某让李某甲关一次再开一次热一次风气动调节挡板。说完，就到热一次风道上方清理保温棉去了。随后，李某甲从锅炉 0m 上到 6.9m 平台热一次风气动插板门就地控制柜处。此时，锅炉检修人员已将施工脚手架搭设完毕，检修人员 3 人，准备进入磨煤机热风道内进行作业。李某甲到达 6.9m 平台时，因就地操作柜门锁扣打不开，到 G 磨煤机处取改锥。检修人员 3 人于 14：13 进入 C 磨煤机热风道内。

14：15，李某甲返回到 6.9m 平台热一次风气动插板门就地控制柜处，用改锥打开控制柜柜门，将控制柜内"远控/近控"开关切换到"近控"位置，并按下电磁阀启动开关，第一次按下后没有反应，第二次按下后还没有反应。李某甲在 6.9m 平台栏杆处向热一次风道上的张某喊话，问调节挡板动没动？张某用脚踹了踹调节挡板链接曲柄，挥手表示没有动。李某甲又将挂有"禁止操作 有人工作"警示牌的 C 磨煤机入口热一次风气动插板门气源手动阀门打开。此时，热一次风气动插板门开启，309℃热风以 6kPa 的压力喷入 C 磨煤机入口热一次风道内，磨煤机检修人员 3 人被卷入到 C 磨煤机入口支架底部。

14：45，立即启动应急预案，厂领导及各应急人员迅速赶到现场实施救援。

15：40，救援人员进入 1 号锅炉 C 磨煤机入口热一次风道，抢救被困人员。16：13，3 名被困人员全部救出，经确认已经死亡。

3. 事件原因

（1）直接原因。某电厂 1 号锅炉 C 磨煤机检修过程中，热控检修人员李某甲严重违规操作。李某甲在不具备设备试运条件的情况下，未核对设备名称标识，擅自开启 C 磨煤机入口热一次风气动插板门气源电磁阀和挂有"禁止操作 有人工作"警示牌的气源手动阀门，致使原关闭的 C 磨煤机入口热一次风气动插板门打开，使温度为 309℃、压力为 6kPa 的热风喷入 C 磨煤机入口热一次风道内，导致事件发生。

（2）间接原因。

1）检修维护部锅炉车间制粉班班长李某违反 GB 26164.1—2010《电业安全工作规程 第 1 部分：热力和机械》中第 4.4.13 的规定，在检修工作票未收回、作业人员未撤离工作地点、项目没有最后完成的情况下，安排刘某与发电管理部运行人员联系，对 C 磨煤机入口热一次风气动调节挡板进行调试；违反 GB 26164.1—2010《电业安全工作规程 第 1 部分：热力和机械》中第 4.2.6 条规定；将 C 磨煤机检修工作负责人调离到给煤机作业组工作，并随意调整工作组成员，严重违章指挥。

2）发电管理部集控运行单元长杜某没有按照设备试运规定组织运行、热控、检修"三方"人员进行设备试运的相关工作。

3）锅炉车间制粉班检修人员张某现场要求李某对 C 磨煤机入口热一次风气动调节

挡板进行调试工作，严重违章作业。

4）热控车间炉控班主检修人员杨某，接到李某电话请示后，违反电厂《热控车间值班管理制度》第4.1.6条"值班期间现场有事，班组必须协同处理，不得一个人独自作业"规定，让李某甲1人到作业现场查看，且没有向班长报告。

4. 暴露问题

（1）电厂检修作业危险有害因素辨识不够，安全防护措施不到位。检修管理混乱，检修人员不熟悉现场工作情况；企业对此次检修维护作业危险因素辨识不够，没有按相关规范要求采取有效隔断C磨煤机入口热一次风气动插板门气源及切断气源电磁阀控制电源的措施。

（2）相关部门没有按照GB 26164.1—2010《电业安全工作规程 第1部分：热力和机械》第4.5.1条的规定，对检修现场进行监督检查。发电管理部、设备管理部是确保工作票正确实施的最终责任部门，在设备检修、设备调试中监督、执行不到位；检修维护部在设备调试过程中，未按职责开展工作；安全监察部对作业现场全过程监督不到位；设备管理部及检修维护部检修维护作业现场履行监督检查职责不到位。

（3）电厂隐患排查治理工作不深入，安全制度不完善。相关部门及有关人员，对工作票没有进行认真分析，没有发现存在的问题，没有将有效隔断C磨煤机入口热一次风气动插板门气源及切断气源电磁阀控制电源的措施纳入工作票安全措施中。

（4）电厂对从业人员安全技能培训不到位，安全培训督促检查不落实。没有按照GB 26164.1—2010中第3.3.2条的规定，对从业人员进行严格的安全技能培训，特别是人员调整岗位没有及时全面进行岗位技能培训，使操作人员对相关工作环境和设备设施不了解，未掌握相应的操作技能。人力资源部履行安全培训督促检查职责不到位，未及时发现存在的问题。

事故示意图如图1-3所示。

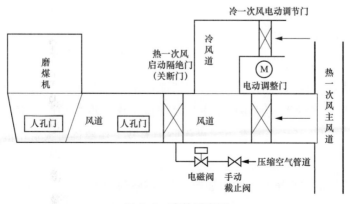

图1-3 事故示意图

（四）擅自解除闭锁，误挂地线死亡事件

1. 基本情况

某公司位于江苏省南京市境内，成立于 2005 年 2 月 2 日，按 60%、30%、10% 的比例共同投资兴建。公司现役机组 4 台，分别为一期工程两台 390MW 燃气 - 蒸汽联合循环机组和二期工程两台 1030MW 超超临界燃煤发电机组。一期两台燃气轮机分别于 2006 年 12 月 31 日、2007 年 3 月 5 日建成投产。

2011 年 5 月 1 日，公司运行人员在执行"1 号机组 6kV 61C 段母线由备用电源进线开关 61C02 供电转冷备用"操作过程中，发生一起人员违章操作，带电挂地线导致一人死亡、一人重伤的恶性误操作和人身伤亡事件。

2. 事件经过

（1）工作安排阶段。电厂运行部通过 OA 系统将《关于 6kV 61C 段母线停电工作安排》下达各值，规定：

5 月 1 日，运行白班进行 6kV 61C 段母线停电操作；

5 月 1 日，运行中班完成 6kV 61C 段母线转检修操作；

5 月 1 日，运行白班（乙值）完成了 6kV 61C 段母线上所有负载转移操作，剩余两项操作未进行（即"备用电源开关 61C02 停电"和"6kV 61C 段母线 TV 停电"）。

运行专工口头通知，要求：①运行中班（甲值）完成 6kV 61C 段母线由运行转冷备用操作，暂不挂接地线；②5 月 2 日，运行白班完成母线转检修的操作。

1）工作安排出现问题。

a. 运行专工口头通知改变了已经批准的工作计划，即将 5 月 1 日应由运行中班完成"母线转检修"的操作改为"母线转冷备用"，却未作明确的书面要求。

b. 5 月 1 日 16：00，运行中班（甲值）接班后，值长按照运行专工的口头通知，安排吴某某（实习集控副值，伤者）担任监护人、李某某（巡检 B 岗，死者）担任操作人，执行"6kV 61C 段母线由运行转冷备用"的操作，同时要求两人在写票和操作中遇到问题应及时向运行专工汇报。

2）值长安排存在的问题。

a. 值长不清楚操作人员的操作资格和技能水平，指派了没有操作权限、不是工作票许可人的李某某当操作人。违反了电厂《岗位工作标准》和运行部《电气防误操作措施》"所有电气操作均应由具备电气操作监护人及工作票许可人资格的人员担任"的规定。

b. 值长不熟悉电气系统，不知道如何进行空载运行母线转冷备用的操作，而是要求

"遇到问题应及时向运行专工汇报"，没有履行《运行部值长安全生产职责》规定的职责。

c. 值长技能水平和安全素质与厂部规定的值长岗位职责严重不符。

（2）操作票生成阶段。

1）监护人在计算机上填写了操作票，打印、手写编号、签名；操作人签名；19：00，值长询问监护人得知已经与运行专工确认了"母线转冷备用"的操作任务后，签字批准了操作票。

2）操作票生成出现问题。

a. 电厂没有同类型的典型操作票，操作票手写编号。

b. 监护人代替操作人填写操作票，而且先签字，失去了监护人的审核作用。

c. 监护人对"母线转冷备用"的设备状态不清晰，未核对一次系统图，凭自己的想象填写了一张操作票。

d. 操作票中增加了挂接地线的操作项，与操作任务"母线转冷备用"严重不符。

e. 接地线操作项内容有重大错误，即接地线挂在1号机组6kV 61C段备用电源TV上端带电处（电厂6kV母线接地只能使用厂家专配的接地手车）。

f. 值长得知监护人已与运行专工确认了母线转冷备用的操作任务，未对操作票进行复核就签字批准操作票，失去关键审核作用，由此诞生了一张带电挂接地线的恶性电气误操作票。

g. 该操作票填写、审核和批准的流程，违反了集团公司《电力安全作业规程》第2.3.5条"倒闸操作由操作人填写操作票""操作人和监护人应根据接线图和实际运行方式核对所填写的操作项目""操作票经运行值班负责人审核"的规定。

（3）操作票执行阶段。19：05，操作人与监护人开始操作。在操作过程中，发现6kV 61C段备用电源TV柜门打不开，监护人未向值长报告，直接电话联系运行专工，运行专工答复找检修处理。

监护人通知了检修人员，检修人员使用检修班组保存的解锁钥匙打开了6kV 61C段备用电源TV柜电磁锁及柜门，离开6kV开关室。

19：26，操作人未验电就在6kV 61C段备用电源进线TV上端头（带电！）挂接地线，致使惨剧发生。

（4）事件后果。监护人被电弧严重烧伤，于5月1日22：10转入某院烧伤科病房治疗；操作人因伤势严重，于5月2日22：20经抢救无效死亡。

3. 原因分析

（1）直接原因。

1）操作票填写错误，审核、批准不仔细，未能发现填写的操作错误项。

2）未按操作票进行操作，跳项操作。

3）运行人员执行操作票存在随意性，在操作票和危险点分析与控制措施执行未全部完成时，执行打勾已全部结束，操作结束时间也已填写完毕，并且未按照操作票顺序逐项操作，存在跳项和漏项操作的现象。

4）"五防"❶闭锁管理制度执行不严格，运行人员擅自通知检修人员解除 61C 段备用电源 TV 柜电磁锁，失去了防止误操作的最后屏障。

（2）间接原因。

1）运行人员过于依赖运行专工，独立分析、判断和审核把关能力欠缺。

2）操作人、监护人、批准人的安全意识淡薄，安全技能不足，工作作风不严谨，操作票制度执行不严肃。

3）操作组织不力。此次 6kV 母线倒闸操作部门领导重视不够，没有部门领导、专业人员在现场对操作进行监督指导。

4）操作人员安排不合理。操作人、监护人虽已取得了电气岗位的当班资格，但技术水平仍不高。

4. 暴露问题

（1）操作人执行操作任务时，未携带验电器、未佩戴防护面罩和绝缘手套等安全防护用品。

（2）监护人在 6kV 61C 段备用电源 TV 柜门打不开时未向值长报告。

（3）电厂防误闭锁钥匙的管理混乱，致使外包检修班组违规保存和使用电厂电磁锁解锁钥匙。

（4）操作人与监护人未认真执行操作程序，跳项操作，未经验电直接挂接地线（监护人在操作完成前已将"操作票"和"危险点分析与预控措施票"的全部项目打勾，填写了操作结束时间）。

（5）整个操作过程，严重违反了集团公司有关防止电气误操作事件的规定。即集团公司《防止电力生产事件重点要求（试行）》中第 2.1 条"严格执行操作票"，第 2.2 条"操作时不允许改变操作顺序""当操作发生疑问时，应立即停止操作，并报告调度部门，不允许随意修改操作票，不允许解除闭锁装置"，第 2.4 条"建立完善的万能钥匙使用管理制度""短时间退出防误闭锁装置时，应经当值值长批准"；集团公司《电力安全作业规程》第 2.3.7 条"操作中应认真执行监护复诵制""操作过程中必须按照操作票填写顺序逐项操作。每操作完一项，应检查无误后做一个√记号"。

---

❶ 防止误分、合断路器；防止带负荷分、合隔离开关；防止带电挂接地线或接地开关；防止带接地线合断路器；防止误入带电间隔。

（6）安全生产管理不严，使得相关安全管理制度、措施得不到有效执行，习惯性违章屡禁不止。

（7）工作作风不实，各级安全生产责任制不能得到有效落实，安全生产管理人员不能经常深入生产一线检查、发现问题。

（8）管理不细，相关的安全生产制度不完善，技术措施不全面，"两票"管理存在很多不到位的地方。

（9）"五防"管理存在漏洞。

（10）人员安全知识培训不到位，技术培训工作不扎实。

（五）管理严重失职，无票操作伤人事件

1. 基本情况

6月10日，某发电公司发生一起因运行人员在进行厂用6kV化学水段运行方式倒换作业中，无票操作，操作中不认真核对设备状态，带接地开关合隔离开关，造成接地短路放炮，一人背部烧伤的电气恶性误操作事件。

事件前，1号机组备用。2号机组运行，负荷为300MW，厂用电公用6kV母线A、B段均由2号机组高压公用变压器带，母联开关合入；化学水6kV A、B母线均由公用6kV B段带，母联开关合入；公用6kV A段至化学水A段的电源开关断开，开关下口接地开关在合入位置，公用6kV A段至化学水6kV A段母线的进线隔离开关在断开位置，隔离开关小车拉至间隔外。

2. 事件经过

（1）6月10日19：40，根据发电部安排，恢复化学水6kV A段为正常运行方式，即将化学水6kV母线A、B段分别由公用6kV A、B段带。

（2）当值值长下令，由1号机组长侯某、副值李某两人进行以上工作。侯某接令在计算机中调取标准操作票，未找到。与值长打招呼后，带着化学水6kV系统图前往现场操作。

（3）事件后果。短路放炮造成化学水6kV A段进线隔离开关柜损坏，观察孔玻璃破碎，操作人侯某右手和大臂外侧及背部被喷出的电弧烧伤，烧伤面积达12%，其中3度烧伤约4%。事发现场及人员灼伤情况如图1-4所示。

图 1-4　事发现场及人员灼伤情况

3. 原因分析

（1）操作人员不执行操作票制度，无票操作，操作中对设备状况不认真检查，检查漏项，操作顺序存在错误，是导致本次事件发生的直接原因。

（2）在 5 月 16 日结束电气一种工作票时，当值人员严重不负责任，在没有拆除该工作票所要求的全部接地装置的情况下，擅自办理结票手续，而且未在运行日志上进行详细记录，给厂用电系统的恢复埋下隐患，是造成本次事件的重要原因。

（3）间接原因。

1）当值值长严重失职，默许 1 号机组长侯某、副值李某两人无票操作，也是造成本次事件的重要原因。

2）发电部运行管理不到位，标准操作票不完善，对辅控 6kV 系统电气倒闸操作规范不足，监督检查不到位，是造成本次事件的管理原因。

3）辅控系统"五防"闭锁装置不完善，隔离开关没有机械防误闭锁装置，不能达到本质安全的条件。

4. 暴露问题

（1）该厂主要领导对本单位长期存在的违章问题的严重性不敏感，缺乏安全生产的忧患意识和责任意识。

（2）该厂有关管理部门对"三票"疏于管理，对不严格执行工作票、操作票、风险预控票制度，无票操作，无票作业等严重问题整治不力，放任自流，导致无票作业、无票操作、安全措施恢复不彻底、风险防范不到位等违章行为成为习惯，成为风气。

（3）安全监察部门对重大安全问题整改情况监督检查不到位，事件调查处理未能做到"四不放过"（事故原因没有查清不放过，事故责任者没有处理不放过，职工没有受到教育不放过，防范措施没有落实不放过），责任追究不严肃，没有发挥出安全监督体系应有的作用。

（4）该厂对安全教育培训工作不重视，各级人员安全意识淡薄，风险意识差，责任心不强，习惯性违章现象严重。

（六）6kV 开关短路，人员伤亡事件

1. 基本情况

3 月 31 日 23：23，运行四值在进行"1 号炉磨煤机 E 开关 61A20 由冷备用转热备用"操作中，开关进线侧发生三相短路，造成在现场的 3 名电厂运行人员电弧灼伤及 1 号机组停运。其中一名人员经抢救医治无效，于 4 月 2 日死亡。

2. 事件经过

（1）3 月 28 日，根据工作安排，电厂设备部安排检修公司项目部对 1 号炉 D、E、F 磨煤机 6kV 真空接触器断口进行耐压试验，高压试验人员由甲检修公司本部派出。

3 月 28 日 17：20，根据工作程序，运行一值办理 1 号炉 D、E、F 磨煤机 6kV 开关的绝缘预试外包电气检修工作票，工作内容为燃煤 1 号炉 D、E、F 磨煤机断口耐压试验；工作负责人为颜某（甲检修公司）；工作联系人为王某（某电厂）；开关试验工作人员为许某某、韩某某、李某（甲检修公司）。18：18，电气检修工作票安全措施由运行人员执行完毕。

18：18 开始，颜某、李某（甲检修公司）先将 1 号炉 D、F 磨煤机开关（中置式 FC 开关）由仓内试验位置移至开关小车上，高压试验期间由颜某监护，韩某某作为试验负责人，许某某负责试验操作。高压试验前，许某某先将被试验开关的进线、出线侧三相触头用专用短接线短接，高压试验结束后，许某某拆除装设的专用短接线，韩某某检查和确认试验接线拆除后，颜某、李某将 1 号炉 D、F 磨煤机 FC 开关由小车推至仓内试验位置。

在完成 1 号炉 D、F 磨煤机 FC 开关试验工作后，颜某、李某将 1 号炉磨煤机 E 开关 61A20 由仓内试验位置移至开关小车上，高压试验前，许某某将 61A20 开关的进线、出线侧三相用专用短接线短接，高压试验结束后，许某某仅拆除了 61A20 开关出线侧三相触头上的短接线，未将装设在 61A20 开关进线侧三相熔断器上的试验短接线拆除，试验负责人韩某某也未能检查出试验短路线未全部拆除的情况，随后，颜某、李某将带短路线的 61A20 开关推至仓内试验位置。

工作联系人王某在试验结束后未到现场对试验工作和设备进行现场验收，仅通过电话确认工作结束。

18：50，现场工作结束，检修人员将 1 号炉 D、E、F 磨煤机 3 台 6kV 开关恢复到试验前原位置（仓内试验位置）。18：58，工作许可人胡某某到现场查看，确认开关已

恢复到工作前状态，即办理电气检修工作票终结手续，并盖"已终结"印章。

19：20，值长庞某某下令拉开1号磨煤机E开关61A20接地开关61A204。20：30，胡某某监护、李某操作，拉开接地开关。开关61A20由检修状态恢复到冷备用状态，运行人员并盖"已复役"印章。

3月31日，运行四值值长颜某安排副值班员于某某、季某进行1号炉磨煤机E开关61A20由冷备用转热备用的操作任务。电气巡检季某填写电气操作票（编号YXDQ201203171），操作任务，1号炉磨煤机E开关61A20由冷备用转热备用，操作人为季某；监护人为于某某。经操作人核对、监护人审核无误后，交值长颜某审核。23：10，值长颜某审核无误后签发操作票，监护人于某某和操作人季某接令复诵后，两人均携带操作防护面罩、绝缘手套赴现场进行操作，新员工刘某某（电气专业毕业，学习人员）跟随于某某和季某进入现场学习。

23：23，集控室听到有较大异常声响，DCS发"6kV 61A段失电"报警，6kV 61A段负载跳闸，1号机组RB动作。因磨煤机A、C跳闸，一次风机A跳闸，锅炉燃烧不稳，紧急投入油枪助燃。集控室通过监控电视发现1号机组6kV开关室内有浓烟，值长立即派人至开关室就地检查，发现1号机组6kV开关室内有烟冒出，于某某、刘某某已从开关室跑出来，即安排人员带正压式呼吸器进入开关室将季某救出。3人均有不同程度灼伤。运行人员立即拨打120并汇报相关领导。3名受伤人员即由厂内值班车和救护车送至市内某军区总院抢救。

23：28，1号炉磨煤机B、D、F因燃烧不稳失去火焰跳闸，仅剩油枪运行，负荷为500MW左右，因主、再热蒸汽温度快速下降，立即手动MFT，1号机组停机。

（2）根据事件后现场录取的继电保护动作情况，可以基本确定故障发生后的保护动作过程：

1）23：23：04：657，运行人员在将61A20开关由试验位置送至工作位置过程中，61A20开关进线侧发生三相短路，61A段母线电压下降，61A段电源进线61A01开关处电流超限，61A段低电压保护和61A段进线过电流保护启动。

2）延时0.5s后，23：23：05：157，61A段低电压保护动作，切除6kV A段低压加热器疏水泵A。

3）延时0.7s后，23：23：05：391，61A段进线过电流保护动作，切除61A01开关，同时过电流保护闭锁61A段备自投回路，61A段母线失电，故障点切除。

3. 事件原因

（1）甲检修公司检修人员在完成1号炉磨煤机E开关61A20断口耐压试验后，试验人员许某未拆除自装的短路线，试验负责人韩某某未认真复查短路线的拆除情况。工作负责人颜某没有周密检查工作现场的清扫、整理情况，也未与运行人员共同检查设备状况、有无遗留物件、是否清洁等工作，致使试验短路线遗留在1号炉磨煤机E开关61A20进线侧三相熔断器上，并被推入仓内"试验"位置。

（2）工作许可人胡某某在办理绝缘预试外包电气检修工作票终结手续时，未按相关要求与检修人员一同在现场检查设备状况、有无遗留物件、是否清洁等，仅在现场进行了简单检查后即办理了工作票的终结手续。在随后进行的开关复役工作，值长庞某某未能正确理解开关试验工作的内容，未能将开关试验作为检修工作对待，违反了电厂《6kV负载开关停送电操作说明》的有关规定，没有按照6kV开关由检修转冷备用的有关程序安排对开关本体进行检查、测量开关静触头、相间及端口绝缘，而是简单理解为检修人员只做了耐压试验而未动开关本体，仅下令"拉开1号磨煤机E 61A20开关接地开关61A204"，使带短接线的61A20开关由检修状态恢复为冷备用状态。

（3）电厂工作联系人王某某未对1号炉磨煤机E开关61A20断口耐压试验工作的安全、质量情况进行验收，仅凭工作负责人口头答复，即协同工作负责人办理工作票终结手续，将设备交付运行人员。

4. 暴露问题

（1）甲检修公司在员工安全教育、安全监督管理等工作上存在不足，特别是在检修质量监督检查环节上存在漏洞，对检修工作的质量、工艺、过程缺少监督。负责1号炉磨煤机E开关61A20断口耐压试验工作的作业人员在工作中不认真执行检修作业规范有关要求，工作班成员安全意识差、工作疏忽大意，工作负责人不认真履行检查责任。

（2）电厂对运行人员培训工作不到位，运行人员没有掌握和理解有关技术管理规定，对设备试验工作在认识上存在误区，对开关状态判断、状态变化的条件和过程缺乏清晰的认识。没有正确执行检修转冷备用操作票，没有严格按照公司工作票管理规定履行现场检查职责。

（3）电厂对外包工程作业过程及质量验收失去监管，没有认真落实外包安全管理主体责任，工作联系人对外包检修工作的安全、质量监督不到位。

（七）安全措施不全，电除尘内触电死亡事件

1. 基本情况

5月31日02：30，电厂电除尘运行人员发现3号炉三电场二次电压降至零，4个电场的电除尘器当1个电场退出运行时，除尘效率受到一定影响。由于在夜间，便安排1名夜间检修值班人员处理该缺陷。在检修人员进入电除尘器绝缘子室处理3号炉三电场阻尼电阻故障时，由于仅将三电场停电，造成了检修人员触电，经抢救无效死亡。

2. 事件原因

（1）运行人员停电操作存在严重的随意性，且仅将故障的三电场停电，安全措施不全面。

（2）检修人员违反 GB 26860—2011《电业安全工作规程—发电厂和变电站电气部分》的规定，在没有监护的情况下单人在带电场所作业，且安全措施不全，造成触电。

（3）运行班长在检修人员触电后，应急处理和救援不当。不是立即对所有电场停电救人，而是打电话逐级汇报，延误了抢救时间。

3. 防范措施

（1）紧急缺陷处理时，必须待安全措施完成后检修人员方可进行作业，并执行监护制度。

（2）对工作场所存在可能发生的触电危险情况，事前开展危险点分析。

（3）对职工加强应急处理和救援教育。事件发生后，应立即采取措施救人，再向上级汇报。

（八）照明段隔离开关故障，拉弧灼伤操作员事件

1. 事件经过

8月25日08：55，因检修工作需要运行值班员将Ⅱ期电气楼0m总电源隔离开关停电，开"西608-011"电气第二种工作票；09：00，终结；09：08，副单元长下令将Ⅱ期电气楼0m照明总电源隔离开关送电。

操作人在送Ⅱ期电气楼0m总电源隔离开关，将隔离开关推入时，在操作人的左下侧有一备用隔离开关电源侧短路拉弧，将操作人的左臂轻度灼伤。

故障隔离开关与操作隔离开关示意图如图1-5所示。

2. 原因分析

事件后，在安监人员组织下，运行部、检修部的有关同志对此次事件的原因进行了分析。初步认为原因是故障的隔离开关电源侧接线处由于机械损坏，强度不够，在操作

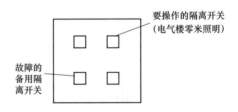

图1-5 故障隔离开关与操作隔离开关示意图

员推另一隔离开关时，将此隔离开关的接线鼻子处振动脱落，造成短路。

此外，下列情况也是在操作中应注意的：

（1）在操作中，防止备用隔离开关中卡熔断器的弹簧弹出，造成短路。

（2）操作人手中持有的金属物在推隔离开关时脱落，也会造成短路。

（3）在操作时，应先检查并确保母线上方无异物，以防在推隔离开关时，由于振动，使异物脱落，造成短路。

3. 防范措施

（1）电气操作应严格执行两票制度，实行操作监护制度。

（2）操作时应戴绝缘手套，操作人应精神集中，不允许一边拿着工具（如绝缘电阻表、钥匙等），一边进行操作，以免工具滑落碰到带电设备，造成人为短路或接地。

（3）对隔离开关操作应严格执行有关规程对隔离开关拉、合的规定。在操作此隔离开关时，合不上或有异常放电声，不得强拉开或合上，应汇报单元长，通知检修人员处理。

（4）在操作或巡检时发现设备名称与实际不符时应立即上报运行部，不得私自更改。

（九）手入保护罩，人员伤害事件

1. 事件经过

某电厂下属单位运行班前夜班开完班前会后，值班员周某某与刘某某、王某某3人到一厂仓泵就地检查设备。当班值班员周某某负责6号炉、7号炉仓泵除灰工作，当周某某检查到6号炉3号电动锁气器时，想证明电动锁气器是否运行，就将戴着手套的右手从锁气器的链条保护罩外伸到保护罩的内侧，手指伸向运行的链条（此时链条的运行速度为17.24r/min），伸进后被运行中的链条将手套绞住，造成右手的食指远端、中间，中指远端，无名指远端手指粉碎性骨折。

2. 原因分析

事件发生后，厂安监部、设备技术部、工会共同到事发现场进行调查取证。事发现场在6号炉电除尘器下平台3号电动锁气器处，工作场所平台整齐，锁气器转动部分的安全防护罩齐全。经现场调查和对当事人进行了解分析，此次事件为工作人员违章而造成的一起人员责任重伤事件。

3. 暴露问题

（1）当事人对在旋转机械或转动设备上工作所应注意的安全事项熟视无睹，违反GB 26164.1—2010《电业安全工作规程　第1部分：热力和机械》的规定，当事人自我保护意识淡薄，安全防护意识较差，人员违章作业是造成此次事件的直接原因。

（2）当事人在巡回检查6号炉3号电动锁气器时，对设备有可能对人身造成危害的危险点没有进行认真分析，公司所制定的《危险点分析预控办法》，部门、班组在贯彻落实上存在断层现象，没有做到使每一位职工充分认识到危险点分析预控对人员自身的保护作用；部分人员尤其是个别管理人员从态度上对危险点分析预控工作的重要性认识不足，理解存在偏差，造成这一科学的安全管理方法在实际的工作运用中发挥不了应有的作用。

（十）磨煤机试转，险些伤人事件

1. 事件经过

2002 年 7 月 12 日 00∶30，锅炉磨煤机检修班甲某开出 1 号炉 B 磨煤机检修热力机械工作票（编号：L107-027，计划工期到 7 月 12 日 24∶00）。2002 年 7 月 12 日 08∶50，电气分部高压班乙某开出 1 号炉 B 磨煤机 6kV 开关检修电气第一种工作票（编号：D107-002，计划工期到 2002 年 7 月 12 日 17∶00）。

2002 年 7 月 12 日 16∶20 左右，开关检修工作结束，乙某一人到主控室办理工作票终结手续，其他工作班成员返回。乙某到主控室办理工作票终结手续时向电气班长提出，是否将 1B 磨煤机开关推至工作位试验一下（因在本月 11 日高压班进行 1A 磨煤机开关检修后，1A 磨煤机一启就跳，经查为程序控制原因）。电气班长向单元长请示，在单元长同意后，电气值班员开送电操作票，并将 1B 磨煤机开关推至工作位置。16∶50，锅炉主操应单元长命令启动 1B 磨煤机，当磨煤机电流稳定正常后，停止 1B 磨煤机，时间约为 1min。而在磨煤机就地，磨煤机检修班有 8 人在 1B 磨煤机内进行检修工作，其中 5 人在磨煤机上部已更换完 3 个磨辊中的 2 个，甲某等 3 人在磨煤机下部已更换完刮板，由于临近吃饭时间，磨煤机内工作的 8 人除孔某外都相继出来。16∶50，运行人员远方启动 1B 磨煤机，甲某正在用气割枪修复底板，突然发觉磨煤机启动，幸亏孔某反应敏捷，迅速从人孔门钻出，未造成严重的人身伤害。

2. 事件原因

（1）当班单元长接班后没有查看运行记录，没有掌握磨煤机检修情况，在电气值班员提出将 1B 磨煤机开关推至工作位置试验的请求后，也未查看热力机械工作票登记本，在 1B 磨煤机检修的情况下就同意了电气班长的请求，并在未安排值班员到就地检查的情况下就要求主操启动 1B 磨煤机，严重违反了 GB 26860—2011《电业安全工作规程　发电厂和变电站电气部分》的有关规定，应对此次事件负主要责任。

（2）锅炉主操虽知道 1B 磨煤机有检修工作（锅炉主操记录本上有记录），但是不清楚是机械检修还是电气检修，也未及时进行了解。在接到单元长启动 1B 磨煤机命令后，未对磨煤机进行就地检查，就盲目启动 1B 磨煤机，对此次事件负直接责任。

（3）电气班长对电气运行记录本中"11 日 00∶20，1B 磨煤机停电（应单元长李某要求）"的记录未注意，对电气检修人员提出将1B磨煤机开关推至工作位置没有提出异议，未向执行送电操作的值班员交代1B磨煤机本体在检修。电气值班员也没有按照规定对磨煤机本体进行检查。电气班长、值班员应对此次事件负有一定的责任。

（4）此次事件暴露出运行人员在做记录时记录不够清楚，交接班交代不到位，未认真查阅运行记录、协调不够；设备检查，尤其是设备启动前的检查不到位等问题。说明在运行管理方面还存在许多薄弱环节，规章制度的执行还不够严格。当班值长、运行部有关领导应负领导责任。

3.防范措施

（1）运行部要加强员工的安全教育和培训，强化管理。部有关领导及各值要深入检查在执行"三票三制"（工作票、操作票、风险预控票，交接班制、巡回检查制、设备定期轮换制）及各项运行管理规定方面存在的问题，及时堵塞漏洞。

（2）运行部要恢复停送电联系单，完善停送电管理制度，对原停送电操作票补充运行值班员到设备本体检查的相关内容。

（3）运行部、安监部要研究采取必要的、切实可行的安全技术措施，防止类似事件发生。如对热力机械设备上的工作，在其电源开关或操作把手上挂"禁止合闸　有人工作"的标示牌，对一些重要的阀门加锁等。

第二章 汽轮机专业事件

（十一）违章操作，导致机组非停事件

1. 基本情况

4月12日10∶46，机组负荷为100MW，2A、2B、2C磨煤机和AB层1、2号角小油枪运行；主蒸汽温度为487℃，压力为6.6MPa；再热蒸汽温度为477℃，压力为1.1MPa；凝汽器水位为1070mm，2B、2C真空泵运行。

2. 事件经过

3月18日，2号机组开始C级检修；4月5日，检修结束转备用；4月11日23∶14，2号机组按调度指令点火启动；4月12日00∶00，发电运行部三值人员接班继续进行机组启动工作；04∶30，汽轮机冲转；08∶00，并网。

4月12日08∶00，发电运行部一值人员在机组并网后接班；10∶46∶36，运行人员发现2号机组真空下降至-83.0kPa，立即启动2A真空泵，真空继续下降；10∶47∶03，真空低三值保护动作，机组掉闸，此时凝汽器水位为1074mm。

机组掉闸后，运行和检修人员现场检查设备无问题，分析为凝汽器水位高引起，运行人员开启5号低压加热器出口放水电动门降低凝汽器水位，真空恢复后，2号机组于11∶30，再次点火启动；13∶39，重新并网。

3. 原因分析

（1）经查历史曲线，机组启动过程中，02∶07，因凝汽器水位高，通过除氧器上水和开启5号低压加热器出口放水电动门将凝汽器水位放至725mm。

（2）02∶38，投入低压旁路系统后，凝汽器水位超过报警值（806mm），光字牌报警，未引起运行人员重视，03∶33，凝汽器水位上升至1036mm。机组并网后，10∶23，凝汽器水位降至953mm。10∶30，机组负荷为100MW，主蒸汽流量为380t/h，除氧器上水量为300t/h，除氧器水位为2220mm，凝汽器水位为989mm。为降低除氧器水位，运行人员将凝结水泵再循环阀门由7.8%开至95%；10∶46，除氧器水位为1761mm，凝汽器水位上升至1075mm。

（3）在调整水位过程中，辅助蒸汽至除氧器加热调整门关闭，凝汽器补水调整门关闭，凝汽器补水量为0t/h。说明凝汽器水位高，可以排除凝汽器补水门内漏造成。

（4）整个机组启动过程中，运行人员通过除氧器给水调整门、凝结水泵再循环、凝结水泵变频器综合调节除氧器水位，但是忽视了凝汽器水位的变化，凝汽器始终维持在930mm以上高水位运行。尤其发生水位报警后运行人员也未引起重视，说明运行人员未严格执行规程规定。

本次非停的直接原因是运行人员对凝汽器水位高危害性认识不足，调整不及时，未按照规程规定采取开启5号低压加热器出口放水电动门的措施降低凝汽器水位。水位升高造成真空泵吸入管口淹没，导致真空低保护动作，机组掉闸。

（5）复查2B真空泵汽水分离罐液位，10：45，自177mm突涨至289mm，表明吸入口已被水淹没，真空泵抽出凝结水，也证明了凝汽器水位高是本次非停事件的直接原因。

4. 暴露问题

（1）生产人员严重违章，不按规程操作，风险意识薄弱。

本次事件在机组点火启动后，从汽水参数上升阶段到机组冲转、并网以及升负荷过程中，凝汽器长期维持高水位运行，声光报警信号一直存在，各级运行人员均未引起重视，未及时对异常现象进行认真分析，也未按规程规定采取措施降低水位到正常范围，对凝汽器水位长时间高限运行可能产生的后果认识不足，属于严重违章和严重失职行为。暴露出运行人员反违章意识淡薄，部门领导和专业人员未能及时发现违章行为，反违章工作不深入、不具体。

（2）有关管理人员责任意识差，现场协调督导工作不到位。

在本次事件中，发电运行部、设备管理部领导和管理人员及有关公司领导虽然按规定到现场协调、指导机组启动工作，但均未对凝汽器长期高水位报警运行这一现象进行关注，未能及时发现设备运行参数异常并组织分析原因、采取措施，未能把住最后一道关口，设备运行参数异常这一隐患长时间存在，最终导致机组发生非停。

（3）培训工作针对性差，培训效果不明显。

在本次事件中，运行人员对凝汽器结构不清楚，对凝汽器水位高可能造成的汽轮机低压缸进水、机组真空低掉闸等严重后果没有清醒的认识，专业知识匮乏。暴露出发电运行部技术技能培训针对性差，方法、手段单一，发电运行部虽然能够利用学习班进行运行规程考试及仿真机操作培训，但内容均比较简单，对设备结构和保护定值等内容涉及较少，不能根据每个岗位、每名员工的实际情况有针对性地进行培训指导，对培训效果的检验除判卷评价打分外，也没有更好的评价方式，未能真正提高运行人员的技术技能水平，未能将培训效果作为岗位动态调整的一项指标。

5. 防范措施

（1）强化责任意识，深入开展反违章工作。

组织开展以"落实主体责任，严格执行制度、规程"为主要内容的反违章活动，各级人员对非停事件进行学习，每位职工结合自己工作开展批评与自我批评，书写个人学习体会。强化各级管理人员责任落实，要求各级管理人员每日对制度不落实、规程不执行等违章行为进行重点检查，对发现的问题严格落实责任，形成反违章的高压态势。

（2）加强技术、技能培训针对性，切实提高运行人员现场处置能力。

1）有计划地进行现场培训，加强专业技术讲课，组织规程、系统图强化学习和考试，突出异常处理的岗位培训，消除短板。组织运行人员对此事件进行分析并开展各类加热器水位调整控制措施及低真空应急处置措施研讨工作，针对典型应急操作采用仿真机实操培训，提高运行人员系统操作水平和事故处理能力，杜绝此类事件再次发生。学习班中，组织学习行业内非停事故分析，增加运行人员异常处理经验。

2）组织专业人员进行设备原理和保护、自动知识技术讲课，使运行人员了解设备结构和自动调整的原理，拓展运行人员专业知识的广度和深度。

3）结合热工保护专项提升工作，发电运行部与控制部、设备管理部共同全面梳理主、辅机运行参数和报警值，制订方案，完善、优化保护、自动逻辑和声光报警功能。

4）仿真机和运行规程考试成绩与绩效挂钩、与岗位动态调整挂钩，规程考试不合格严禁上岗，完善发电运行部培训、考试和人员岗位评价体系。

5）修订、完善公司降非停行动计划。

6）将运行人员操作无失误，保证机组安全、稳定、高效运行措施纳入公司降非停行动计划中，落实责任。

（十二）高中压缸温差大，汽轮机大轴弹性弯曲事件

1. 基本情况

某公司位于内蒙古自治区境内，设计 2×600MW 超临界空冷机组，三大主机均为哈尔滨电机厂生产。

2. 事件经过

4月17日04：15，监盘人员发现高中压缸（高压侧）上、下缸温差明显增大、高中压缸（高压侧）和高中压缸（中压侧）下缸温度下降趋势明显，04：18，高中压缸

（高压侧）上缸温度为321℃，高中压缸（高压侧）下缸温度为117℃，上、下缸温差达204℃，盘车电流为100A，盘车跳闸，手动强启两次，盘车电动机均跳闸。

运行监盘人员开启汽轮机内、外缸疏水门，高压导汽管疏水门，中压导气管疏水门，高压排汽止回门前、后疏水门，高压排汽通风阀疏水门，排尽汽缸内积水。04：33，高中压缸（高压侧）下缸温度开始回升。04：35，停止A电动给水泵、A凝结水泵运行。04：45，高中压缸下缸温度有明显升高趋势，关闭汽轮机内、外缸疏水门，高压导汽管疏水门，中压导汽管疏水门，高压排汽止回门前、后疏水门，高压排汽通风阀疏水门，汽轮机进行闷缸，上、下缸温差逐渐减小。

3. 事件原因

（1）运行丙值操作人员在高压排汽止回门前后疏水罐高报警发出后，机械执行防冻措施，未进行原因分析，多次关闭高压排汽止回门前后疏水门，导致高压旁路减温水（高压旁路减温水阀门内漏）无法排出，是造成高中压缸温差变大的主要原因。

（2）运行乙值副值班员监盘时未及时发现高中压缸上下缸温差增大（正常温差值是42℃，不能超过56℃，03：30—04：15期间温差从42℃上涨到204℃），是造成高中压缸温差严重增大的次要原因。

（3）高压旁路减温水阀门内漏，多次停机检修没有及时处理是造成高中压缸温差变大的次要原因。

4. 暴露问题

（1）运行人员经验不足，业务素质与岗位存在一定差距，面对突发事件没有认真分析原因，没有及时采取处理措施。

（2）运行管理人员安全风险认识不足，风险辨识不到位，没有考虑到高压旁路减温水内漏，疏水门关闭会导致疏水进入高压缸导致温差增大。

（3）监盘人员工作不认真，没有及时发现温差增大问题，没有及时将管道内疏水放出，导致事件扩大。

（4）设备缺陷管理不到位，没有充分利用停机机会及时消除阀门内漏缺陷。

5. 防范措施

（1）机组停机后，全面检查与汽轮机本体相连接的冷水、冷气管道有无进入汽轮机本体的危险源存在，确认高压旁路减温水、低压旁路减温水、轴封减温水、过热器减温水、再热器减温水均可关严。

（2）加强班组技术培训，提高技术水平。

（3）运行监盘人员认真监视汽轮机本体、各设备运行参数变化，发现异常及时做出分析并汇报。

（4）对机组存在的缺陷、隐患，设法及时消除，制定相应的防范措施。

（十三）润滑油泄漏，机组紧急停运事件

1. 基本情况

5月8日13：25：24，某发电公司2号机组正常运行，负荷为142MW，主油箱油位为 –13mm，调节油压为2.03MPa，润滑油压为0.114MPa。汽轮机主油泵运行，高压启动油泵、交流润滑油泵、直流润滑油泵备用。

2. 事件经过

13：25：25，2号机组主油箱油位由 –13mm 开始下降。

13：27：47，2号机组主油箱油位为 –50.14mm，软光字牌和硬光字牌均发出油位异常报警。

13：28：30，监盘人员发现2号机组主油箱油位下降至 –54mm，立即汇报值长，值长立即前往就地检查，发现2号机组前轴承箱处大量喷油，随即返回集控室下令紧急停机。

13：31：33，运行人员手动打闸。

13：33：06，开真空破坏门紧急停机，此时主油箱油位已快速降低至 –140mm。打闸时，调节油压为2.01MPa，润滑油压为0.114MPa。

汽轮机惰走过程中，监盘人员密切监视主油箱油位、润滑油压、调节油压、各轴瓦温度及振动的变化趋势。

停机过程中，运行人员通过高位油箱对主油箱进行补油，13：45，主油箱油位由 –211mm 上升至 –34mm。

停机过程中，汽轮机润滑油压正常、各轴承温度及轴、瓦振动情况正常。

13：52，汽轮机转速至零，投运盘车，检查盘车电流和声音正常，倾听机内声音正常，测量大轴晃动度为0.1mm，正常（2号机组大轴晃动度原始值为0.085mm，规程规定大轴晃动度应在原始值 ±0.02mm 范围内）。

停机后经现场检查，2号机组10m层存有大量油渍，5m层机头下部地面存有油渍，检查防火滑阀托盘内存在大量油渍，检查现场油管路没有看到明显泄漏点。此时调速油泵停运，机组处于盘车状态，交流润滑油泵运行，故排除润滑油系统管路泄漏，初步判断为调速系统压力油管路泄漏。进一步检查汽轮机前箱下部各油管路，发现主油泵出口法兰（前轴承箱与调速油压母管连接法兰）密封垫7点钟方向有一宽约15mm的缺口，见图2-1。

图 2-1　现场泄漏法兰情况图

经拆开主油泵出口法兰，检查主油泵出口管路为外径 159mm 的碳钢管，密封垫为尺寸 $\phi220 \times \phi150 \times 2mm$ 的耐油纸垫，材质选择符合要求标准，但耐油纸垫已有明显的破损缺口。将破损的旧密封垫清理干净后（由于耐油纸垫粘在法兰上很紧，只能采用铲刀对密封垫进行破坏性铲除，未能对旧的密封垫做完整拆卸并拍照存档），更换材质为聚四氟乙烯，尺寸 $\phi220 \times \phi150 \times 2mm$ 的密封垫回装，18：10，更换密封垫工作结束。

18：26，启动高压调速油泵，调速油压建立正常后，检查该法兰无泄漏，油系统工作正常。后续发电部安排开机工作，同时安排专人在就地蹲守监视 24h，观察所更换垫片无泄漏。密封垫更换完后法兰图见图 2-2。

图 2-2　密封垫更换完后法兰图

在更换密封垫的同时，对 10m 层地面、5m 层地面、防火滑阀托盘漏油进行了清理、收集回收，对机头下部润滑油管路、高压调速油管路、10m 层下部压力信号管路的油渍进行了清理，对热控、电气受油渍污染的电缆进行了检查清理，对漏油浸入管道（主要是 5m 层防火滑阀下部二段抽汽止回门处管路、主／再热蒸汽疏水管路）的保温进行了清理、更换。

3. 事件原因

（1）直接原因。机组停运后立即对前箱下部油管路进行检查，检查到主油泵出口法兰（前轴承箱与调速油压母管接口法兰）密封垫在七点钟方向有一宽约 15mm 的破损缺口，因此，主油泵出口的法兰密封垫在运行中突然破损导致大量压力油外泄，是此次非计划停运的直接原因。

1）法兰密封垫破坏主要受两个因素影响，一个是密封垫本身因素，另一个是受力因素，而受力因素与管道膨胀、安装工艺（密封垫制作、螺栓紧力及均匀情况、张口情况等）有较大关系。

2）查检修记录及主油泵检修作业指导书档案，该密封垫为 2014 年 11 月 2 号机组大修期间由检修人员更换，从铲除旧垫过程可看到油没有浸透密封垫，由现场法兰残留旧密封垫可知厚度为 2mm。公司两台机组油系统一直都采用耐油纸垫（2014 年公司物资采购记录可证），材料选用符合《防止电力生产事故的二十五项重点要求》（国能安全〔2014〕161 号）。

3）在机组运行时，主油泵出口法兰密封垫承受内部 2MPa 高压调速油压作用，外部承受 8×M16 法兰连接螺栓紧力，并承受高压缸膨胀推力等各种力的因素。现场调速油母管布置情况：从吊架及支撑情况可知调速油母管可前后、左右自由膨胀，因此不存在有额外的膨胀阻力，在拆卸主油泵出口法兰前，检查法兰前后有近 0.3mm 张口，且存在轻微错位现象，同时，发现各法兰螺栓拆卸力度不均，说明紧固螺栓不够合理。法兰张口、螺栓紧力不均会造成密封垫承压能力明显下降。

4）经核查点检人员作为 2014 年主油泵大修主要牵头负责人和质检人员，在编写、审核作业指导书中对油系统密封垫的工艺要求编写不清，要求不明；验收时对密封垫更换质量把关不严；在此后的设备点检、隐患排查等长期检查中未能查明此隐患，尤其在 2018 年度 3 月 2 号机组 C 级检修工作中，未策划对汽轮机油系统法兰密封垫进行检查、更换。

设备点检管理不到位是此次密封垫破损、泄漏的主要原因。

（2）间接原因。检修人员对油系统密封垫的检修工艺掌握不足，检修标准不高，检修工作责任心不足，对重点检修部位的检修质量标准不重视，随意性强，检修工艺质量失控是此次事件的次要原因。

4. 暴露问题

（1）点检人员没有认真吸取集团公司下发 2018 年一季度非计划停运事件汇编中类

似油系统泄漏事件的教训，点检人员对油系统的隐患排查认识不深刻，只简单对油系统密封垫材质核实合格，未能深入逐个排查密封垫的情况。对油系统密封垫更换周期掌握不清、管理要求不到位，对现场隐患排查不到位。在3月2号机组C级检修工作中，未策划对汽轮机油系统法兰密封垫进行检查、更换。

（2）安全生产管理依然存在不严、不实、不细现象。设备点检对现场设备状况、设备劣化状况分析不到位，设备隐患排查治理台账不清晰，记录痕迹不完善，对机组运行中一些隐性缺陷未能及时查明、策划处理。

（3）公司汽轮机检修规程中关于油系统检修部分没有对油系统法兰密封垫更换周期及检修工艺作出明确规定，对油系统密封垫的使用也没有作出明确规定。

（4）检修人员检修工作标准不高，执行工艺纪律性差，特别是对油系统检修工艺不够重视，随意性强，检修工艺标准差。

（5）保护设置不合理，未按照《防止电力生产事故的二十五项重点要求》（国能安全〔2014〕161号）第8.4.9款的要求加装"三取二"方式的主油箱低位跳机保护。油位监视只有在 –50mm 时热工发出软光字牌和硬光字牌的报警设置，运行规程要求当主油箱油位低至 –200mm 时，运行人员采取打闸停机。在以上情况下，机组设备安全运行完全依靠运行人员监控手段，若运行监视失控则极易发生汽轮机断油烧瓦事件。

（6）经检查主油箱内部油泵安装尺寸，当主油箱油位低于 –900mm 时，油位液面将脱离交流润滑油泵最低吸油口，则汽轮机油系统会发生断油故障，机组存在严重的低油位不跳机而发生机组断油烧瓦的风险。

主油箱油位设置示意图如图 2-3 所示。

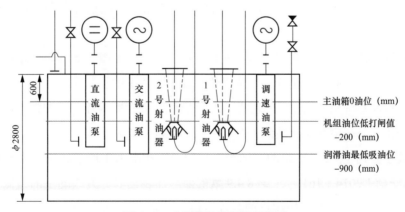

图 2-3　主油箱油位设置示意图

（7）运行人员对异常事件紧急打闸停机的操作敏感性较好，但是在细节操作方面，对紧急停机破坏真空的操作上滞后打闸操作 1min 33s，对汽轮机油系统的安全运行造成了一定的隐患。

5. 防范措施

（1）针对此次事件立即开展举一反三的密封点排查，重点对汽轮机油系统、给水泵组油系统、密封油系统进行隐患排查治理，杜绝类似事件再次发生。

1）结合目前 1 号机组停备情况，立即安排检修对 10m 层调速系统密封垫进行检查、更换，包括主油泵进口法兰密封垫，主油泵出口法兰密封垫，中压油动机压力油进油管法兰密封垫，中压油动机 OPC（防超速系统）脉动油管法兰密封垫，左侧中压自动关闭器进油法兰密封垫，右侧中压自动关闭器进油法兰密封垫，左侧高压自动关闭器安全油信号管接头，滑阀端盖密封垫，右侧高压自动关闭器安全油信号管接头，滑阀端盖密封垫，左侧高压油动机上、下活塞油压信号接头，右侧高压油动机上、下活塞油压信号接头。

2）根据《防止电力生产事故的二十五项重点要求》（国能安全〔2014〕161号），对现场排查到的隐患，制定整改计划。

（2）安全生产管理上切实做好设备管理严、细、实的精细化管理，从点检和检修两方进一步补充、完善油系统密封点台账，细化至每个接头、法兰、密封垫，细化参数信息和检查更换记录。

（3）合理制定油系统检修周期、密封垫选用及安装工艺规范。按以下原则进行：油系统密封件在周期 6 年内完成一轮更换；润滑油系统、密封油系统、给水泵油系统密封垫材质选择更换聚四氟乙烯垫，厚度不超过 2mm；调速保安系统，尽量使用膨化聚四氟乙烯垫，厚度不超过 2mm；对于顶轴油系统，使用紫铜或铝合金密封垫，厚度不超过 5mm。

对于检修工艺的要求：安装密封垫前检查法兰密封面平整，无倾斜、错位现象，垫片制作应与法兰密封面大小相等，安装时垫片处于法兰正中心。

（4）针对油系统检修的工艺水平差，责任意识不强等薄弱环节，加强检修公司检修工艺培训工作，提高检修人员检修工艺水平，提高责任意识。

（5）关于公司 1、2 号机组的主油箱未按照《防止电力生产事故的二十五项重点要求》（国能安全〔2014〕161号）第 8.4.9 款的要求加装三取二方式的主油箱低位跳机保护，目前正就油箱油位低保护跳机的合理定值与厂家进行沟通，在 5 月 25 日前确定主油箱低油位保护的定值并与厂家沟通确认，后续尽快完成对主油箱合理低油位跳机保护设施加装。

在主油箱低油位保护安装之前，一方面，结合本次停机的在 –140mm 时打闸停机的经验，为两机主油箱加装油位 –100mm 时的软光字牌报警信号，提醒运行人员注意油位监视，并作为手动打闸的重要参考信号；另一方面，为防止汽轮机油系统出现异常时运行人员出现处置不当，制定《汽轮机油系统异常处置技术措施》，并组织培训，提高运行人员处置油系统异常的技术水平，坚决杜绝主油箱油位低引起的汽轮机断油烧瓦事件。

（6）针对此次事件暴露的运行人员应急处置操作的不足，重点做好油系统异常运行的应急处置措施编制，并加强运行操作培训工作，结合此次事件组织开展汽轮机油系统事故应急演练，提高运行人员应急处置的能力。并举一反三，加强其他应急处置事件的培训和演练。

（十四）给水泵全停保护动作，导致停机事件

1. 基本情况

2017 年 7 月 5 日 06：40，1 号机组负荷为 504MW，辅助蒸汽联箱温度为 360℃，辅助蒸汽联箱压力为 0.87MPa，四段抽汽压力为 0.92MPa，冷段至辅助蒸汽联箱调整门开度为 20.39%，在手动状态，A、B 给水泵汽轮机汽源由辅助蒸汽联箱提供，机组各参数正常，运行稳定。

2. 事件经过

06：49：30，中调令，1 号机组开始降负荷；07：00：34，1 号机组负荷为 452MW，四段抽汽压力降至 0.85MPa，辅助蒸汽联箱压力降至 0.8MPa，运行人员将辅助蒸汽联箱压力调节阀由 20.39% 开至 33.53%，辅助蒸汽联箱压力开始回升。

07：18：35，辅助蒸汽联箱压力升至 1.4MPa，运行人员将辅助蒸汽联箱压力调节阀由 33.53% 手动调关。

07：19：11，关至 26.3% 后投入"自动"，此时辅助蒸汽联箱压力为 1.34MPa。

07：20：25，辅助蒸汽联箱压力调节阀关至 8.9%，辅助蒸汽联箱压力降至 1.0 ～ 0.95MPa 之间；07：21：22，A 给水泵汽轮机进汽温度由 340℃ 降至 214.37℃，B 给水泵汽轮机进汽温度降至 229.42℃。07：21：22，B 给水泵汽轮机给定转速为 4282 r/min，由于进汽能量不足，B 给水泵汽轮机转速降至 3182 r/min 以下（实际转速与指令偏差大于 1000 r/min，跳给水泵汽轮机）后延时 3s 跳给水泵汽轮机，A 给水泵汽轮机 1s 后也跳机；07：21：26，锅炉 MFT 动作，首出"给水泵全停"，汽轮机跳闸，发电机遮断。1 号机组跳闸前参数曲线见图 2-4。

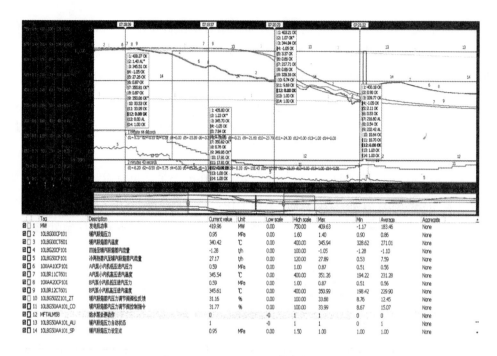

图 2-4　1 号机组跳闸前参数曲线

3. 原因分析

（1）辅助蒸汽联箱压力降至 0.8MPa 时，冷段至辅助蒸汽联箱压力调整门由 20.39%开至 33.53%后，运行人员未及时监视辅助蒸汽联箱压力，造成压力高至 1.4MPa 后才采取措施进行调整。

（2）手动关闭冷段至辅助蒸汽联箱压力调节阀至 26.3%后，辅助蒸汽联箱压力已开始缓慢下降。未等压力稳定，即投入"自动"，压力调整门过关，造成冷段再热向辅助蒸汽供汽短期出现流量急剧减少，给水泵汽轮机进汽做功能力不足，目标值与实际转速偏差大于 1000r/min，给水泵汽轮机相继跳闸，锅炉 MFT 动作。

4. 暴露问题

（1）运行人员监盘不认真，操作不规范。规程规定："负荷降低，四段抽汽压力小于 0.9MPa 时，注意冷段再热至辅助蒸汽联箱压力调整门自动跟踪良好"。当值运行人员在联箱压力低至 0.8MPa 时才手动调整再热器冷段调整门，且直接由 20.39%开至 33.53%，并未认真继续监视调整，造成辅助蒸汽联箱压力最高至 1.4MPa，造成了隐患。

（2）人员培训不到位，运行人员技术能力差，对各种工况下参数调整的水平不足。当值人员发现辅助蒸汽联箱压力高至 1.4MPa，手动关闭冷段至辅助蒸汽联箱压力调节阀至 26.3%后，未等压力稳定，即投入"自动"，造成压力调整门过关，给水泵汽轮机进汽流量低。生产人员培训工作不到位，运行人员对设备性能和机组工况不熟悉，未能分析预判出，"自动"投入后，压力调整门可能会过关，再热器冷段向辅助蒸汽供汽可能出现短期流量急剧减少的现象，当给水泵汽轮机进汽温度快速下降时，没有及时采取手段处理。

5. 防范措施

（1）加强培训。根据公司星级班组管理要求，执行详细的值班员培训计划，强化对规程、系统图等专业技术基础的培训，开展仿真机事故演练，强化操作技能和事故处理能力。对培训效果定期进行测评，并动态调整培训内容、培训范围和培训频次，提高运行人员对异常及突发事件的处理能力。

（2）加强运行管理，提高运行人员安全风险意识和岗位责任意识，将正在开展的"大反思、大讨论、大整改"活动常态化、深入化，融入到班组的日常活动中，让每个员工都切实认识到岗位责任的重要性；严格监盘纪律，及时查看各系统画面，及时发现运行参数异常情况并汇报处理；开展运行参数在线分析工作，确保及时发现隐性系统异常现象。

（3）加强技术管理，提升专业管理水平。立即开展专项运行隐患排查活动，重点对系统设计问题、薄弱运行方式、辅助系统运行可靠性等方面进行全面的排查，根据评估分析结果，优化系统运行方式安排，制定相应的预案、措施，并严格按照"五定"（定责任人、定整改措施、定完成时间、定完成人、定验收人）原则落实责任，切实提升机组运行的安全可靠性。

（4）针对本厂给水泵汽轮机汽源运行方式，认真进行分析评估，立即开展调研工作，尽快确定改造方案，报请集团公司电力生产部同意后立即实施；在改造完成前，选择可靠、安全的运行方式，制定针对性的运行措施，认真执行。

（十五）高压加热器入口三通阀卡涩，机组非停事件

1. 基本情况

6月21日，某电厂1号机组01：45并网，06：33解列开始做超速试验，试验合格后08：17再次并网成功。09：00，机组负荷为265MW，主蒸汽温度为515℃，主蒸汽压力为9.0MPa，再热蒸汽温度为522℃，再热蒸汽压力为1.56MPa，1、2、3高压加热器暖管。

2. 事件经过

09：03：12，将2号高压加热器进汽电动门由5.7%逐渐开大，进行暖管。

09：03：18，2号高压加热器进汽电动门开度为10.6%，2号高压加热器1号液位测点由562mm快速上涨至1443mm（09：03：15，达到高三动作值900mm），2号液位

测点显示 600mm，3 号液位测点由 399mm 快速上涨至 469mm。

09：03：19，高三值动作后（高一值 640mm，高二值 690mm，高三值 850mm）延时 3s，触发高压加热器解列保护，现场检查高压加热器汽侧解列，抽汽电动门联锁关闭，立即派人就地检查发现高压加热器给水主路出口三通阀已切换至旁路，但入口三通阀未切换，给水通道阻断。

09：03：44，锅炉给水流量由 1000t/h 快速下降。

09：03：55，锅炉给水流量降至 382t/h，给水流量低低保护动作，锅炉 MFT。

3. 事件原因

（1）高压加热器给水入口三通阀未能与出口三通阀同步切换至旁路，给水中断，锅炉给水流量低保护，是导致机组跳闸的直接原因。

（2）运行人员在投高压加热器之前，未对各加热器液位保护选择测点进行检查，高压加热器水位保护实际为单点保护，在高压加热器投入过程中，水位波动，保护动作，是导致高压加热器解列的直接原因。

4. 暴露问题

（1）运行人员操作时，高压加热器汽侧投入过快（高压加热器进汽电动门开度在 6s 内从 5.7% 开启至 10.6%，2 号高压加热器 1 号液位测点在 3s 时间内达到高三动作值），暴露出运行人员操作技能不高，操作不熟练，高压加热器跳闸事故预想不到位。

（2）运行人员在启动过程中未对此保护进行核实，实际造成高压加热器水位为单点保护。暴露出运行经验不足。

（3）机组启动前成功进行过高压加热器水侧切换试验。通过对此阀门卡涩现象进行分析认为，启动后热态下在某一工况或不确定的位置，可能出现卡涩现象；阀门盘根等密封部件润滑不足也可能引起卡涩。暴露出运行人员对事故预想不足，机组长期停运后，对阀门等静止部件风险预控不到位，检查不彻底。

5. 防范措施

（1）机组长期停运后，运行人员长期不在工作状况，实操能力下降，需加强运行人员培训，提高实际操作水平。

（2）机组每次启动前对高压加热器三通阀门做切换活动试验，设专人确认保护投入情况，确认阀门开、关灵活，机械无卡涩，并做好记录。

（3）运行人员对重要设备投运及操作，严格执行操作票制度，并应加强危险点分析，做好事故预想，操作前交底到位，防止此类事件的出现。

（4）DCS 模块升级后要核对相关系统保护逻辑状态，并经运行人员确认。

（十六）给水泵汽源切换不当，导致机组非停事件

1. 基本情况

10月12日48：00，1号机组并网。13日06：05，机组负荷为323MW，A/B给水泵汽轮机并列运行，1A给水泵汽轮机转速为3860r/min，再循环阀位反馈33.4%，流量为940t/h。1B给水泵汽轮机转速为3866r/min，再循环阀位反馈27.6%，流量为870t/h，锅炉总给水流量为1004t/h。机组高压排汽自带辅助蒸汽，联箱压力为0.87MPa，温度为290℃。辅助蒸汽联箱至给水泵汽轮机四段抽汽供汽调节阀开度为75%，辅助蒸汽联箱至给水泵汽轮机切换阀开度为20%，两台给水泵汽轮机进汽母管压力为0.6MPa，两台给水泵汽轮机调速汽门开度均为23%，除氧器加热蒸汽电动门开度为5%。

2. 事件经过

10月13日06：07，机组负荷为320MW，A、B给水泵汽轮机入口压力由0.64MPa开始逐渐下降，A、B给水泵汽轮机进汽调节门逐渐开大。06：13：14，给水泵汽轮机入口压力降至0.11MPa，A、B给水泵汽轮机调节门开至100%。1A给水泵汽轮机转速为3860r/min，1B给水泵汽轮机转速为3840r/min。

06：13：14，运行人员发现给水泵汽轮机入口压力过低，首先关闭除氧器加热电动门，给水泵汽轮机进汽压力无变化。然后逐渐开大辅助蒸汽至四段抽汽管道调节阀，开度由78%至97%；06：14：10，给水泵汽轮机进汽压力缓慢回升至0.19MPa。

06：13：26，给水泵汽轮机进汽压力快速升至0.53MPa，1A给水泵汽轮机转速由3875r/min飞升至4182r/min，1B给水泵汽轮机转速由3892r/min飞升至4148r/min，两台给水泵汽轮机调节阀自动控制指令及反馈大幅摆动，1A给水泵汽轮机转速偏差大于600r/min，CCS（协调控制系统）切除，1A、1B给水泵汽轮机指令至0%，调节阀快速关闭至0%，两台给水泵惰走过程中先后因流量低保护动作跳闸，锅炉失去全部给水泵，MFT（主燃料跳闸）动作，机组跳闸。

SOE（事件顺序记录系统）记录如下：

06：14：45：198，锅炉主给水流量低1、主给水流量低2、主给水流量低3同时报出（延时15s MFT）。

06：14：47.590，1B给水泵汽轮机再循环开度为27%，1B给水泵给水流量为239t/h，触发1B给水泵汽轮机流量小于245t/h保护——DCS综合故障报警，SOE报出"给水泵汽轮机B轴承温度高，停机输出至SOE"。

06：14：51.674，1A给水泵汽轮机再循环开度为29.98%，1A给水泵给水流量为229t/h，触发1A给水泵汽轮机流量小于245t/h保护——DCS综合故障报警；SOE报出

"给水泵汽轮机A轴承温度高停机输出至SOE"。

06：14：54：001，给水泵全停，MFT动作，机组跳闸，厂用电切换正常。

3. 原因分析

（1）机组设计A、B两台50%容量汽动给水泵，共3路汽源。第一路汽源为机组正常运行，负荷大于264MW，由汽轮机本体四段抽汽供汽；第二路汽源由辅助蒸汽与四段抽汽管道并列供汽，可带机组负荷为450MW；第三路汽源设计为机组启动汽源，由辅助蒸汽联箱经切换阀供汽至给水泵汽轮机入口，正常运行参数可带负荷为264MW；机组启动过程给水泵汽轮机汽源可选择调节阀或切换阀其中一路。

（2）4台机组168h试运阶段，曾发生两次机组启动过程切换阀倒辅助蒸汽调节阀供汽非停事件，考虑辅助蒸汽调节阀供汽流量大，切换阀通流量面积较小，调试单位建议机组启动直接由辅助蒸汽调节阀供给水泵汽轮机。之后经过改造，已完成对4台机组切换阀阀门套的更换，增加通流面积。切换阀满足给水泵汽轮机启机过程供汽要求。

（3）1号机组启动过程，采取了利用辅助蒸汽给除氧器加热一路为给水泵汽轮机提供动力汽源，此系统复杂且带除氧器一路共用，启动过程出现明显汽源不足情况，同时给水泵汽轮机启动切换阀开度一直维持20%开度，未按操作卡要求开至40%~60%，流量一直维持在6~7t，造成进汽流量不足，给水泵汽轮机进汽压力逐步降低，致使A、B给水泵汽轮机调速汽门全开。

（4）运行发现给水泵汽轮机进汽压力低，关闭除氧器加热电动门，开大辅助蒸汽调节阀，给水泵汽轮机进汽压力开始缓慢回升，之后快速回升，给水泵汽轮机调速汽门摆动关闭，造成2台给水泵汽轮机先后跳闸。

4. 暴露问题

（1）辅助蒸汽给除氧器加热一路为给水泵汽轮机提供动力汽源，同时借用四段抽汽管道，此系统复杂，本身带除氧器加热，存在较大变径，启机时只用此路汽源给给水泵汽轮机供汽不能满足供汽要求，同时机组启动过程除氧器加热操作进汽电动门，对给水泵汽轮机进汽母管压力影响大，此方式影响机组安全运行。应修改运行规程，在机组启动过程，给水泵汽轮机汽源直接用辅助蒸汽至给水泵汽轮机切换阀作为主启动汽源，不采用给水泵汽轮机供汽调节阀为主启动汽源，只保持10%开度暖管热备用；机组带300MW以上后给水泵汽轮机汽源切用四段抽汽。

（2）运行未严格执行操作票，负荷为300MW，未按启机操作卡稳定负荷完成给水泵汽轮机供汽切四段抽汽操作，而是继续涨负荷至323MW，造成供汽量不足。

（3）发电运行部制定的标准操作票未明确给水泵汽轮机启动汽源方式选择，未落实公司《汽动给水泵运行管理指导意见》，给水泵汽轮机汽源切换风险分析预控票措施不

到位，未列出切汽源过程派专人监视给水泵汽轮机进汽压力。

（4）当值运行人员监盘注意力不集中，未及时发现给水泵汽轮机进汽压力逐渐降低，监视调整不及时。

（5）给水泵汽轮机 CCS 控制指令 0～100% 控制给水泵汽轮机进汽调节门开度，100%～200% 控制切换阀开度，由于切换阀在手动控制方式，致使调节门全开时转速未到目标值时，给水泵汽轮机 CCS 指令继续上涨至 130%，在转速超过目标转速时，给水泵汽轮机 CCS 指令回调至 100% 之前不起作用。

（6）给水泵汽轮机再循环虽有保护超驰开逻辑，但再循环阀切至手动，给水流量低再循环打开时间较长，未及时打开，造成给水泵汽轮机跳闸。

（7）给水泵汽轮机跳闸首出为轴承温度高跳闸，不能真实反应出跳闸信号，应为给水流量低跳闸。自投产以来给水泵汽轮机跳闸都是显示轴承温度高跳闸问题一直未查清。

（8）辅助蒸汽供四段抽汽母管调节阀存在隐患：辅助蒸汽供四段抽汽母管调节阀阀门流量特性曲线为百分比曲线，两端平缓、中间陡，但实际调整中在 75% 以上流量确明显增加，阀门本身或安装调整可能存在问题。对调节阀进行检查后恢复隔离措施，询问运行操作人员，开前后截门感觉正常，判断未发生门芯脱落情况，有机会还需进一步对阀门进行检查。

（9）技术管理需加强：运行规程相关规定不全，没有汽轮机主保护内容，相关机组启动操作没有详细规定，DCS 画面管道疏水与现场实际不符。

5. 防范措施

（1）运行方式调整：机组启动过程中，给水泵汽轮机汽源直接用辅助蒸汽至给水泵汽轮机切换阀作为主启动汽源，不采用给水泵汽轮机供汽调节阀为主启动汽源，只保持 10% 开度暖管热备用；机组带 300MW 以上后给水泵汽轮机汽源切用四段抽汽。

（2）加大运行管理力度，严格执行操作票制度。

（3）对启停机过程风险进行辨识，完善操作票，严格落实给水泵汽轮机汽源控制指导意见。

（4）机组启动前做试验，验证原设计供汽方式、控制逻辑是否满足供汽要求。若满足要求，则将切换阀投自动控制方式。

（5）完善给水泵汽轮机给水泵自动再循环控制逻辑，避免瞬间流量波动，给水泵汽轮机跳闸，对跳闸首出报警进行排查，确保报警内容准确一致。

（6）对 1 号机组辅助蒸汽供四段抽汽母管调节阀定位器进行检查，确保动作正确可靠。

（7）对运行规程进行修订，增加汽轮机主保护及机组启动操作详细规定。

（十七）受电网影响高压调节门波动，主蒸汽压力高，锅炉 MFT 事件

1. 基本情况

2016 年 8 月 21 日 19：35：56，2 号机组负荷为 961MW，AGC（自动发电控制）投入，给水流量为 2678t/h，主蒸汽压力为 25.79MPa。汽轮机调节门总指令为 97.97%，调节门 CV1 指令为 55.18%，调节门 CV1 反馈为 55.12%；调节门 CV2 指令为 55.18%，调节门 CV2 反馈为 55.21%。

2. 事件经过

19：35：56，机组在 CCS 协调方式下自动调节运行，负荷指令为 965MW，实际负荷为 961MW，主蒸汽压力设定值为 25.74MPa，实际主蒸汽压力为 25.79MPa。锅炉主控阀门开度为 88.26%，调节门总指令为 55.18%，CV1 指令为 55.18%，反馈为 55.12%；CV2 指令为 55.18%，反馈为 55.21%。

19：35：57，机组负荷指令为 965MW，1s 内实际负荷由 961MW 升至 970MW 后降至 959MW。

19：35：58，调节门总指令由 97.97% 降至 97.47%，CV1 指令为 53.89%，反馈为 55.12%；CV2 指令为 53.89%，反馈为 54.84%。

从 19：35：56 负荷出现瞬时波动，至 19：36：43 机组运行切至手动方式前的 47s 时间内，调节门总指令，CV1、CV2 高压调节门指令及实际开度反馈均发生扩散式波动，机组负荷、锅炉指令、主蒸汽压力等参数也出现波动，负荷最高波动至 975MW，最低降至 736MW，期间具体参数波动记录如下：

19：36：19，调节门总指令为 97.49%，CV1 指令为 45.49%，反馈为 49.42%；CV2 指令为 45.49%，反馈为 49.97%，主蒸汽压力为 26.10MPa，锅炉主控阀门开度为 87.46%，负荷为 959MW。

19：36：22，调节门总指令为 95.21%，CV1 指令为 45.48%，反馈为 52.63%；CV2 指令为 45.48%，反馈为 49.04%，主蒸汽压力为 25.82MPa，锅炉主控阀门开度为 91.03%，负荷为 907MW。

19：36：29，调节门总指令为 97.65%，CV1 指令为 40.96%，反馈为 49.71%；CV2 指令为 40.96%，反馈为 52.77%，主蒸汽压力为 26.44 MPa，锅炉主控阀门开度为 83.86%，负荷为 965MW。

19：36：35，调节门总指令为 91.03%，CV1 指令为 36.57%，反馈为 48.85%；CV2 指令为 36.57%，反馈为 53.75%，主蒸汽压力为 26.34 MPa，锅炉主控阀门开度为

84.12%，负荷为936MW。

19：36：37，调节门总指令为97.33%，CV1指令为49.31%，反馈为46.60%；CV2指令为49.31%，反馈为42.57%，主蒸汽压力为25.74MPa，锅炉主控阀门开度为86.84%，负荷为819MW。

19：36：38，调节门总指令为90.41%，CV1指令为55.26%，反馈为43.86%；CV2指令为55.26%，反馈为45.97%，主蒸汽压力为25.73MPa，锅炉主控阀门开度为89.88%，负荷为880MW。

19：36：40，调节门总指令为92.18%，CV1指令为35.57%，反馈为40.35%；CV2指令为35.57%，反馈为33.05%，主蒸汽压力为27.48MPa，锅炉主控阀门开度为82.11%，负荷为851MW。

19：36：41，调节门总指令为98.00%，CV1指令为52.01%，反馈为34.41%；CV2指令为52.01%，反馈为49.99%，主蒸汽压力为25.90MPa，锅炉主控阀门开度为82.11%，负荷为736MW。

19：36：42，调节门总指令为83.45%，CV1指令为36.05%，反馈为52.93%；CV2指令为36.05%，反馈为54.13%，主蒸汽压力为25.74MPa，锅炉主控阀门开度为85.00%，负荷为972MW。

19：36：43，调节门总指令为91.32%，CV1指令为33.88%，反馈为53.99%；CV2指令为33.88%，反馈为34.34%，主蒸汽压力为25.23MPa，锅炉主控阀门开度为85.00%，负荷为793MW。

因DCS总阀位指令与DEH的总阀位反馈偏差大于10%，机组CCS、AGC自动退出，切至基本方式，汽轮机高压调节门维持在33.8%开度，主蒸汽压力开始快速上升，PCV联开正常。值班员为减缓主蒸汽压力异常升高，手动减水，手动停运2A磨煤机运行。

19：37：29，锅炉主蒸汽压力上升至32.66MPa，锅炉主蒸汽压力高高触发锅炉MFT，联锁跳闸汽轮机，发电机－变压器组正常。跳闸后检查5022、5023开关分闸正常，高压主汽门关闭，检查汽轮机转速下降，油泵联启正常。

3. 原因分析

与专家、电厂人员共同对事件原因进行分析，结果如下：

（1）19：35：57，因电网系统原因引起机组负荷波动10MW是造成本次跳机事件的诱因。

（2）高压调节门执行机构设计为复杂的杠杆结构，在调节门动作过程中，油动机存在侧向力，尤其在50%左右时，侧向力最大。

（3）查看跳机前历史曲线，结合2号高压调节门油缸下腔室油压判断高压调节门在事故发生期间存在动作迟缓现象，发现两个高压调节门指令与反馈在 19：36：19 开始，存在反馈信号滞后，且逐渐放大，最大滞后 4s。

（4）查看两台机组协调控制系统中汽轮机主控 PID 控制参数，发现 2 号机组 PID 参数设置相比 1 号机组作用较强，该参数配置对负荷指令响应较快，但对系统抗扰动能力较弱。加之高压调节门动作迟缓，引起调节振荡，并呈发散趋势，是引起本次负荷波动加剧的主要原因。

（5）在负荷波动后期，一次调频动作，动作幅值达 9.8MW，进一步加剧了负荷大幅波动。

（6）19：36：43，因 DCS 总阀位指令与 DEH 的总阀位反馈偏差大于 10%，机组 CCS、AGC 自动退出，切至基本方式，汽轮机高压调节门维持在 33.8% 的较低开度，主蒸汽压力快速上升至保护动作值，引起机组跳闸。

2 号机组端电压变化见图 2-5，2 号机组端电流变化见图 2-6，系统电流变化见图 2-7。

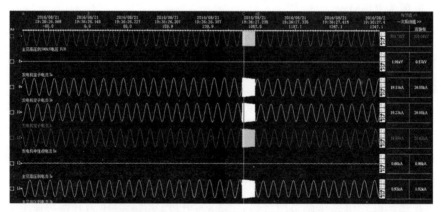

图 2-5　2 号机组端电压变化（电压降低 50V，从 15.84kV 降至 15.79kV）

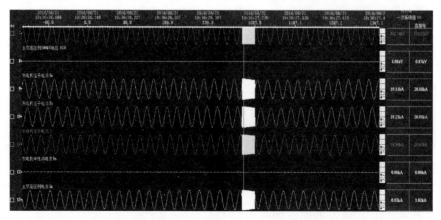

图 2-6　2 号机组端电流变化（增加 1.77kA，从 19.11kA 增至 20.88kA）

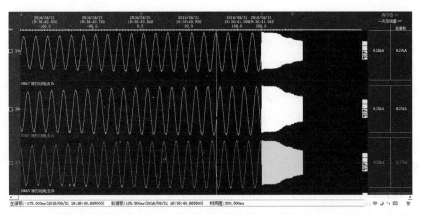

图 2-7　系统电流变化（增加 40A，从 0.23kA 升至 0.27kA）

4. 暴露问题

（1）两台机组在调试过程中，PID 参数设置偏差较大，对负荷响应速率不同，对系统抗干扰能力不同，2 号机组抗干扰能力相对较弱一些。

（2）高压调节门执行机构设计不够合理，传动环节较多，响应不够及时、精准。

5. 防范措施

（1）与自控公司共同研究改进高压调节门执行结构，减少中间传动环节，提高响应速率。

（2）与上海调试所专业人员共同研究，优化 2 号机组协调系统控制参数，提高抗干扰能力。

（3）增加非 RB 工况下，目标负荷与实际负荷偏差大于 50MW 切除协调逻辑，同时增加非 RB 工况机组目标负荷与实际负荷偏差大于 30MW 一级报警，及早解除协调控制，防止振荡发散。

（4）制定运行技术措施，指导运行人员在发生类似事件时及时处理，重点包括两部分：①异常发生时将汽轮机控制切至 DCS 手动或 DEH 阀位方式，并将汽轮机阀位开至异常前的开度；②锅炉切手动后手动减少燃料量，同时注意蒸汽温度的调节，维持正常主、再热蒸汽温度。

（5）加强运行人员技术培训，把类似工况编入仿真机系统，并组织演练，提高事故工况下应急处置能力。

（十八）定子冷却水温度高，导致机组非停事件

1. 基本情况

6 月 1 日 15：17，2 号机组锅炉主控、汽轮机主控运行，AGC 正常投入、一次调

频正常投入、RB正常投入，负荷指令为600MW，发电机功率为600MW，给水流量为1786t/h，主蒸汽流量为1813t/h，炉膛负压为－7.3Pa，炉侧主蒸汽压力为24.56MPa，主蒸汽温度为557.6℃，炉侧再热器压力为4.52MPa，再热温度为565.4℃，A、B、C、E、F磨煤机组运行，总煤量为238t/h。

15∶17∶53，2号机组解列，首出"汽轮机跳闸"，机联跳炉，发电机通过逆功率动作跳闸。汽轮机跳闸首出为"发电机定子冷却水失去"。

2. 事件经过

6月1日，2号机组负荷为600MW，定子冷却水系统为2B泵运行，2A定子冷却水冷却器运行。2A定子冷却水冷却器换热效果差，定子冷却水温控阀全开（99%），发电机定子冷却水入口温度为47℃，运行部汽轮机专工刘某安排化验定子冷却水备用2B冷却器水质合格后进行冷却器切换。

08∶20，运行部集控乙值对2B定子冷却水冷却器定子冷却水侧进行冲洗。

14∶50，运行部集控乙值值长接精处理通知2B定子冷却水冷却器定子冷却水侧水质化验合格。

14∶56，运行部集控乙值值长通知汽轮机专工刘某准备进行定子冷却水冷却器切换。

15∶05，就地派李某操作，雷某监护，石某在集控室对切换过程DCS画面进行监视。

15∶13，监盘发现定子冷却水入口水温由46℃降至44.3℃，定冷水出口水温由62℃降为61.5℃，2B冷却器开式水出水温度由37℃开始上升，2A冷却器原出水温度为44.5℃，判断为2B冷却器已开始出力。

15∶14，监盘发现定子冷却水入口水温由44.3℃逐渐上升，机组长误判断双冷却器同时运行时，分流冷却水导致定子冷却水温度上升，下令关闭2A冷却器定子冷却水侧进水门，关闭2A冷却器定子冷却水侧出水门，并关闭2A冷却器开式水侧入口门。机组长石某盘上监视温度持续上升较快，汇报值长，值长命令：紧急解除2号锅炉主控，降机组负荷。

15∶17∶55，在关A定子冷却水冷却器开式水侧入口手门过程中，2号机组定子冷却水温度高保护动作（温度大于或等于74℃，"三取二"，延时30s），2号机组跳闸。

3. 事件原因

（1）定子冷却水入口温度异常升高后，运行人员存在判断错误，误认为定子冷却水分流造成出水温度升高，未及时中止操作，恢复原运行方式，导致发电机定子冷却水出水温度高保护动作。运行人员风险预控不到位、处置不当、监护不到位、管理不到位是造成本次跳机的直接原因。

（2）2B定子冷却水冷却器开式水侧入口门阀芯脱落，造成冷却水阻塞，是发电机定子冷却水出口温度高保护动作跳机的间接原因。

4. 暴露问题

（1）无票操作，严重违章。当班值班员未认真执行操作票制度，存在侥幸心理，未使用操作票，未充分进行操作前危险点分析，值长、机组长、各级值班员均未起到把关作用，对操作票制度重视不够。

（2）集控乙值值长、机组长严重失职，运行操作前未能认真做好风险分析，工作安排不合理，事故预想不到位。

（3）生产安全事件管理办法执行不严肃，运行对无票操作隐瞒不报、弄虚作假。

（4）技术交底、单机运行措施执行不到位。在1号机组检修、2号机组单机运行期间，运行部汽轮机专工对于可能引起主保护动作的重大操作风险没有引起重视，风险预控、技术交底不到位。

（5）运行部未按照公司要求修订重大操作监护制度，重大操作执行双监护落实不到位，各级岗位人员对重大操作存在侥幸心理。

（6）运行人员业务技能欠缺，在执行现场操作时，需开启的阀门未能正常开启，运行人员经验不足未能采取有效的手段准确判断，操作前事故预想不到位。监盘人员对系统异常状态不能做出正确判断，导致后续操作错误，引发定子冷却水温度高保护动作。

5. 防范措施

（1）规范各岗位人员行为，严肃查处违章现象，坚决杜绝严重违章发生。认真按照公司工作票、操作票规定执行，同时如实上报生产信息，杜绝瞒报、漏报事件的发生。

（2）加强运行岗位技能培训。全面排查运行人员技能缺陷，针对短板，制定专项提升的培训措施。

（3）重点对现场操作技能开展培训考试，提高现场操作人员安全意识。梳理出影响机组安全运行的重要切换操作各工况、事故处理，完善至仿真机系统，制定仿真机事故工况演练，通过仿真机实操培训，提升运行人员操作技能，对运行主岗位人员实行竞聘上岗，定期考评进行动态管理，确保人员技能水平达到上岗要求。

（4）运行部应按照公司到岗到位管理规定制定部门操作到岗到位实施细则，明确到岗到位操作项目及人员，重大操作双执行双监护，细则包括重大操作项目、重大操作到岗到位人员等内容。

（5）运行部梳理运行规程，完善操作规程，明确设备切换并列运行时间等。

（6）加强设备治理，提高设备可靠性水平。加强设备检修、维护、消缺管理，生技部、维护部排查现场同类型阀门使用情况及检修台账，利用停机机会对工作介质差的阀门进行检修，并制定定期检修计划。

故障阀门阀芯及阀杆脱开内部照片见图2-8。

　　　　　(a) 阀芯　　　　　　　　　　　　　　(b) 阀杆

图2-8　故障阀门阀芯及阀杆脱开内部照片

（十九）雷击，导致超速飞车事件

1. 基本情况

5月1日22：34，某公司因雷击造成外供电线路失电。导致余热发电1、2号机组同时跳停，当班操作员立即通过中控按钮启动应急油泵，并电话通知相关领导。巡检工立即赶到汽轮机现场，发现1号机组有异声，且机头位置喷油，无法靠近，随即对2号机组进行应急处理，并立即报告领导。

2. 事件经过

供电中断后，导致余热发电1、2号机组同时跳停，当班操作员立即通过中控按钮启动应急油泵，并电话通知相关领导。巡检工立即赶到汽轮机现场，发现1号机组有异声，且机头位置喷油，无法靠近，随即对2号机组进行应急处理，并立即报告领导。

22：40，公司领导到达现场，组织人员对现场采取保护和应急处置。恢复供电后，对1号机组进行了初步检查，发现排气缸开裂、安全阀冲开、励磁机端盖脱落、手动盘车无法盘动等。在安排专人现场监控后向相关部室人员进行了汇报。

5月2日，区域领导、厂家相关人员，先后到达现场进行了详细检查，并于5月3日召开专题会议，对事故原因、后续修复及防范措施进行分析研讨。

经检查，汽轮机后缸上、下缸体开裂，第八、九级叶片全部脱落，第七级叶片外圈磨损及3块变形，前六级叶片外圈磨损，第七~九级隔板断裂，隔板汽封、径向汽封、前后汽封全部磨损，主油泵小轴断裂及油封环磨损，主油泵挡油环断裂，正推力瓦全部磨损，1～4号瓦损坏，主轴1、2号瓦轴径磨损，轴向位移及测速探头全部磨损，汽轮机侧联轴器及齿轮位移，盘车电机壳体断裂，励磁机定子与转子摩擦损坏，整流盘连接线断裂、风扇叶片磨损，凝汽器约20根铜管受损，发电机转子需返厂检修测试。损坏情况见图2-9～图2-18。

图 2-9　前六级叶片外圈磨损

图 2-10　第七～九级隔板断裂

图 2-11　后汽缸上缸裂纹

图 2-12　后汽缸下缸裂纹

图 2-13　缸体及转子损坏

图 2-14　转子损坏

图 2-15　正推力瓦全部磨损

图 2-16　轴瓦损坏

图 2-17　轴径损坏

图 2-18　轴瓦及轴径损坏

3. 原因分析

正常情况下，在系统失电后，发电机组会自动解列，机组转速会迅速上升，汽轮机电气及机械保护动作，自动关闭主汽门，但因不间断交流电源装置（UPS）处于旁路状态及操作员未及时按下急停按钮，均不能对主汽门提供关闭信号，导致主汽门不能关闭，汽轮机飞车。具体原因分析如下：

（1）中控操作人员在系统失电后，按操作规程启动应急油泵，但未按下中控急停按钮（该操作步骤在发电失电应急操作规程中未作要求，操作员对此功能不清楚），造成主汽门无法及时关闭，是导致此次事故的主要原因之一。

（2）现场余热发电不间断交流电源装置（UPS）处于旁路状态，失电后无法为机组控制系统提供电源，导致主汽门无法及时自动关闭，不间断交流电源装置（UPS）处于旁路状态，是此次事故的主要原因之一（经咨询厂家，不间断交流电源在外电源停电，自身电量较低时会自动打到旁路状态进行自我保护，同时，人为也可以切换至旁路状态，公司在日常检查中未能及时发现并恢复正常状态）。

4. 防范措施

（1）主汽门、调节汽门存在不严现象，虽在允许范围内，但要尽可能处理。

（2）UPS 系统运行人员要多注意检查。

（3）机组停运期间适当地做一下热控电源的切换试验，并验证报警信号的准确性。

（4）定期活动机械超速装置。

（5）开机前各泵联锁试验须按步骤进行。

（6）10kV出线防雷措施要进一步完善，在多雷多雨的地方，这是机组安全运行的基本保证。

（7）机、电联锁要保证正确。

（8）每次启机前，远方及就地打闸实验都要做，特别要确认抽汽速关阀远程与现场打闸是否都动作，并保证其准确性。

（9）汽轮机各液位计要保证其准确性。

（10）对于炉侧的，事故放水、对空排汽也要定期试运，机组运行时锅炉对汽包的监视要保证双色水位计、电触点水位计、DCS水位计的准确性。

（二十）操作不当引起空冷风机跳闸，造成机组跳闸事件

1. 基本情况

某电厂运行部一值在调整4号机组背压设定点时，运行人员对空冷风机自动了解不够，在调整背压时，没有手动缓慢调整，调整幅度过大，操作后没有认真监视背压变化及风机运行情况，空冷风机自动调节速率无法跟踪，导致4号机组空冷顺流区风机全部跳闸，造成4号机组跳闸事件。

2. 事件经过

事件发生前，4号机组负荷为150MW，主蒸汽压力为11.4MPa，真空为71.8kPa，背压为16kPa，空冷风机全投自动，转速为82%。

13：40，4号机组背压为16kPa，负荷为150MW，运行人员改变背压目标值，由16kPa直接改变设定值至22kPa，自动调节背压。

13：42：52，4号机组空冷顺流区风机全部跳闸，真空急剧下降、排汽温度升高，运行人员迅速将空冷跳闸风机打手动抢启，抢启真空泵，急减负荷维持真空至 –44kPa，趋于稳定。

13：45：31，4号机组跳闸，高中压主汽门、调节汽门、高压排汽止回门、各段抽汽止回门关闭。发电机逆功率跳闸，厂用电切换正常，炉MFT动作，给煤机全部跳闸。DEH报警"背压超限"，跳闸时真空为 –43.5kPa，背压3个值分别为45.3、44.5、45.3kPa。汽轮机2号瓦轴承箱下部保温处冒油烟。运行人员待真空恢复，开启高、低压旁路，检查交流润滑油泵，顶轴油泵联启正常，调整各水位正常，开启低压缸、本体扩容器喷水减温。炉MFT不能自动复位，DCS无法启动给煤机，就地手动启动2、4

号给煤机，正常维持床温。

13：49：07，汽轮机重新挂闸升速至1100r/min，检查各瓦振动及油温正常，继续升速。

13：53，机组定速为3000r/min，申请调度重新并网。

14：12，4号机组并网成功，带负荷为60MW。

3. 事件原因

（1）运行人员对空冷风机自动了解不够，在调整背压时，没有手动缓慢调整，而是直接改变背压目标值，由16kPa直接改变设定值至22kPa，调整幅度过大，操作后没有认真监视背压变化及风机运行情况，空冷风机自动调节速率无法跟踪，导致4号机组空冷顺流区风机全部跳闸。

（2）由于4号机组真空和背压定值与实际不符，真空和背压逻辑不合理，真空调节品质差，导致4号机组在真空为–43.5kPa（真空跳闸值为–36kPa），背压分别为45.3、44.5、45.3kPa（背压跳闸值为55kPa）的情况下背压越限跳闸。

（3）4号机组部分真空、背压表计不准及真空、背压设定值与跳闸值不符。

（4）运行操作监护不到位，值长、单元长对背压调整重视不够，工作安排不合理。

4. 暴露问题

（1）运行人员对设备操作不熟悉，操作后没有认真监视设备变化及运行情况。

（2）运行操作相关人员监护不到位。

5. 防范措施

（1）下发空冷风机专项技术措施，指导运行人员操作。

（2）全面进行隐患排查，排查现有表计是否定值准确。

（3）运行人员操作，监护人员要做到到岗到位。

（二十一）VV阀未开高压缸闷缸运行，造成转子损坏事件

1. 基本情况

某电厂600MW机组汽轮机为日本日立机组，型号为TC4F–40，型式为亚临界、一次中间再热、单轴、三缸四排汽、冲动凝汽式。设计额定功率为600MW，最大连续出力（T–MCR）为643MW。汽轮机总级数为42级，高压转子有9级，其中第一级为调速级，中压转子有5级，低压转子有2×2×7级。汽轮机采用高中压缸合缸结构。

2003年3月15日09：15，汽轮机第一次冲转，采用中压缸方式，经过200r/min最小摩擦检查和中速暖机，14：26汽轮机定速为3000r/min，机组最大轴振为36μm，最高瓦温为87.1℃。机组定速后进行了润滑油压力调整、事件润滑油泵联启试验、就地和主控打闸试验、闭锁阀闭锁试验、主跳闸电磁阀试验、DEH在线试验及推力瓦磨损

试验，然后开始电气试验。20：06：42，"高压缸排汽金属温度高"动作，汽轮机跳闸。停机后，对引起高压排汽温度高跳机的原因进行了检查，发现是因 CV1 关闭行程开关未正确闭合，引起高压缸通风阀（VV 阀）关闭，造成高压转子闷缸运行所致。机组第一次冲转定速（3000r/min）时振动和瓦温见表 2-1。

表 2-1　　　　　　　机组第一次冲转定速（3000r/min）时振动和瓦温

序号	1号	2号	3号	4号	5号	6号	7号	8号
轴振（μm）	13/14	23/24	33/26	30/23	36/28	24/18	27/27	11/14
瓦温（℃）	84.7	72.9	87.1	72.0	80.8	85.9	75.8	78.5

闷缸发生后，电厂、调试、建设单位、厂家对闷缸情况进行了分析，对厂家提供的 VV 阀逻辑作了进一步确认，确认是由于机组远方打闸试验时，CV1 阀门已关闭（该阀门在电调操作画面上的反馈指示已到 0），但关闭节点没有回来，导致高压缸通风阀 VV 阀非正常关闭，引起高压缸闷缸。当时，经分析，未发现闷缸运行对机组造成根本性损坏。遂决定机组继续试运。

3 月 16 日 16：47，汽轮机第二次冲转，为中压缸方式的温态启动，1700r/min 最小过临界时 2 号瓦轴振曾达 14 丝，当时认为汽封可能有碰磨，渐渐振动又恢复正常。定速后 2 瓦振动由 7.4 丝慢慢降到 4.4 丝，随即进行发电机短路试验、发电机空载试验、发电机 - 变压器组短路试验（缺高压厂用变压器）、励磁系统闭环试验等电气试验，进行了润滑油压调整，完成变油温试验、变真空试验、旁路扰动试验，3 月 17 日 16：12，机组第二次冲转定速（3000r/min）时振动和瓦温见表 2-2。正常停机，锅炉进行蒸汽严密性试验、安全阀整定等工作。

表 2-2　　　　　　　机组第二次冲转定速（3000r/min）时振动和瓦温

序号	1号	2号	3号	4号	5号	6号	7号	8号
轴振（μm）	37/28	65/50	35/24	35/25	39/33	19/14	29/27	12/16
瓦温（℃）	82.3	71.6	84.6	69.9	77.4	84.7	72.5	76.1

其后根据调试工作安排，又进行了两次冲转，完成了升压站电气试验，超速试验等试验工作，但负荷根据需要一直未超过 450MW。

4 月 16 日进行机组大负荷试运。试着将负荷由 450MW 升至 600MW，此时调节级压力为 13.858MPa，一级抽汽压力为 6.888MPa，调速汽门开度为 98%，CV1、CV2、CV3 都全开，CV4 开度至 56%，发现机组出力受阻。由于空气预热器非金属膨胀节漏热风直吹电动机动力电缆导致温度升高，4月16日14：44，正常计划停机处理缺陷。

发现机组出力受阻后，在现场进行了多次查找和分析工作，基本排除了由于系统问题引起高压缸效率严重下降，出力不足且阻力增大的可能。结合第一次开机曾发生高压缸闷缸运行的现象，决定对高压缸开缸检查，5月2日，揭开高压缸后发现，高压缸转子的4、5、6、7、8级损坏严重，远远超出了预期的想象。经与厂家协商，决定更换机组高中压转子和高压隔板。5月19日，1号机组高压缸抢修工作结束。影响调试工期30天。

2. 事件原因

（1）汽轮机第一次冲转做机组远方打闸试验时，CV1阀门已关闭（该阀门在电调操作画面上的反馈指示已到0，但关闭节点信号没有回来，导致高压缸通风（也称VV）阀非正常关闭，引起高压缸闷缸，鼓风摩擦产生热量造成高压转子过热损坏。

（2）调试人员及运行监视人员没有及时发现高压缸通风阀不正常状态，使汽轮机在故障状态下长时间运行，造成设备损坏。

3. 防范措施

（1）机组调试期间，调试措施应针对具体工作所涉及的操作，列出相应的危险点监控措施，有关技术管理人员与操作人员应认真学习。

（2）业主、监理与建设单位应加强协调，从采购、保管、安装环节把好关，确保设备动作可靠性，尤其重要的是，涉及机组安全运行的热工保护接线和位置开关、流量计、压力开关等环节，必须保证可靠性。

（3）做好生产准备期间运行人员技术培训工作，提高操作人员业务素质；运行人员应熟练掌握机组热工联锁、保护逻辑与定值，能够及时发现故障苗头并采取正确、及时的措施。

（4）机组调试期间就地必须有人对所操作的设备和阀门进行检查和核对。

（二十二）小修后安全措施恢复不到位事件

1. 基本情况

8炉8机运行，总容量为440MW，Ⅰ期机组负荷分别为54.3、56.8、54.2、57.8MW，主蒸汽压力分别为8.95、8.85、8.97、8.86MPa，3-2、3-3、4-2、4-3凝结水泵运行，3-1、4-2真空泵运行，真空母管投入运行。

2. 事件经过

10月3日09：22，3号机组监盘人员发现3-2凝结水泵电流由120A突升至247A，立即停3-2凝结水泵，启动3-1凝结水泵。同时立即派人就地检查凝结水泵状况，司机长立即汇报班长、值长，就地检查人员汇报3号机组凝汽器坑满水。09：26，3号机组负荷至零，打闸停机，汇报值长，完成相关停机操作。值长立即安排电气人员停运 3 号机组 0m 动力箱电源，以防次生不安全情况。机组转速到零后因盘车电动机无电源，就地手动盘车，联系检修增设排污泵，安排人员就地堵砂袋，防止事故扩大。因 3 号机组凝结水泵坑满水，水位无法控制，外溢至临近机组泵坑，漏点尚未找到，为防止事故扩大，09：36，4 号机组带负荷打闸停机，完成相关停机操作，停 1、2 号循环水泵，关闭 1、2、3 号循环水泵入口门及出口门。10：10，因 3、4 号机组同时停运，锅炉压力过高，1、2、4 号炉开启对空排汽，造成 I 期除氧器水位无法维持，立即汇报调度紧急停运 3 号炉。各级人员到位后立即将 2、3 号机组之间、3、4 号机组之间加装隔离砂袋；12：20，排查出漏点为 3 号机组 3-1 凝汽器二次滤网排污门大量呲水，迅速将其隔离，并进行检修处理，3 号机组凝结水泵坑水位得到控制。13：00，对系统全面排查后启动 1 号循环水泵，逐步恢复 3、4 号机组循环水系统；13：48，4 号机组并网带负荷，逐步恢复；14：59，3 号炉并汽。15：55，启动 2 号循环水泵，17：03，3 号机组并网带负荷，系统全面恢复。

3. 事件原因

（1）小修后安全措施恢复不到位是本次事故发生的主要原因：2012 年 9 月 26 日，3 号机组凝汽器检修工作结束后，按照规定无特殊情况当班运行人员应将所有安全措施恢复，但汽轮机运行丁班司机李某某在无任何正当理由的情况下，图省事，只是将所有阀门上的"禁止操作"牌及铁锁收回，而未关闭循环水二次滤网排污门，而且未按规定汇报班长，也未在日志内详细记录，又因该阀门为暗杆门，且加装了堵板，造成该现象未被及时发现，为本次事故埋下严重隐患。此外，班长宋某某、司机长杨某对当班工作不了解，重要工作安排不当，控制不力。

（2）9 月 27 日夜班，汽轮机运行甲班司机吕某某在对凝汽器进行充水操作前，未认真对循环水所有系统进行逐项检查，后因 3-1 侧胶球清洗系统出现漏点，就没有恢复 3-1 侧，只恢复了 3-2 侧凝汽器。班长、司机长对其操作缺乏监督指导，致使本次操作过程中没有发现 3-1 循环水二次滤网排污门未关的问题；9 月 27 日中班，汽轮机运行丙班副司机郝某某对 3-1 凝汽器进行充水并恢复系统，也未认真对循环水所有系统进行逐项检查，只是从外观观看无漏水现象即进行充水操作，也未发现 3-1 循环水二次滤网排污门未关问题。因此，各班主要操作人员工作前对循环水系统检查不仔细、不认真是本次事故发生的另一主要原因。

（3）缺陷处理不彻底是造成此次事件发生的重要原因：3 号机组小修做安全措施过程中运行人员发现 3-1 循环水二次滤网排污门无法放水，随通知检修处理，经了解此前此阀门轻微内漏检修人员在门后加装了堵板，检修工作负责人荆某某在小修过程中因无备品未对 3-1 循环水二次滤网排污门进行更换也未对其进行解体检查处理，只是将堵板回装，同时也未及时向车间汇报，导致该隐患未被及时处理，为事故发生提供了条件。

（4）10 月 3 日早班，因热工人员工作需要，切换循环水泵，在启动 3 号循环水泵后循环水压力突升，造成 3-1 循环水二次滤网排污门处堵板被冲开，大量循环水瞬间淹没凝结水泵坑，造成厂房大量进水，机组被迫停运，循环水泵切换是本次事故的诱发因素。

4. 暴露问题及防范措施

（1）汽轮机运行丁班人员在工作票终结后，未及时按规定将工作票内所列措施全面恢复，且未按规定在日志内对保留措施进行记录交代，造成跨班操作出现盲区，使措施遗漏，充分暴露出分厂、车间对制度落实执行检查不严不细，造成运行人员有章不循、自以为是的工作态度。

防范措施：要求运行人员严格执行公司规定，无特殊情况应及时恢复安全措施，严禁推诿扯皮，如因工作需要当班无法恢复时，必须在日志内进行详细记录，严防跨班出现遗漏情况。分厂、车间加大现场制度执行的检查落实，使运行人员养成良好的工作习惯。

（2）汽轮机运行甲班、丙班人员在对凝汽器进行充水操作前，均未认真对循环水系统进行检查，就盲目充水，致使均未发现 3-1 二次滤网排污门未关。充分暴露出相关运行人员工作责任心较差，工作不认真、不仔细；运行车间监督检查不到位，人员培训不到位。

防范措施：要求运行人员进行操作时，必须严格执行操作票，操作前应认真检查系统，严禁走马观花，流于形式，对于检修后设备启动更要认真逐项检查，严防出现遗漏项目。

（3）循环水泵切换时，值长、技术员、班长均未对其存在的隐患进行强调，未提前安排人员到就地检查相关机组循环水系统，暴露出各级人员对循环水系统压力升高后可能出现的安全隐患缺乏预见性。

防范措施：进行循环水泵切换时，必须安排人员提前到就地检查循环水系统，严防因循环水压力波动引发不安全情况。

（4）3 号机组凝汽器充水操作，值长、汽轮机运行班长、技术员均在现场指挥监护，但未对操作中重点注意部位进行详细交代，未及时发现 3-1 循环水二次滤网排污门未关闭的问题。充分暴露出各级人员责任心极差，工作浮在表面，监护流于形式，对运行人员操作失去应有的监督与指导。

防范措施：要求运行车间各班长、技术员、值长对各项操作必须事前详细布置，现场监护时必须时刻跟随，全面监督检查运行人员执行情况，严防出现监护盲区。

（5）2012 年 5 月 12 日，汽轮机运行人员发现 3-1 二次滤网排污门内漏滴水，汽轮机检修负责人荆某某未从根本上对此缺陷进行处理，只是采取了加白铁皮堵板的简单处理方法，且堵板厚度不足，承力较小。3 号机组小修前，也未对该缺陷进行统计，运行人员反应排污门放不出水后才得知此门后有堵板，工作负责人荆某某只是将堵板拆除，工作结束后又将堵板装回，未意识到堵板厚度不足问题，也未向班长、车间汇报。暴露出相关人员工作责任心差，对缺陷消除不彻底，车间、班组把关不严，为设备运行埋下隐患。

防范措施：对系统进行全面排查，利用停运机会将铸铁阀门全部更换为铸钢材质阀门。缺陷消除，必须力争彻底。受运方影响无法消除的，必须详细做好记录，待运方许可后彻底处理，严禁应付了事。大小修前要对以前存在的设备问题排查全面，确保检修期间得以处理。检修人员在检修过程中，发现异常情况，必须第一时间汇报班组、车间，严禁私自处理了事，以免处理不彻底留下安全隐患。

（6）机组大、小修三级验收流于形式，只是停留于外观验收检查，未深入进行询问检查，暴露出主任、管理员工作责任心较差，对检修过程缺乏必要的监督、了解。

防范措施：要求各类检修工作必须严格过程监督，验收全面，避免出现检修质量差，留下隐患的情况发生。

（7）3 号机组启动过程中，分公司、分厂、车间各级人员均在现场监护，但未发现设备隐患，暴露出各级管理人员监护不到位，考虑问题不全面。

防范措施：要求分公司、分厂、车间各级管理人员深刻分析事故原因，反省自我管理漏洞，工作做到严、细、实、勤。

（8）事故处理过程中，现场检修配电箱数量少，导致大量临时电源无法使用，迫使两台排污泵接在同一电源上，导致频繁跳闸，严重影响事故处理速度。此外，各排污泵出口管连接不牢、破损现象严重，造成启泵后大量呲水，影响排水速度。同时，事故处理过程中共运抵现场 24 台排污泵，出现 5 台无法启动的情况，说明各单位对排污泵管理不到位，不能保证各排污泵处于随时可用状态。

防范措施：要求电气车间在厂房 0m 增加临时配电箱，留出足够备用开关，以备异常情况下电源充足；分厂及车间根据实际情况增加仓库排污泵数量，并要求每台排污泵电源线充足，出口管完好，做到随时可用。同时要求各泵坑内必须加装数量足够的固定式排污泵（循环水泵房不少于 4 台 100m³ 排污泵；各机组凝结水泵坑、渣浆泵坑、综合泵房不少于 2 台 100m³ 排污泵；其他泵坑根据情况必须装设不少于 1 台合适的排污泵；全部装设自启停装置，并严格定期试验，保证随时可用）。

（9）凝结水泵坑与循环水阀门坑隔离墙高度不够，水位过高时，水从顶部漫入凝结水泵坑，致使凝结水泵电机被水淹没。同时给水泵稀油站、低压加热器疏水泵坑挡水沿普遍较低，厂房内积水时 2、3 号机组低压加热器疏水泵坑，2、4 号机组凝结水泵坑也不同程度进水，造成不必要的抢险工作量。

防范措施：要求各车间对所有地面以下泵坑挡水沿加高至 300mm。循环水泵坑与凝结水泵坑间隔离墙高度必须高于循环水泵坑侧 300mm，中间加装可隔离的连通泄水阀。

（10）当值值长对异常情况处理指挥混乱，各级管理人员在故障点查找时思路不清晰，长时间未找到故障点，延误事故处理时间，致使 3 号机组经过 7 个多小时才恢复。充分暴露出各级管理人员管理能力较低，组织协调能力较差，异常演练实用性差。

防范措施：要求各级管理人员认真总结此次事故经验教训，加强自我学习，提高自我综合素质，分厂加大现场各类实战性应急演练频次，切实提高各级人员事故处理能力。

（11）事故处理过程中各级人员急于抢险，全部淌水行走，而水中放置大量排污泵临时电源线，一旦出现漏电情况后果不堪设想，分厂、分公司均未意识到问题的严重性，经公司领导提醒后才准备了部分绝缘鞋，充分暴露管理人员事故处理过程中安全警惕性较差、看待问题片面。防范措施：要求各类抢险过程中必须严格做好防人身伤害的安全措施，在保证人身、设备安全的情况下进行抢险。

（二十三）给水泵液力耦合器调节线性差造成锅炉汽包水位低，导致锅炉 MFT 事件

1. 基本情况

2013 年 2 月 3 日，2 号机组负荷为 104MW，主蒸汽流量为 370t/h，主蒸汽压力为 11.5MPa，2 号炉 A、B、D 磨煤机运行，2 号机组 A 给水泵运行，B 给水泵修后待试转。

2. 事件经过

2 号机组 B 给水泵液力耦合器勺管曾出现过卡涩现象，为消除此隐患，2 月 1 日请厂家指导检查 B 给水泵液力耦合器，发现 B 给水泵勺管提升套筒有划痕，处理完毕后开始滤油；于 2 月 3 日油质合格，调节器静态试验正常。

2 月 3 日 16：08，厂家人员、生技部、运行部、安监部管理及技术人员到位后，2 号机组由 A 给水泵倒为 B 给水泵运行，B 给水泵供水正常，但运行转速显示不准确。且勺管调节线性差，调节量过大，经研究，决定退出 B 给水泵运行，消除两项缺陷。17：02：08，增加 2 号机组 A 给水泵转速，减少 B 给水泵转速；17：03：49—17：04：02，B 给水泵调节器指令由 57.2% 减至 46.3%，转速由 5827r/min 直接降至空载 1430r/min，致使 A 给水泵入口流量大幅增加，给水泵入口汽化，2 号机组 A 给水泵不出力，主给水流量降至 0t/h，汽包水位急剧下降至 −161mm。立即增加 A、B 给水泵执行器

指令，转速跟随上升，因入口发生汽化，给水泵无法正常供水；17：05：28，2号机组汽包水位低Ⅲ值（−230mm），MFT保护动作，2号机组跳闸。

3. 事件原因

（1）B给水泵液力耦合器调节线性差，转速指示不准，给运行人员事件处理造成严重影响，操作器指令减少11%，转速由5827 r/min突降至空载1430r/min，致使A给水泵入口流量大幅增加，给水泵入口汽化是导致本次事件的直接原因。

（2）前置泵出力低是造成本次事件的间接原因，因采用铸钢材质的前置泵，耐冲刷性能较差，给水泵入口压力较设计值偏低，造成给水泵组抗扰动性能较差，易发生汽蚀。

（3）运行人员应对特殊工况下的事件处理能力不足是事件扩大的原因。

4. 暴露问题

（1）给水泵检修后，其液力耦合器调节线性较差，说明该电厂设备检修质量有待提高，检修后的相关试验、特性测量等工作有待加强。

（2）在有计划地进行给水泵切换过程中，虽然做了风险预控分析，但是在做减少B给水泵指令操作时，对修后给水泵液力耦合器调节线性差的情况未能充分适应，对随后出现的转速、给水流量骤降情况及前置泵出力低的严重影响认识不足，风险预控能力还应加强。

（3）2号机组A给水前置泵铸造选用材质等级较低，为铸钢金属母材，耐汽蚀冲刷性能较差，设备长时间运行逐渐出现因汽蚀导致的设备出力下降，给水泵入口压力低，需要加强设备治理。

（4）给水泵转速不准，不及时处理就投入运行，暴露出对这种危害较大的缺陷重视程度不够，敏感性不强。

5. 整改措施

（1）加强设备检修质量管理与验收管理，做好检修后的相关试验、特性测量等工作，为运行人员提供良好的工作条件。

（2）加强设备缺陷管理，加大对缺陷的敏感性，及时消除各类缺陷，避免由于指示不准给运行人员事件处理增加难度。

（3）加强运行培训管理，增强运行人员的应对突发事件能力。

（4）加强方式变更的风险分析，制定切实可行的控制措施。

（二十四）31号机组真空低跳闸停机事件

1. 基本情况

2013年4月19日14：00，31号机组发电负荷为237MW，A汽动给水泵前置泵检修消缺后试转正常，检查机组各参数运行正常，汽轮机真空为 –0.0891MPa，汽轮机调节级压力为 9.9MPa，A 给水泵汽轮机真空为 –0.0117MPa，B 给水泵汽轮机真空为 –0.0905MPa，汽轮机排汽温度为 46℃。

2. 事件经过

运行人员接班后，对 A 给水泵汽轮机送轴封，开启 A 给水泵汽轮机真空旁路门，为投运汽动给水泵做准备，14 : 15 系统操作完毕，此时给水泵汽轮机真空为 –0.017MPa，真空上涨趋势不明显，14 : 18 值长令实习副操开启 A 给水泵汽轮机真空蝶阀，A 给水泵汽轮机真空达 –0.072MPa，大机真空为 –0.0868MPa，14 : 19 : 25，31 号机组低真空保护动作，汽轮机跳闸，机组与系统解列。

系统解列后，进行恢复操作，16 : 26，31 号机组重新并入系统。

3. 事件原因

（1）在 A 给水泵汽轮机真空与汽轮机真空差值较大的情况下开启给水泵汽轮机真空蝶阀，致使汽轮机真空下降过快、低真空保护动作，是造成此次事件的直接原因。

（2）当值运行人员未执行操作票、违反《操作票管理制度》要求，是造成此次事件的主要原因。

4. 暴露问题

（1）电厂 A 给水泵汽轮机消缺结束后，运行人员存在尽快恢复 A 给水泵汽轮机运行以减少电动给水泵运行的急躁心理，没有按规定使用操作票，也没有做好风险分析与预控措施，过早打开真空蝶阀，工作随意性大。

（2）电厂汽轮机运行规程不够细致，未对机组正常运行中投运单台汽动给水泵前抽真空的操作步骤、要求做细致的规定。

（3）电厂运行人员技术培训不到位，人员安全风险意识不强，对汽轮机真空模拟量值传输到 DCS 过程中存在阻尼现象底数不清。

（4）电厂重要辅机投运操作的到岗到位制度执行不严，运行部门专业管理人员虽赶向现场，但未到位时运行人员便开始主要操作。

（5）电厂安全管理存在薄弱环节，对操作票的使用管理不到位，生产管理职能部门对重要操作监管不到位。

5. 防范措施

（1）各单位要加强操作票的管理，做到操作前进行作业风险分析与预控，严格落实重大操作到岗到位制度，生产管理职能部门加强监督管理，确保操作规范。

（2）各单位要做好运行规程的定期修编工作，对重要辅机投、退操作的重要操作点提出明确、细致的规定。

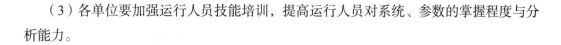

（3）各单位要加强运行人员技能培训，提高运行人员对系统、参数的掌握程度与分析能力。

（二十五）间冷塔防冻未对参数进行综合分析，引起机组跳闸事件

1.事件经过

2月10日02：30，3号机组负荷为318MW，机组运行参数平稳。3A给水泵汽轮机运行，排汽压力为4.04kPa，3B给水泵汽轮机停运，处理给水前置泵密封水漏点缺陷。3B给水泵汽轮机循环冷却水泵运行，3A给水泵汽轮机备用。给水泵汽轮机循环水间冷塔3、4号扇区运行，扇段温度为20.7℃，1、2号扇区备用。按照给水泵汽轮机间冷塔防冻措施要求，运行人员开始提升循环水系统温度操作。02：39：07，关3号扇段进口阀。02：45：25，开给水泵汽轮机间冷塔冷却水旁路阀1。02：47：31，关3号扇段出口阀。02：47：52，开给水泵汽轮机间冷塔冷却水旁路阀2。02：50：40，关4号扇段进口阀。02：55：13，关4扇段出口阀，循环水系统温度开始逐渐升高，3A给水泵汽轮机真空平稳。04：40，3A给水泵汽轮机排汽温度为90℃，循环水系统水温为60℃，3A给水泵汽轮机真空偏低开关报警（定值为21kPa），排汽压力指示为6.3kPa。04：57—05：02，3A给水泵汽轮机真空突变，排汽压力由6.9kPa快速升至29.4kPa又降至−72～10.3kPa，3A，给水泵汽轮机真空低低开关2动作（动作值33.6kPa），运行人员开始投入4号扇区降温。05：12：09，3A给水泵汽轮机真空低低开关1动作（动作值33.6kPa），排汽压力指示为10.97kPa，3A给水泵汽轮机真空低低动作跳闸（三取二），给水泵全停，锅炉MFT，动作停机。

2.原因分析

（1）直接原因。运行人员执行给水泵汽轮机间冷塔防冻措施过程中，没有对相关参数进行综合分析，未能及时发现3A给水泵汽轮机排汽压力指示异常，导致循环水温度逐步升高至65.7℃，3A给水泵汽轮机真空低低开关1、2先后动作（动作值为33.6kPa），3A汽动给水泵跳闸，由于3B汽动给水泵正在消缺，锅炉MFT，机组跳闸。

（2）间接原因。基建单位没有按照规范15°倾角安装3A给水泵汽轮机排汽压力变动器取样管，取样管有一水平管段，现场拆压力变送器时发现取样管水平管段存水，造成排汽压力指示异常。容易形成凝结水，造成表计偏差。04：57—05：02，3A给水泵汽轮机真空突变，排汽压力由6.9kPa快速升至29.4kPa又降至10.3kPa，分析为当时3A给水泵汽轮机正在进行辅助蒸汽进汽切换，扰动排汽压力取样管短时疏通，排汽压力短时出现相应变化。

3. 暴露问题

（1）运行采取非正常方式提升给水泵汽轮机循环水温度，期间没有安排专人监视给水泵汽轮机排汽系统参数，暴露出运行标准化管理缺失，岗位职责分工不清。

（2）没有及时组织开展设备系统缺陷和隐患排查工作，未能及时发现给水泵汽轮机压力取样管安装不规范、给水泵汽轮机真空偏低、压力开关失灵等设备缺陷，暴露出设备管理不到位。

（3）发电运行部专业主管及领导对重大操作到岗到位监护不到位，没有起到监督和指导作用。

（4）生产人员对新机组设备性能认识不足，运行人员技术水平低，经验不足，缺乏综合分析判断 3A 给水泵汽轮机排汽参数的能力。

4. 防范措施

（1）强化运行标准化规范化管理，严格监督落实运行岗位规范和标准操作卡的执行。总结机组试运以来设备运行的具体情况，全面修订《2、3 号机组给水泵汽轮机循环水冬季防冻措施》等技术措施，确保各项技术措施符合现场设备实际，各专业严格监督执行。

（2）严格执行重大操作到岗到位监护制度，针对重大操作制定完善的技术措施，履行审批手续并严格监督落实。

（3）加强运行人员岗位培训力度，切实提高运行人员综合判断能力和异常事件处置能力。针对超临界、直流炉、空冷、间冷等新系统设备、新设备，加大对运行人员的专题技术培训力度，使运行人员切实掌握运行操作要领。

（4）加强设备缺陷检查和分析管理，结合机组试运阶段暴露的问题梳理设备系统存在的隐患，制定整改计划，结合机组检修整改落实。

（5）更换 3A 给水泵汽轮机真空偏低压力开关。

（6）3A、3B 给水泵汽轮机排汽压力变送器取样管吹扫后回装，制定给水泵汽轮机运行中背压取样管定期吹扫工作并严格监督执行。制定 2、3 号机组给水泵汽轮机背压取样管改造方案，待机组检修实施。

（7）完善 2、3 号机组给水泵汽轮机循环水系统冬季防冻措施并严格监督落实，确保给水泵汽轮机循环水系统稳定运行。

（二十六）循环泵入口滤网堵塞，造成机组真空低跳闸事件

1. 基本情况

6 月 9 日 20：00 左右，4 号机组负荷为 165MW，主蒸汽压力为 17.1MPa，主蒸汽温度为 538.5℃，凝汽器压力为 6.4kPa，机组运行正常。运行操作人员停止 4A 海水循环

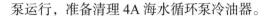

泵运行，准备清理 4A 海水循环泵冷油器。

机组跳闸后，电厂立即组织运行、检修和相关技术人员进行事件数据收集，并组织召开事件分析会，停止炉侧凝汽器和二次滤网反冲洗，安排对炉侧二次滤网进行检查，发现凝汽器管板表面洁净，但二次滤网堵塞严重，上面挂满很多海生物，其中多数为直径 6 ~ 15mm 的半透明球状海生物，下部管道也有堆积。

2. 事件经过

20：08，为防止单泵运行出现异常情况造成机组冷却水中断，运行人员开始投入 3、4 号机组循环水联通管操作，开启 3、4 号机组循环水联通管蝶阀（此时 3、4 号机组凝汽器压力为 6.5kPa，均正常）。

20：14，停止 4A 海水循环泵运行。

20：16，运行人员发现 4 号机组凝汽器压力和两侧排汽温度均快速上升，最高至 19.6kPa，判断凝汽器二次滤网发生堵塞，立即将停运的 4A 海水循环泵启动，同时将二次滤网反冲洗投入运行。

20：24，凝汽器压力最低下降到 15kPa 后立即快速上升。

20：25，凝汽器压力达到 24kPa 保护跳闸值，机组跳闸。

对二次滤网进行彻底清理后，6 月 10 日 00：44，4 号机组组重新并网。

3. 事件原因

（1）通过数据分析和 SOE 报警分析，确定凝汽器二次滤网堵塞，造成循环水流量降低，是造成机组真空低跳闸的直接原因。

（2）电厂 3、4 号两台机组的循环水联通管自 2013 年 4 月 12 日起采取"一机两泵"运行方式，联通管一直未投入运行。分析认为，此间联通管内生长了大量的海生物（联通管蝶阀关闭后，此处水不流动，易滋生海生物）。

（3）运行人员在进行操作时危险源辨识及风险预控工作不到位，开启两台机联通管，造成大量的海生物涌入凝汽器二次滤网，引起堵塞，是造成此次事件的主要原因。

4. 暴露问题

（1）电厂现场作业风险辨识与评估不全面、不深入，隐患排查工作不到位，未做好危险辨识工作，当值运行人员对操作容易导致的风险分析不到位，没有分析到联通管内滋生海生物，导致运行热力操作票及其风险预控票执行不到位。

（2）发生机组真空降低异常情况后，电厂未能正确地组织实施有效操作。

（3）电厂生产管理人员没有及时掌握循环冷却水中海生物滋生的具体情况，对长期停运的联通管内生长海生物、杂草可能引起投运时堵塞二次滤网估计不足，未采取相应的风险预控措施。

（4）电厂生产管理人员对码头建设海泵房取水河道由原来的浅滩变成了深水区，水质条件变化、新增多种海生物种敏感性不强，未对新生海生物物种及其特性深入研究、采取相应防范措施。

5. 防范措施

（1）各单位要全面、深入开展现场作业风险辨识与评估工作，结合实际工作和现场环境做好工作票、操作票及其配套的风险预控票的风险分析工作，并严格执行。

（2）各单位要加强运行人员事件预想，开展针对机组低真空等突发事件的应急演练，提高运行人员事件处置能力。

（3）做好如下措施：

1）采取定期投入循环水联通管或投入前进行联通管清理工作。

2）在循环水系统改变运行方式之前，先将机组凝结器入口二次滤网投入连续反冲洗。

3）加强循环水系统海生物滋生的治理工作，针对不同季节海生物生长的特性，及时调整，减少海生物滋生。

4）充分利用机组停机时机对循环水沟道进行检查或清理。有计划地安排河道清淤工作，避免取水河道淤积严重，给海生物滋生创造条件。

（二十七）润滑油压低，导致跳闸事件

1. 基本情况

1号机组正常运行，额定负荷为880MW，当时负荷为470MW，机组协调投入，主机12号交流润滑油泵1SC078运行，11号交流润滑油泵1SC077备用，12号直流润滑油泵1SC080处于直流泵第一备用状态，11号直流润滑油泵1SC079处于直流泵第二备用状态，交、直流润滑油泵备自投联锁均投入正常。12号交流润滑油泵出口压力为0.25MPa（额定出口压力不超过0.3MPa），电动机电流为89.7A，汽轮机中心轴线处润滑油压为0.12MPa。

1号机组准备进行汽轮机侧备用设备定期轮换及相关试验，相关设备侧绝缘合格。

2. 事件经过

14：40，当值值长令：1号机组汽轮机润滑油压低联动试验开始进行。1号机组集控主值得令后，联系运行部汽轮机专工到集控室指导操作、联系维护部汽轮机专工随运行值班员到润滑油泵处就地检查，准备进行设备轮换。

15：04，值班员反馈检查1号机组润滑油泵正常后，集控主值开始按汽轮机润滑油低油压联动试验操作票进行润滑油低油压试验和交流油泵切换工作。

15：05：16，集控主值点击 DCS 画面"试验 1"按钮，检查 11 号交流润滑油泵和 12 号直流润滑油泵联锁启动，11 号交流润滑油泵电流值为 57.7A，12 号直流润滑油泵电流值为 30.8A。

15：05：24，集控主值手动停止 12 号交流润滑油泵，当时 11 号交流油泵电流为 57.9A，12 号直流油泵电流为 58.4A，润滑油母管压力为 0.1MPa。

15：05：27，1 号机组跳闸，跳闸首出为"机组润滑油压低"，高中压主汽门、调速汽门关闭，锅炉 MFT。

15：07，值长群发事故传呼，公司领导及各生产部门人员到位，组织事故处理及后续的调查分析。

16：25，1 号汽轮机转速惰走至零。检查汽轮机各轴瓦温度、串轴、振动等参数均正常，均未出现超限现象。

16：26，运行人员投入汽轮机盘车运行，盘车电流为 46A，汽轮机转子偏心度为 40μm，正常。

经过后续反复进行各润滑油泵的启停、联锁试验，11 号润滑油泵短期内电流达不到正常电流的现象消失，申请并经调度同意，1 号机组可以启动。

20：40，开始准备启动 1 号机组。

1 号交流润滑油泵出口油管路及止回门布置如图 2-19 所示。

图 2-19　1 号交流润滑油泵出口油管路及止回门布置

机组润滑油压低保护动作跳闸电流曲线如图 2-20 所示。

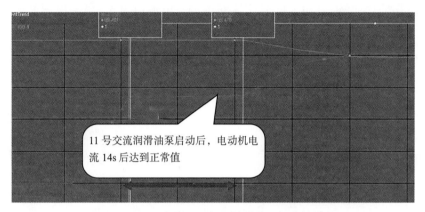

图 2-20 机组润滑油压低保护动作跳闸电流曲线

机组跳闸后,反复进行各润滑油泵的启停、联锁试验电流曲线如图 2-21 所示。

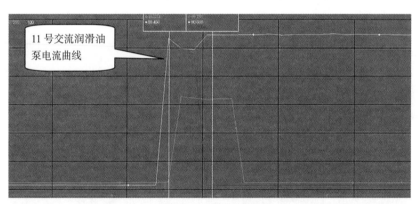

图 2-21 机组跳闸后,反复进行各润滑油泵的启停、联锁试验电流曲线

3. 事件原因

1 号机组进行汽轮机润滑油低油压联动试验时,1 号备用交流润滑油泵启动后,因出口止回门卡涩,造成 1 号交流润滑油泵未达到额定出力,导致润滑油压降低至 0.06MPa,润滑油压低保护动作,机组跳闸。

4. 暴露问题

(1)隐患排查不到位,机组检修时未能对该阀门进行彻底排查。

(2)风险辨识不到位,对机组在进行定期工作时,未能将风险进行辨识。

5. 防范措施

(1)针对 11 号交流润滑油泵出口止回门隐患调整运行方式,制定确保一号机组润滑油系统安全、稳定运行的技术管控措施。

(2)利用停机机会对 1 号交流润滑油泵出口止回门进行检查处理。

（3）举一反三，对运行部所有标准操作票进行重新评估，逐一修订、完善操作风险管控点。

（4）完善专业设备参数定期分析的工作计划，明确分析内容、工作周期，落实责任人、监督人，严格执行分析报告签批流程。

（5）研究在 DCS 系统中增加设备运行中电流或出口压力低等反应设备状态不正常的参数报警。

（6）定期对运行管理和运行监督体系的运行情况进行监察、评价，提出改善建议。

（二十八）发电机加碱装置未退出，造成发电机定子接地保护动作事件

1. 基本情况

9 月 10 日 16：40，1 号机组负荷为 336MW，参数平稳，B 定子冷却水泵运行，A 定子冷却水泵备用，定子冷却水流量为 110t/h，冷却水压力为 0.36MPa。14：25，1 号发电机定子进口水导电度指示为 0.765μS/cm，正常。运行人员发现定子水离子交换器出口导电度指示突变至 11.14μS/cm（满量程：11.0μS/cm）。15：15，运行人员关闭离子交换器入口手动门，通过除盐水至定子水自动补水装置对系统充排操作。15：27，充排操作完毕，通知化学化验水质。16：10，化学化验离子交换器出口定子水导电度为 0.72μS/cm，正常。离子交换器出口导电度在线表指示仍为 11.14μS/cm。16：44，运行值班人员开启定子水系统至离子交换器手动门，定子水流量由 111t/h 降至 108t/h，离子交换器投入运行。16：44：45，1 号机组发电机定子冷却水入口导电度瞬间由 0.64μS/cm 升至 11.14μS/cm（满量程：11.0μS/cm）。16：45：04，离子交换器出口导电度由 11.14μS/cm 快速下降至 0.4μS/cm（过程约 50s）。16：47：21，1 号机组发电机 - 变压器组保护 B 柜注入式定子接地保护动作，机组跳闸。

2. 事情经过

（1）检查发电机 – 变压器组保护 B 柜：16：47：20：891，保护启动；915ms 报警启动录波，999ms 定子接地电阻判据满足，发电机 – 变压器组全停，机组故障录波器正常启动录波。机组跳闸时故障录波器录波图中发电机机端电压 A 相为 60.290V，B 相为 55.52V，C 相为 59.356V，机端电压为 4.992V。

（2）检查注入式定子接地保护定值为 10kΩ，延时 3s 报警；3kΩ，延时 1s 跳闸。

（3）对发电机中性点接地电阻柜内注入式定子接地保护专用 TA 二次电缆进行绝缘测试，阻值为 550MΩ，正常。

（4）发电机定子测完绝缘，恢复相应措施后，从发电机 – 变压器组保护装置内部查

看接地电阻值为 30kΩ，恢复正常。

（5）用电阻进行定子接地模拟，阻值为 4kΩ 时，发电机 - 变压器组保护装置 B 柜定子接地报警，阻值为 2.5kΩ 时，发电机 – 变压器组保护装置 B 柜定子接地跳闸，保护装置报警及定值均正常。

（6）用保护装置厂家专用软件打开保护装置录波图，保护装置启动时发电机机端电压 A 相为 59.654V，B 相为 54.968V，C 相为 59.914V，机端电压为 5.547V，测量电阻一次值为 2.994kΩ，跳闸时发电机机端电压 A 相为 60.383V，B 相为 54.887V，C 相为 59.253V，机端电压为 5.730V，测量电阻一次值为 2.229kΩ，与机组故障录波器查得数值接近，且波形相近。发电机 – 变压器组保护 B 柜保护装置正常，注入式定子接地保护动作正确。发电机 – 变压器组 A 柜保护装置未启动，是因为零序电压定值为 13.1V，零序电压高定值为 30V，当时电压未到定值，所以发电机 – 变压器组保护 A 柜保护装置未启动。

（7）检查发电机出口 TV 并试验正常。

（8）测量发电机定子绝缘（带主变压器、高压厂用变压器）：15s 绝缘值为 7.64GΩ，60s 绝缘值为 10.06GΩ，水绝缘电阻表故障。检查测试接线后继续测量，水绝缘电阻表显示绝缘值紊乱，100MΩ ~ 2GΩ 之间无规律跳动，停止测试。

（9）17：40，化验发电机定子水导电度为 16.4μS/cm，对系统进行充、排水，导电度逐渐降至 0.8μS/cm，再次测绝缘，15s 绝缘值为 221MΩ，60s 绝缘值为 333MΩ，10 min 绝缘值为 495MΩ。判断定子水导电度突然升高是发电机定子接地保护动作的直接原因。

（10）机组跳闸后 50min，化验定子水系统导电度大于 16μS/cm，说明有大量碱液进入系统。

（11）9 月 12 日，对加碱计量泵进行检查，加碱过程由就地可编程 PLC 根据定子入口冷却水电导率含量进行控制。定子入口冷却水电导率测量有两块仪表，表一用于 DCS 显示，不参与控制；表二参与就地控制，但只有就地显示，信号未传至 DCS。对两块表计测量情况进行核对，表二较表一偏低 0.05μS/cm。控制过程：当表二测量值低于 0.5μS /cm 时启动计量泵，高于 0.7μS /cm 时停止；同时，计量泵还接受来自 DCS 送出的离子交换器出口电导率高报警信号（大于 0.8μS/cm）和定子冷却水泵全停信号，当高报警或定子水泵全停信号发出时，计量泵停止运行。通过模拟离子交换器出口电导率高报警信号，计量泵能够停止运行，控制回路正常。

3. 事件原因

9 月 9 日 22：00，离子交换器停止运行，加碱装置在离子交换器停运期间未退出运行（加碱装置说明书重点提示：只有在整个定子冷却水系统管路冲洗水质合格且定子冷却水泵和离子交换器投入正常运行后，定冷水自动微碱化装置才允许投入运行，否则禁止启动计量泵），致使碱液进入离子交换器至定子水箱回水管间，由于离子交换器停运后该管段为死水，导致该管段碱浓度大。因离子交换器出口导电率电极安装位置在加药点上游210mm处，加碱管内碱液逐渐扩散，致使离子交换器出口电导率持续上升，直至满量程。9月10日16：44，运行人员投运离子交换器，管段内高碱水进入定子水箱，导致水箱内水质恶化，发电机定子冷却水进口电导率超过16μS/cm（经与厂家联系该电导率大于11μS/cm后有可能造成发电机定子接地），发电机通过定子冷却水接地，保护动作停机，是此次非停的直接原因。

4. 暴露问题

（1）运行规程不完善，规程中无定子水加碱装置规定，装置投入运行后相关设备技术资料没有及时发放到各运行值，专业技术管理存在漏洞。

（2）生产技术过程管理基础薄弱，对新投入设备系统未进行危险点分析，隐患排查工作不扎实。

（3）发电运行部生产管理不规范，对专业人员管理缺失，对集控运行技术培训不到位，对集控运行标准操作票执行监督不到位。

（4）化学技术监督及管理缺失，对加药装置的投停没有相关规定。

（5）集控运行人员安全风险意识差，未深入分析清楚离子交换器导电度异常原因，盲目投入离子交换器。

（6）集控运行巡检人员巡视检查不认真，未及时发现离子交换器退出运行。

（7）生产技术部专业技术管理不规范，对新投入的设备系统未发挥技术监督职能。

5. 防范措施

（1）对定子水加碱装置危险点进行深入分析，制定有效的防范措施。

（2）针对此次事件，发电运行部举一反三，完善运行规程，规范日常操作，严格执行操作票制度，制定定子冷却水补水标准操作票。

（3）加强运行培训，组织定子冷却水系统操作考试。

（4）强化运行标准化工作的监督，加强运行人员日常操作违规考核。

（5）化学运行专业在保证在线定子水导电度分析仪表正常工作的前提下，降低取样水流量，以减少定子水箱补水次数。

（6）定子水箱补水采用自动补水方式，严禁无故退出离子交换器。

（7）对DCS画面和发电机定子水系统图中阀门名称、编号不全的地方进行完善。

（8）对发电机定子水系统图中离子交换器出口门与加碱装置管道接口位置顺序与实际相反问题，运行部对系统图进行修订。

（9）组织各相关专业对定子冷却水系统加碱装置的技术资料进行梳理、完善，审核后统一下发执行。

（二十九）4A给水泵汽轮机推力瓦烧损，并导致机械损坏事件

1. 基本情况

经初步检查：给水泵推力轴承工作面瓦块严重磨损，非工作面瓦块轻度磨损，3号轴承乌金面过热起皮，4号轴承类似3号轴承稍重些，给水泵轴向位移为8~9mm，泵本体部件损坏，推力瓦块工作面测温元件损坏。

2. 事件经过

（1）事件前有关设备状况。2000年5月11日13：00，运行人员通知汽轮机检修人员，4A给水泵汽轮机保安油压低，润滑油压高。13：30，办理405—032号"4A给水泵汽轮机润滑油压力调整"热力机械工作票并进行工作，当时检查工作油压值为950kPa，调整减压阀半圈油压无变化，即恢复原位。将所开的405—032号工作票办理"作废"。

（2）4A给水泵汽轮机第一次停运（跳闸）。5月12日01：00，当值值班人员发现4A给水泵汽轮机直流油泵在运行状态，当时4A给水泵汽轮机润滑油压为179kPa，A主油泵运行，B主油泵备用，联锁投入，经查曲线和事件追忆，发现直流油泵联启时的润滑油压约为130kPa。01：01，值班人员在确认直流油泵联锁在投入位置后，将直流油泵停下，见润滑油压下降很快（最低值约为124kPa），随即将直流油泵重新联启，此时，4A给水泵汽轮机保护动作跳闸（后经热工查为"润滑油压低"保护动作），看到电动给水泵未联启，即手启电动给水泵，恢复锅炉给水正常。01：07，4A给水泵汽轮机转速为零，润滑油压为161kPa。在此过程中"润滑油压低"报警信号一直未发出。

4A给水泵汽轮机跳闸后，运行人员对给水泵汽轮机润滑油系统做了启动试验，结果如下：

1）A主油泵与直流油泵运行，停止直流油泵，润滑油降至102kPa直流油泵又联启，润滑油压升至166kPa。

2）A、B主油泵分别单独运行与A、B主油泵同时运行，润滑油压均为20kPa左右。

（3）4A给水泵汽轮机第一次启动。01：50，检修人员到现场调整减压阀后，A主油泵运行，润滑油压稳定为189kPa。01：55，4A给水泵汽轮机冲转；02：11，转速为3000r/min；02：18，交锅炉运行；02：22，值班员发现直流油泵又联启（盘上显示联启时间为02：20，此次也无"润滑油压低"信号报警），再次通知检修，02：45，检修人员再次到场处理减压阀缺陷，在调整过程中，润滑油压由160kPa降至135kPa，给水泵汽轮机推力瓦温度显著上升，运行值班员并将这一情况告知检修人员。

（4）4A 给水泵汽轮机第二次停运（打闸）。03：05，给水泵汽轮机推力瓦温度（测点 05T3917）达 85℃，且仍上涨，盘上手打 4A 给水泵汽轮机，该测点温度迅速下降至 40℃。汽轮机值班员曾注意到给水泵汽轮机推力瓦另一测点 05T3918 推力瓦工作面温度显示未与测点 05T3917 同步增加，而是在一固定值不变。当时认为是测点质量坏，但并未将此情况做出汇报并通知检修人员。03：30，检修人员要求停直流油泵，继续调整减压阀，调至 04：50，无法将润滑油压调至稳定，告知运行白班处理。12 日上午，检修人员继续调整 4A 给水泵汽轮机减压阀无效，下午更换一新的减压阀，16：50 终结工作票。

（5）给水泵汽轮机第二次启动。17：12，启动 4A 给水泵汽轮机油系统，调整润滑油压为 148kPa；18：59，给水泵汽轮机冲至 3000r/min；19：18，并 4A 给水泵汽轮机，减动给水泵出力；19：35，动给水泵退出运行；19：40，4A 给水泵汽轮机再循环调节门波动，热工人员告知无法处理，关 4A 给水泵汽轮机再循环前截门；20：30，4A 给水泵汽轮机入口流量波动，解 4A 给水泵汽轮机给水自动，联系热工查找原因；21：10，发现 4A 给水泵汽轮机低压调节门开至最大，联系热工检查 MEH 系统，减少 4A 给水泵汽轮机出力，对 4A 给水泵汽轮机进行全面检查，就地检查 4A 给水泵汽轮机低压调节门已全开，推力轴承回油温度高，推力轴承温度高至 70℃，支撑轴承温度为 49℃。21：19，启动给水泵（当时负荷 265MW），减 4A 给水泵汽轮机出力，推力轴承温度明显下降。

（6）4A 给水泵汽轮机第三次停运（跳闸）。21：26，4A 给水泵汽轮机转速至 3800r/min 时突然跳闸，由于热工保护在 4A 给水泵汽轮机第一次跳闸时没有复归，热工未查出动作保护的记忆。4A 给水泵汽轮机推力瓦温度随着负荷下降而明显下降。

3. 事件原因

（1）在 4 号机组大修结束，机组运行刚刚几天的时间里，4A 给水泵汽轮机减压阀即发生运行不稳定的问题，4A 给水泵汽轮机减压阀的检修质量存在问题。这是此次事件的起因。

（2）事件前，4A 给水泵汽轮机润滑油系统存在缺陷，但汽轮机检修人员未能完成缺陷消除工作，为事件的发生埋下隐患。

（3）在事件发生过程中，检修人员数次调整 4A 给水泵汽轮机减压阀都未消除存在的缺陷，成为事件不断演变扩大的主要因素。

（4）4A 给水泵汽轮机直流油泵是事件油泵，在 4A 给水泵汽轮机第一次跳闸前，运行值班员在没有认真分析和汇报请示的情况下，将直流油泵停止运行是不恰当的。

（5）在 4A 给水泵汽轮机第一次启动后，运行值班员未将推力瓦工作面温度测点显示异常的情况做出汇报并通知检修人员，检修人员也未对推力瓦温度的大幅变化引起足够的重视，失去了对推力瓦磨损做出判断的机会。

（6）在第二次启停机中，运行、检修人员均未及时发现给水泵推力轴承瓦块已经发生摩擦。在第三次启机过程中，值班员现场检查时，未及时发现给水泵推力瓦块发生磨擦，导致轴向位移过大，给水泵本体动静部分损坏。

（7）4A 给水泵汽轮机推力瓦温度测点安装位置不到位，不能准确反映推力瓦的真实温度，使测温偏低，为推力瓦磨损的判断增加了难度。

（8）4A 给水泵汽轮机润滑油压力低保护整定偏低（可由目前的 65kPa 提高到 78.5 kPa），在 4A 给水泵汽轮机润滑油压低时，恶化了推力瓦的工作状况，未能起到完全保护作用。

4. 暴露问题

（1）在 4A 给水泵汽轮机第一次跳闸后，动给水泵未能联启。

（2）热工"4A 给水泵汽轮机润滑油压力低"报警，在几次直流油泵联启时都未发出信号。

5. 防范措施

（1）检修人员要进一步增强安全意识，提高检修、维护技术水平，维护要及时，重要设备不可以反复修而不好。在设备大小修时要坚持"三级"验收制度，各尽其责，把好设备检修和维护质量关，为运行提供安全可靠的设备。

（2）4A 给水泵汽轮机直流油泵联启情况下，运行人员要分析直流油泵联启时的润滑油压情况，确系润滑油压低联启，不允许擅自停止直流油泵的运行，应通知运行部专工和检修人员进一步对设备存在的问题做出判断，需要停 4A 给水泵汽轮机处理的，检修应申请停 4A 给水泵汽轮机消除设备缺陷。

（3）运行人员对于发现的设备缺陷或异常情况（如 4A 给水泵汽轮机推力瓦工作面温度测点 05T3918）要及时汇报并通知检修。

（4）热工分部对 4A 给水泵汽轮机推力瓦温度测点的安装情况进行全面检查，调整安装位置，使其能准确反映推力瓦的实际温度，并提出推力瓦温度高跳闸时保护方案，报批后实施。对直流油泵的联启定值与润滑油压力低的报警及保护跳闸定值进行校验与整定。

（5）热工分部与运行部共同解决动给水泵联启过程中，由于密封水调整门开启延时造成不能及时联启的问题，以防止动给水泵联启不及时，造成锅炉水位异常。

（6）运行人员要加强对设备的巡视检查，特别是对大小修后设备的启动，一定要更细心，通过看、听、摸、闻等手段不断积累经验，提高分析判断设备运行状况的能力，做到设备发生异常及时联系处理，避免事件扩大。

（三十）除氧器事件放水电动门全开，造成除氧器水位高事件

1. 事件经过

2004年10月30日12：24，1号机组负荷为290MW，除氧器水位发异常报警，水位此时为-215mm，立即启动1A凝结水补水泵，除氧器和凝汽器水位略有上升后又开始下降。12：50，除氧器水位已经降到-430mm附近，备用凝结水泵（A）已联启，手动停止A凝结水泵，并解除其联备。同时，锅炉值班员快速减负荷，并关闭机炉侧所有疏水门。派人员外出检查哪儿有漏点。通知化学提高除盐水母管压力。就地打开凝汽器补水调节阀旁路门，而凝汽器水位已经降到406mm，除氧器水位最低降到-930mm。12：54，锅炉负荷已减到170MW，就地检查发现除氧器事件放水电动门全开，而CRT画面和就地配电柜上均指示此门为全关状态，CRT画面上该门的操作窗口也指示其在关闭位置，在就地手动摇关除氧器事件放水电动门，并将其停电。13：00，锅炉负荷减到150MW，投CD层2、3、4油枪助燃。除氧器及凝汽器水位逐步回升；13：10，除氧器和凝汽器水位基本正常，退出CD层油枪，机组恢复正常。（此事被定为二类障碍）

2. 事件调查

事后调查发现是因值班员误操作引起。当值班员发现除氧器水位高报警时，就想到开除氧器溢流阀来降低水位，但是操作时却开了事件放水阀，盘上显示事件放水阀无法打开，阀门状态为绿色（阀门本身有故障），值班员也认为此门无法打开，就给了一个关指令。但就地实际已经部分开，关时却卡在一个位置，但全关反馈却一直显示在盘上，给值班员一个错误信号。当除氧器水位继续下降时，值班员没有想到是事件放水阀问题，同时也没有及时汇报单元长，并隐瞒了操作，给事件控制造成了难度。

（三十一）运行人员调整除氧器水位不及时，导致锅炉MFT

1. 基本情况

3月27日21：05，2号机组负荷为482MW，机组在"协调"控制方式。除氧器水位为2226mm，A凝结水泵变频运行，转速为1121r/min，凝结水母管压力为1.7MPa；B凝结水泵工频备用。A/B给水泵汽轮机汽源由本机四段抽汽带。

除氧器水位调整方式：凝结水泵A变频在"自动"状态，调节除氧器水位（设定值为2230mm）；除氧器水位调节阀在"自动"状态，控制凝结水母管压力（设定值为1.7MPa）。

2. 事件经过

3 月 27 日 21：06：24，按照中调令，2 号机组开始降负荷。

21：29：05，负荷降至 418MW，水位调整门开度从 96.62% 降至 84.0%（凝结水母管压力设定值为 1.7MPa），除氧器水位为 2240mm（设定值为 2230mm）。因凝结水母管压力设定值偏低，水位调整门开度接近全开，当负荷下降时，凝结水泵变频调节下降速率大于除氧器水位调节阀关闭速率对凝结水母管压力的影响，凝结水母管压力由 1.7MPa 降至 1.5MPa；"凝结水泵变频调节"闭锁（凝结水母管压力小于 1.50MPa 延时 5s 闭锁），转速维持在 1065r/min，凝结水流量为 762t/h。

21：39：46，负荷降至 386MW，水位调整门开度为 79%，除氧器水位为 2394mm，凝结水母管压力为 1.50MPa，凝结水泵转速为 1065r/min，凝结水流量为 773t/h。

因"凝结水泵变频调节"闭锁，而除氧器水位调节阀关闭速度慢，加之降负荷，造成除氧器水位逐步上升。21：43：49，除氧器水位持续升至 2471mm，除氧器水位调节阀关至 77.3%。运行人员发现除氧器水位接近高一值报警（2500mm），将除氧器水位调节阀"自动"退出，手动将除氧器水位调节阀从 77.3% 关至 53.12%。

21：44：17，除氧器水位从 2484mm 降至 2479mm，凝结水母管压力升至 1.65MPa，凝结水泵变频转速"闭锁"解除，转速从 1066r/min 开始下降。

21：44：30，凝结水母管压力降至 1.5MPa，延时 5s 重新发出凝结水泵变频转速"闭锁"指令。21：44：35，凝结水泵变频指令不再减小。因除氧器水位较高，凝结水泵变频"闭锁"延时（5s）过程中，指令继续发出，凝结水泵转速继续下降；21：44：52，转速最低降至 901r/min，凝结水母管压力为 1.18MPa，此时备用凝结水泵 B 工频联启（母管压力低至 1.2MPa 联启备用泵），联泵后凝结水流量最高至 968t/h。

21：47：24，运行人员手动停运备用工频凝结水泵，此时除氧器水位为 2517mm。

21：47：30，除氧器水位达到高二值（2550mm，三取二），除氧器溢流电动门联开；21：47：35，除氧器水位升至高三值（2600mm，三取二），联锁关闭四段抽汽至 A/B 给水泵汽轮机进汽电动门、四段抽汽止回门、四段抽汽电动门，两台给水泵汽轮机失去汽源。

21：49：04，锅炉 MFT 动作，首出"锅炉主给水流量低"，汽轮机跳闸，发电机遮断。

3 月 28 日 00：29：05，2 号炉点火；05：36：36，汽轮机冲转；06：29：33，2 号机组并网。

3. 原因分析

（1）直接原因。因降负荷过程中除氧器水位升高，运行人员调整水位时，将水位调整门切至"手动"控制。凝结水泵"变频"自动情况下，凝结水母管压力下降，备用凝结水

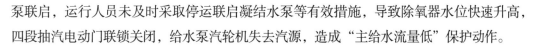

泵联启，运行人员未及时采取停运联启凝结水泵等有效措施，导致除氧器水位快速升高，四段抽汽电动门联锁关闭，给水泵汽轮机失去汽源，造成"主给水流量低"保护动作。

（2）间接原因。

1）运行人员对除氧器水位调整门"自动"、凝结水泵变频"自动"等逻辑和联锁条件不清楚，将水位调整门切至"手动"调整时，对备用凝结水泵可能联动的情况没有预判和相应的应对措施。

2）运行人员应急处理能力差，在除氧器水位高时，没能及时采取有效措施控制水位；当备用凝结水泵自启后，未能及时正确分析判断出凝结水母管压力、流量异常的原因，发现并停运联起凝结水泵过晚，造成除氧器水位快速上升保护动作。

3）除氧器水位高一、二、三值各相差只有 50mm（厂家说明书要求），水位高二值溢流阀动作，凝结水压力低联泵等保护设置不合理、不完善，不利于紧急情况下运行人员对除氧器水位的控制。

4. 暴露问题

（1）运行人员岗位意识淡薄，责任心不强，岗位责任制落实不到位。对现场出现的异常报警、异常现象不能及时发现、正确处理。对备用凝结水泵可能联动的情况没有预判和采取正确的应对措施。

（2）运行管理不规范，运行标准化还需加强。主控人员监盘要求不统一、不规范，对主操、副操等各岗位所监视、翻看画面的周期、内容没有明确的要求，异常、事故处理分工不明确，缺少良好的操作习惯。造成备用凝结水泵自启后，未及时将其停运。

（3）专业管理不到位，岗位分析工作不深入，对除氧器水位调整门、水位保护逻辑、凝结泵变频自动逻辑等，没有深入分析其是否有利于运行调整。

（4）培训工作不到位，运行人员技术能力差，对异常情况的应急处置能力较低。运行人员在突发事件的处理过程中经验不足，处理要点掌握不全面。平时缺少有针对性的异常工况培训，事故预想、事故演练不到位。

（5）各级领导对安全生产工作重视程度不够，针对历次发生的非停事件，没有深刻反思、认真查找工作中的不足，及时整改、落实到位。

5. 防范措施

（1）加强运行管理，开展"大讨论、大反思"活动，深刻吸取事件教训，围绕思想认识、责任落实、工作作风等方面开展深刻反思，提高运行人员安全风险意识。同时将活动常态化、深入化，融入到班组的日常活动中，让每名员工都切实认识到岗位责任的重要性。

（2）落实各级岗位责任制，进行"整改、整顿"工作。生产部门重新梳理岗位责任，认真编写各级岗位说明书，确保工作无死角、工作标准规范、严谨。

（3）加强操作风险管控。把防范风险放在首位，做到有风险就要有应对措施，切实提高运行人员安全风险意识。针对给水泵汽轮机汽源切换后"除氧器水位高"的风险点再次进行排查，形成专项处置措施，开展针对性的专项培训，对每值进行抽查考试，做到人人过关。

（4）利用学习班，由部门专工或者班组人员开展专业讲课，将生产过程中发生的异常情况和解决方法作为主要内容，提高运行人员的异常处理能力。

（5）开展专项隐患排查活动，对机组重要保护及自动逻辑定值的合理性进行全面排查。提升专业管理水平，组织专业人员梳理机组保护及自动逻辑定值，对不利运行调整的逻辑保护进行优化，切实提升机组运行的可靠性。并重新编制成册，下发各班组进行专项培训。

（6）联系除氧器厂家，认真进行分析评估，重新标定除氧器水位高、低报警值，同时对除氧器溢流阀联锁逻辑、备用凝结水泵联启逻辑进行优化。

（7）对"除氧器水位高联关除氧器进汽电动门、止回门"的可行性进行技术方案论证，争取实现不再联关四段抽汽总电动门，以提高给水泵汽轮机汽源可靠性。

（三十二）轴振大保护动作，汽轮机跳闸事件

1. 基本情况

4号汽轮机是北京重型电机厂引进法国阿尔斯通技术生产的N330–7.75/540/540型亚临界一次中间再热、单轴、三缸双排汽、凝汽式汽轮机；锅炉是武汉锅炉厂生产制造的亚临界、一次中间再热、自然循环汽包炉，型号为WGZ1004/18.4–2型；发电机为北京重型电机厂引进法国阿尔斯通技术生产的T255–460型汽轮发电机组；2004年6月4日，168h试运结束正式投入运行。最近一次检修日期为2018年6月6—16日，中调调停临修后启动。

2. 事件经过

7月10日02：00，机组负荷为170MW，主、再热蒸汽压力为13.5MPa/1.98MPa，主、再热蒸汽温度为536℃/525℃，真空为–82.8kPa；B、C、D磨煤机，A、C电动给水泵，A、B循环水泵，A凝结水泵运行；B电动给水泵、B凝结水泵、A磨煤机备用。多阀控制，AVC自动电压控制、PSS电力系统稳定器投入、AGC退出。2X/2Y轴振为165/154μm。

2018年7月10日07：15，机组负荷为175MW，主蒸汽压力为12.8MPa，主、再热蒸汽温度为533℃/528℃，真空为–82.6kPa，2X/2Y轴振由165/154μm升至

180μm/165μm，3 号高压调节门开度为 8%，3 号高压调节门开至 10%，2*X*/2*Y* 振动下降至 171μm/160μm。

07：22，2 号瓦轴振快速上升，3 号高压调节门开至 12% 无效，2*X*/2*Y* 上升至 200μm/179μm，保护动作跳闸，跳闸后 2*X*/2*Y* 轴振最大上升至 221μm/197μm，机组惰走时间为 49min。申请中调同意，停机进行振动大处理。

3. 检查情况

7 月 10 日 4 号机组停机，机组轴瓦检修调整情况见表 2-3。

表 2-3　　　　　　　　　　1 号瓦机组轴瓦检修调整情况　　　　　　　　　　mm

项目	外油挡间隙				侧隙				顶隙	紧力	桥规尺寸	扬度
	上	右	下	左	左前	左后	右前	右后				
标准	0.35 ~ 0.41		0.05 ~ 0.10		0.30 ~ 0.40		0.30 ~ 0.40		0.20 ~ 0.30	0.02 ~ 0.03		
2013 年大修后	0.35	0.05	0.10	0.30	0.30	0.35	0.30		0.30	0.03	1.1	0.65
前次修后	0.95	0.05	0.55	0.25	0.25	0.20	0.20		0.35	0.03	0.9	1.15
本次修前	0.70	0.20	0.75	0.40	0.50	0.30	0.20		0.35 ~ 0.42	0.09	1.10	1.5
本次修后	0.55	0.20	0.50	0.40	0.50	0.30	0.30		0.30 ~ 0.35	0.05	1.0	1.2

数据分析：1 号瓦顶隙超标 0.05 ~ 0.12mm，桥规超标 0.20mm，转子有下沉迹象，下瓦有明显磨损痕迹且存在严重的电腐蚀现象，高压转子 1 号瓦处轴颈电腐蚀严重；轴瓦顶隙超标，本次检修对轴瓦结合面进行修刮处理；将 1 号瓦上抬 0.20mm，向左移动 0.05mm；扬度因高压转子表面电腐蚀严重，转子未磨损部位冷缩至 1 号瓦处扬度偏大，轴瓦损坏情况见图 2-22。2 号瓦机组检修调整情况见表 2-4。

图 2-22　轴瓦损坏情况

表 2-4　　　　　　　　　　　　2 号瓦机组检修调整情　　　　　　　　　　　　　mm

项目	外油挡间隙				侧隙				顶隙	紧力	桥规尺寸	扬度
	上	右	下	左	左前	左后	右前	右后				
标准	0.40 ~ 0.50		0.05 ~ 0.12		0.38 ~ 0.50		0.38 ~ 0.50		0.25 ~ 0.38	0.02 ~ 0.03		
2013 年大修后	0.40	0.05	0.12		0.45	0.40	0.40	0.45	0.26	0.03	0.75	0.44
前次修后	0.35	0.05	0.12		0.60	0.60	0.25	0.25	0.38	0.03	0.85	0.52
本次修前	0.15	0.05	0.32		0.75	0.75	0.30	0.25	0.46	0.03	1.0	0.62
本次修后	0.15	0.05	0.32		0.65	0.65	0.40	0.30	0.32	0.055	0.95	0.58

　　数据分析：因本次修前桥规值较上次修后偏大 0.15mm，同时顶隙较上次大 0.08mm；针对顶隙超标的情况，检查下瓦无磨损痕迹，本次检修对轴瓦结合面进行修刮处理，最终确保顶隙至合格；查阅 1、2、3 号瓦轴瓦温度，1 号瓦 71℃左右，2 号瓦 75℃左右，3 号瓦为 78℃；本次翻下瓦检查无明显磨损痕迹，结合瓦温情况本次将 2 号瓦上抬 0.05mm（未按桥规值进行恢复），左右侧不做调整。

4. 原因分析

（1）直接原因。

4号机组2号瓦轴振超标，机组"轴振大跳闸"保护动作，汽轮机跳闸。

（2）间接原因。

4号机高压转子存在热弯曲，在机组工况发生变化，蒸汽参数变化时，2号瓦振动容易大幅上升；从机组大修解体情况看，机组轴颈本身存在缺陷，1号轴瓦间隙较大，调整困难。

5. 暴露问题

（1）4台机组（改造前）汽轮机为北京重型电机厂引进法国阿尔斯通技术生产N330-17.75/540/540型亚临界一次中间再热、单轴、三缸双排汽、凝汽式汽轮机。4台机组自建厂至今均存在1～3号瓦轴振高、间歇性振动等隐患，多年来1～3号瓦解体检查均存在轴瓦偏磨、轴径电腐蚀的情况，检修期间通过修刮调整各部间隙至合格消除轴瓦偏磨缺陷、加装气密油挡消除轴瓦间歇性振动、在7号瓦处加装RC模块、铜辫等措施控制轴径电压，防止电腐蚀，但未能彻底处理轴振高、轴瓦偏磨的缺陷。

（2）工作作风不实、不严，缺乏"钉钉子"的精神。5月15日4号机组发生非停后，利用6月6日机组调停临修对1、2号瓦进行检查处理，机组启动后轴振大的问题依然存在，1、2号瓦振动较上次启动发生变化（3月份1号瓦轴振为160/144μm，2号瓦轴振为83/110μm；6月份1号瓦轴振为109/149μm，2号瓦轴振为146/117μm），公司未能组织进一步深入分析原因，只是将保护定值进行了相应的修改。

（3）生产管理人员抱有侥幸心理，重视程度不够。4号机组振动大，认为可以通过临修和调停采取更换1号瓦的方式暂时维持机组运行，待今年4号机组汽轮机通流改造时彻底消除。

6. 防范措施

（1）对1、2号瓦进行解体检查，按标准对轴瓦各部间隙进行调整；检查轴系配重块是否存在松动情况，检查轴系对轮晃动及高压转子晃动情况。

（2）对高压调节门行程试验进行校核，对滑销系统、主调速汽门及管道支架、汽门膨胀支撑架等部位进行检查。

（3）对顶轴油系统顶起高度重新进行调整，重新进行顶轴油试验，防止因顶轴油系统不稳，造成低转速下的轴系振动。

（4）对高中压缸体保温进行补充，对局部较薄区域、轴端部位加装保温，防止因缸受热不均造成缸体膨胀不均引起1、2号轴振超标。

（5）对以上4项因素逐一排查均未发现异常，联系动平衡公司对轴系配重进行调整。若通过轴系配重依然不能解决4号机组振动大、确保机组安全稳定运行，向电网申请4号机组转A修，通过汽轮机通流改造彻底消除机组振动大的问题。

（6）严格执行各项规程、《防止电力生产事故的二十五项重点要求》（国能安全〔2014〕161号）等，在汽轮机启动、运行及停运过程中严格控制缸温、差胀、轴位移、偏心等参数。

4号机组跳闸曲线见图2-23。

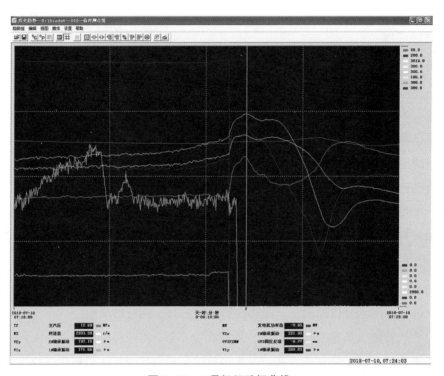

图2-23　4号机组跳闸曲线

第三章　锅炉专业事件

（三十三）高温过热器泄漏，非计划停运事件

1. 基本情况

锅炉为 150MW 供热机组，由上海锅炉厂有限公司设计制造的超高压、中间再热、自然循环锅炉，型号为 SG-480/13.7-M788，四角切圆燃烧煤粉炉，锅炉本体呈 II 形。

2. 事件经过

5 月 17 日 08：52，机组负荷为 140MW，对外供汽量为 20t/h，A、B、C 制粉系统投入，各辅机运行正常。

3. 事件经过

监盘人员发现，主蒸汽流量为 450t/h，给水流量为 470t/h，给水流量不正常大于主蒸汽流量 20t/h，后屏出口 A/B 侧烟气温度偏差增大至 60℃，A 侧烟气温度为 772℃，B 侧烟气温度为 712℃，就地检查确认，1 号锅炉高温过热器区域（30m 处）发出异常声音，判断为高温过热器泄漏，立即汇报省调，申请 1 号炉停炉消缺。10：05，接省调令：1 号机组停备。1 号机组于当日 12：00 与系统解列。

4. 检查情况

（1）第一爆口描述：爆口位置为高温过热器由 B 至 A 侧第 35 排，由炉前至炉后第 2 管圈第一个下部弯头处，炉管型号为 $\phi42 \times 6$mm，爆口处管道胀粗为 45.7mm，爆口长 25mm，宽 5mm，爆口较钝、粗糙，爆口未减薄，爆口外表面有氧化皮、边缘出现龟裂 [见图 3-1（a）]，管道底部弯头发现氧化皮堆积 [见图 3-1（b）]。

（2）第一爆口爆开后高压蒸汽吹损第 36 排第 1、2 根管道，第 1 根管道减薄，第 2 根管道吹损爆开。

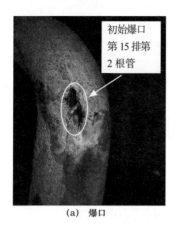

(a) 爆口   (b) 氧化皮

图 3-1 过热器爆口及氧化皮

5. 事件原因分析

（1）查阅近一年高温过热器管壁温度曲线，高温过热器壁温测点自 2017 年 1 月—2018 年 5 月超过 570℃（锅炉厂设计管壁警示温度为 570℃）累计共计 54min，未发现管壁温度短期大幅超温的记录。

（2）根据当量温度计算公式，按过热器管内壁氧化皮厚度 0.35mm（实际测量值为 0.30 ~ 0.40mm）、实际运行时间 7.4 万 h 来计算，G102 材质当量温度为 590℃，12Cr1MoV 材质当量温度为 578℃，表明炉内高温过热器管道长期在接近或高于金属推荐使用温度运行（G102 建议使用温度 ≤ 600℃，12Cr1MoV 建议使用温度 ≤ 570℃），氧化皮生成速率略高于正常值，高温过热器氧化皮是在机组长期运行过程中形成的。

（3）随着氧化皮厚度的增加，高温过热器管子的热阻必然增加，相同壁温测点温度下对应的炉内高温过热器管壁温度会增加。

（4）在机组运行中，高温过热器管壁温度和主蒸汽温度虽未超推荐值，但是由于目前运行监视的管壁温度测点较少，不能全面、真实地反映炉内全部高温受热面管壁温度，实际上管壁已处在超温运行状态，导致氧化皮生成较厚。

（5）查阅近一年水汽质量检测报表和 2012—2018 年共 4 次水冷壁垢量分析报告，结合机组运行 7.4 万 h，符合规范要求，排除水汽品质不合格造成高过产生氧化皮的可能性。

（三十四）锅炉右侧热一次风道非金属膨胀节破裂泄漏事件

1. 基本情况

某电厂配置东方锅炉厂生产的 DG1900/25.4-II9 型循环流化床锅炉，锅炉为超临界循环流化床直流炉，双布风板单炉膛、平衡通风、一次中间再热、循环流化床燃烧方式，采用外置式换热器调节炉膛床温及再热蒸汽温度，采用高温冷却时旋风分离器进行气固分离。锅炉整体呈左右对称布置，支吊在锅炉钢架上。2 号机组于 2013 年 4 月 14 日投入商业运行。

2. 事件经过

2 号机组上次检修时间为 2017 年 5 月 10—6 月 4 日，C 级检修，并于 2017 年 7 月 7 日并网发电。2017 年 8 月 3 —16 日停备。最近一次停备时间为 2017 年 9 月 15 —10 月 26 日。机组在等级检修、停备检修期间均对非金属膨胀节进行了常规的检查检修工作。

2017 年 10 月 26 日 14：00，发现锅炉 0m 右侧热一次风道非金属膨胀节轻微泄漏，当时机组负荷为 358MW，中部床温为 750℃，床压为 14.88kPa，主蒸汽压力为 15.56MPa，主蒸汽温度为 546℃，主蒸汽流量为 998.71t/h，给水压力为 17.45MPa，给水温度为 251.24℃，给水流量为 1058t/h。右侧空气预热器出口一次风压力为 15.69kPa，温度为 289.8℃。

2 号机组于 2017 年 10 月 25 日 15：15 点火，10 月 26 日 07：20 分并网。在机组并网后，加强了现场设备的巡视检查。14：00 左右，运行人员在巡视设备时，发现锅炉 0 m 右侧热一次风道非金属膨胀节存在轻微漏风，并立即汇报当值值长，值长通知检修人员到场处理。检修维护部主任、专工及运行人员到场对漏点情况进行具体检查处理。非金属膨胀节距离地面高度约 3 m，需搭设脚手架平台。在脚手架准备搭设过程中，发现膨胀节漏点存在扩大趋势，14：20，非金属膨胀节漏点处裂缝扩展长度约 1.5m。非金属膨胀节破裂点如图 3-2、图 3-3 所示。

图 3-2 非金属膨胀节破裂点初期

图 3-3 非金属膨胀节破裂点扩大后

3. 原因分析

（1）根据现场破裂情况分析，非金属膨胀节破裂处蒙皮呈须状，强度层拉伸，非金属膨胀节存在老化情况。

（2）空气预热器出口的一次风压较高，且一次风风道中含有灰渣颗粒，冲刷膨胀节初始破洞，导致破洞扩展；裂口处形成风烟通道，非金属膨胀节中设置的密封绳、绝热层不能有效起到密封作用，一次风冲刷非金属膨胀节，进一步导致膨胀节裂口扩展。

（3）自 2015 年大修后，仅对非金属膨胀节蒙皮进行了局部修复，未对非金属膨胀节进行拆卸检查，未及时发现非金属膨胀节存在老化的隐患。

4. 暴露问题

（1）右侧热一次风道非金属膨胀节破裂根本原因是安全生产主体责任落实不到位，检修管理、标准化管理不到位，风险辨识不足，安全意识和风险意识淡薄。隐患排查工作不深入，设备检查检修存在盲区，设备健康状况评估不充分。

（2）非金属膨胀节破裂的直接原因是近年来 2 号机组启停频繁，非金属膨胀节存在老化，强度降低，机组在启动过程中锅炉存在较大的膨胀力，非金属膨胀节无法承受锅炉向下膨胀的拉力，造成破损、泄漏。

5. 防范措施

（1）组织对非金属膨胀节进行全面隐患排查，落实各项安全保障措施，确保运行安全。加强设备检查力度，加强检修管理，制定专项检查计划，掌握非金属膨胀节运行规律。

（2）大力开展设备全寿命管理。梳理非金属膨胀节检查、检修记录，针对非金属膨胀节内部积灰问题难以避免及蒙皮老化的情况，根据非金属膨胀节使用年限、检查修理情况，对设备开展寿命评估，制定并落实定期修复和更换计划。

（3）对破损的非金属膨胀节进行局部更换处理，对内部进行密封填充。修复好的非金属膨胀节加装固定装置，以限制锅炉受热后膨胀，非金属膨胀节蒙皮与法兰连接处受到较大拉力，防止非金属膨胀节破裂。因非金属膨胀节法兰压板较薄，不能对非金属膨胀节蒙皮起到很好的压紧作用，下次检修中，计划对类似的非金属膨胀节法兰压板进行加厚处理，并更换。

（三十五）给水流量低，保护动作跳闸非停事件

1. 基本情况

2017 年 1 月 6 日 08：47，1 号机组负荷为 580MW，A、B、C、D、F 制粉系统运行，总煤量为 230t/h，两台一次风机运行，1A、1B 一次风机动叶自动方式，1A 一次风机动

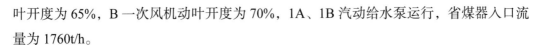

叶开度为65%，B一次风机动叶开度为70%，1A、1B汽动给水泵运行，省煤器入口流量为1760t/h。

2. 事件经过

08：47，监盘运行人员发现1A一次风机驱动端径向轴承温度快速升高88℃，并且持续上升（处理过程中1A一次风机驱动端径向轴承温度最高升至115℃）；08：49，解除1号机组AGC，将机组控制方式切至机跟随；08：51：40，运行人员手动停止1D磨煤机运行，主蒸汽温度下降至547℃，开启再热器烟气挡板，关闭过热器一、二级减温水电动门调整门。08：53：12，运行人员手动停止1A磨煤机运行，总煤量降至91t/h，锅炉主控指令由67%减至31%。

08：51，负荷为578MW，给水流量为1786t/h，1A汽动给水泵转速为5709r/min，1B汽动给水泵转速为5762r/min；08：52：16，给水流量为1779t/h，1A汽动给水泵转速为5710r/min，1B汽动给水泵转速为5663r/min，1A、1B汽动给水泵转速开始下降，给水流量开始降低；08：53：16，给水流量为1574t/h，1A汽动给水泵转速为5505r/min，1B汽动给水泵转速为5456r/min；08：54，负荷为499MW，给水流量为1704t/h，1A汽动给水泵转速为5463r/min，1B汽动给水泵转速5456r/min，给水流量开始快速下降；08：54：08，负荷为490MW，给水流量为1620t/h，1A汽动给水泵转速为5351r/min，1B汽动给水泵转速为5351r/min；08：54：24，负荷为474MW，给水流量为1049t/h，1A汽动给水泵转速为4914r/min，1B汽动给水泵转速为4800r/min，1A汽动给水泵最小流量阀打开；08：54：30，离出口压力为24.53MPa，省煤器入口压力为24.41MPa；08：54：31，1B汽动给水泵最小流量阀打开，此时1A最小流量阀开至17%，给水流量为489t/h；08：54：36，负荷为461MW，给水流量骤降至171t/h，1A汽动给水泵转速为4551r/min，1B汽动给水泵转速为4354r/min；08：54：56，负荷为435MW，给水流量为0.35t/h，1A汽动给水泵转速为2422r/min，1B汽动给水泵转速为4599r/min。

08：55：06，1B磨煤机停止运行，负荷为250MW，负荷快速下降；08：55：09：900，锅炉MFT动作，首出信号："给水流量低"。

3. 事件原因

1A一次风机轴承温度突升，在紧急降负荷过程中降低给水流量过快，给水调节不当，导致锅炉给水流量低MFT动作。

08：53：17，开始调整温差调节器；08：53：54，开始调整给水流量汽动给水泵调节器，直到08：54：26由73%降低至39%，在32s时间内给水流量汽动给水泵调节器降低了34%，给水流量快速降低，造成锅炉给水流量低保护动作。

4. 暴露问题

（1）运行培训不到位，运行人员应急处置能力不足，培训针对性不强，未针对一次风机检修后再次启动可能出现的问题开展有针对性的事故预想和应急演练。

（2）运行人员技能不足，运行人员对设备运行工况掌握不足，对机组水煤等控制逻辑掌握不熟练，在手动控制降负荷过程中手打磨煤机后，对给水调节造成的影响预判不足，在发现给水控制跳至手动后，未及时进行给水流量调节，在发现水煤比严重失调后进行手动调节给水过程中调节不当，造成锅炉给水流量低保护动作。

（3）运行人员监盘不到位，未针对检修后刚启动设备进行重点监视，在升负荷过程中未严密监视 1A 一次风机运行状态，直至 1A 一次风机轴承温度上升至报警温度才开始进行事故处理，未能在第一时间做出反应。

（4）专业技术管理不到位，针对一次风机检修后可能发生的故障分析不到位，也没有开展有针对性的风险预控及制定对应的应急处置措施。

（5）生产管理不到位，隐患排查和设备治理不到位，未及时发现 1A 一次风机液压油管存在磨损问题。

（6）检修技能水平不足，风险辨识不到位，措施不到位，在风机倒转的情况下油站加入冷油，油膜形成不好情况下更换油管导致烧瓦，在进行轴瓦更换时未充分考虑风机轴系位置，片面依赖厂家技术指导，致使检修期间确定的轴瓦间隙偏小，在风机再次启动后轴系向电动机侧移动导致再次磨损。

5. 防范措施

（1）强化运行人员技能培训，制定专项培训计划，开展专项培训，确保主要生产骨干人员熟悉掌握，提高异常工况下应急处置能力。

（2）强化运行管理。严格监盘纪律，开展运行参数在线分析工作，确保及时发现异常并第一时间处理。

（3）加强运行技术管理，结合设备运行状况开展有针对性分析并制定相应措施，组织运行人员学习并做好事故预想，提高运行人员对各类风险的预控能力。

（4）梳理因运行操作不当造成机组非停的事故案例，在仿真机上开展有针对性的演练培训，提高运行人员操作技能。

（5）结合历年来非停案例，组织各专业开展设备隐患排查，发现问题后及时组织消缺处理，对不能第一时间处理的组织开展评估并制定措施在检修期间予以消除。

（6）明确设备主人职责及管理要求，强化设备主人责任心，强化对设备的日常维护管理，加强设备巡检，确保设备健康可靠。

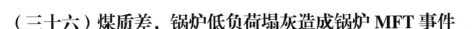

（三十六）煤质差，锅炉低负荷塌灰造成锅炉 MFT 事件

1. 基本情况

2011 年 10 月 2 日 07：50，1 号机组负荷为 350MW，动给水泵运行。11、12、14、15、16 号磨煤机运行，13 号磨煤机备用。引风机、送风机、一次风机运行正常，炉膛吹灰设备、系统运行正常；脱硫系统正常投运，脱硫旁路挡板关闭。

主要运行参数：燃料量为 195t/h，一、二次风压为 11.8/0.92kPa，炉膛负压为 –50Pa。

2. 事件经过

07：54：01，炉膛负压突然摆至 +427Pa，报警。

07：54：07，炉膛负压至 –400Pa，报警。

07：54：33，炉膛压力为 –1430Pa，延时保护动作（炉膛压力为 –400Pa 延时 25s 主保护动作），炉紧停，汽轮机掉闸，发电机发逆功率保护动作掉闸，1 号发电机与系统解列。

经处理，当日 20：00，1 号机组与系统并网。

3. 原因分析

（1）机组燃用煤质差、灰分大，造成炉内受热面积灰多，长时间低负荷运行中发生塌灰是本次 1 号机组炉膛负压延时保护动作的主要原因。

（2）从画面趋势和历史事件记录分析，07：54：01，炉膛负压发生波动报警时，运行人员发现炉膛火焰监视器已无火焰，运行的 5 台磨煤机火焰监测信号全部消失，此时炉膛内已灭火。07：54：33，机组炉膛压力为 –400Pa，延时 25s 主保护动作。

（3）从图像火焰监测趋势来看：运行的 5 台磨煤机对应的火焰监测趋势基本与负压历史趋势一致。

（4）6 台磨煤机灭火保护设置为喷燃器无火焰监测信号四取四与炉膛负压 ±200Pa 相与保护掉磨，但保护延时时间不同，下排磨煤机 1、4 号磨煤机保护延时时间为 20s、中排磨煤机 2、5 号磨煤机保护延时时间为 15s、上排磨煤机 3、6 号磨煤机保护延时时间为 10s。

（5）检查机组 IF90 事件记录发现：在机组主保护发出前 5s 时，5 号磨煤机灭火保护动作；在机组主保护发出前 9s 时，6 号磨煤机灭火保护动作。

4. 暴露问题

（1）煤炭市场紧俏，原煤质量近期一直较差，发热量低，硫、灰分含量大，造成锅炉结焦和积灰严重，且煤场配煤余地不大。

（2）吹灰器吹灰次数设置不合理；蒸汽吹灰器一天吹两次，夜间、白天各一次，如果增加吹扫次数，锅炉受热面吹损严重的现象无法避免。

5. 防范措施

（1）继续强化吹灰质量。运行、检修人员按规定跟踪吹灰质量，记录吹灰器存在的缺陷，发现问题及时联系检修处理。修改完善吹灰程序，确保吹灰效果。

（2）进一步加强运行调整。严格落实厂部"燃烧劣质煤技术措施"，煤质变差，炉总燃料量超过"措施"限值时，及时增加吹灰次数或调整为连续吹灰，以保证各受热面清洁，防止掉焦塌灰灭火事件发生。

（3）加强吹灰设备的日常维护。每天现场跟踪吹灰，清扫设备卫生，认真检查密封风管路，防止正压墙箱处漏灰；每天检查漏风、汽、水、油，并处理好阀门不严、旋转接头、法兰、软管处的漏水，枪管尾部漏汽，齿轮减速箱漏油；每半年需检查润滑情况，加注润滑油脂；同时及时消除吹灰设备缺陷。加强备件验收，杜绝不合格设备进入现场，且利用机组大小修机会，联系专业厂家对吹灰器进行大修。

（4）保证原煤质量。严格控制原煤质量，杜绝不合格煤入厂；并长期做好煤场好煤与劣质煤的配煤工作。

（三十七）煤粉燃烧不充分，导致锅炉爆燃事件

1. 基本情况

某发电厂 5 号机组（200MW）锅炉为超高压一次中间再热自然循环汽包锅炉，型号为 HG-670/140-HM12 型。锅炉配有 6 套直吹式制粉系统分别对应炉膛一角，六角布置切圆燃烧，每角有 3 层煤粉燃烧器，在 2、5 号角各安装 4 套微油点火装置，其中 3 套安装在煤粉燃烧器中，1 套安装在高温炉烟管道中。下层与中层煤粉燃烧器之间，安装一层大油枪，共 6 只，编号为 1～6 号。锅炉点火启动阶段，炉膛安全监控系统（FSSS）的炉膛灭火保护功能不投入，微油灭火保护功能投入。微油灭火保护功能为 2 号或 5 号角下层微油火焰检测丧失或上、中层两层微油火焰检测同时丧失，切断角燃料供应。机组负荷在 80MW 以上时，系统从微油灭火保护状态自动切换为 FSSS 的炉膛灭火保护状态。7 月 10 日，5 号机组完成超低排放改造，7 月 13 日，机组按调令启动。

2. 事件经过

7 月 13 日 05:54，5 号炉 2、5 号磨煤机运行，甲、乙送风机和甲、乙引风机运行，2、5 号角共 8 套微油装置投入，2、5 号磨煤机入口高温炉烟管道微油装置及 5 号角中、下层微油装置运行稳定，其他微油装置运行均不稳定，2 号角下层、5 号角上层共 2 套微油装置因故障退出运行。此时，锅炉主蒸汽压力为 0.42MPa，主蒸汽温度为 150℃，

因炉膛燃烧工况差，蒸汽温度、蒸汽压力数分钟未见提升，为加强燃烧，运行人员投入5号大油枪时，锅炉发生爆燃，MFT动作，MFT首出为"炉膛压力高"。经检查，炉膛压力最高至3071Pa（炉膛压力保护定值为1200Pa），爆燃点在5号燃烧器至折焰角附近。爆燃造成锅炉后墙水冷壁在标高37～40m共6根水冷壁管变形（甲侧2根、乙侧4根）及相应鳍片损伤，标高40m有2处刚性梁铰连接开裂，省煤器灰斗前侧板开裂。此次锅炉爆燃未造成较大损失及影响。截至7月18：14，锅炉受损部位、部件已检修处理完毕，机组恢复备用。

标高40m处锅炉甲、乙侧后墙角折焰角根部损坏情况见图3-4、图3-5。

图3-4　甲侧后墙角折焰角根部　　　　图3-5　乙侧后墙角折焰角根部

3. 事件原因

（1）直接原因。

1）锅炉启动时采取微油点火，投入8套微油装置，由于煤质水分大，煤粉不易引燃，导致多数微油装置运行不稳定，炉膛燃烧工况差。其中，2号角下层、5号角上层微油装置频繁停运，最终退出运行。在此工况下，进入炉膛的煤粉燃尽率低，没有燃烧的煤粉积存在炉膛内，为爆燃埋下隐患。

2）锅炉点火启动阶段的炉膛灭火保护功能存在缺陷。此时炉膛灭火保护功能不投入，微油灭火保护功能投入，但没有强制吹扫功能。每次微油灭火保护动作切断燃料后，再启动微油点火之前，对炉膛的吹扫靠人工进行，存在随意性。由此看，微油灭火保护功能不能有效发挥灭火保护作用。

3）由于炉膛燃烧工况差，煤粉燃烧不充分，部分时段炉膛已濒临灭火状态，运行人员没有认真检查与判断，没有认识到炉膛存在积粉爆燃的危险，为提高炉膛温度，促进燃烧，投入5号大油枪，造成炉膛爆燃。

（2）管理原因。

1）运行管理不严，规程执行不力。2号磨煤机运行时出口温度为82℃，运行人员未按规程要求，将磨煤机运行时的出口温度保持在110℃以上，进而导致煤粉燃尽率低，影响锅炉燃烧工况。

2）反措落实工作抓得不严。《防止电力生产事故的二十五项重点要求》（国能安全〔2014〕161号）明确规定当炉膛已经灭火或已局部灭火并濒临全部灭火时，严禁投助燃油枪、等离子点火枪等稳燃。从多数微油点火装置运行不稳定、锅炉燃烧工况差、蒸汽温度、蒸汽压力未见提升等情况看，锅炉濒临全部灭火状态已很明显，运行人员未考虑反措要求，未认真检查与判断，而是盲目投入油枪助燃，造成爆燃。

4.暴露问题

（1）企业有关负责人及管理人员安全履职不到位。尽管机组启动时有关负责人及管理人员到达现场，但没有认真履行对安全工作的督促检查职责，对磨煤机运行、燃烧工况、运行操作等存在的一系列问题，没有发现、没有制止与纠正，以致酿成锅炉爆燃后果。

（2）未认真落实公司"零非停"方案。企业对"零非停"工认识不高，在运行管理、反措落实、隐患排查等方面责任不落实、工作不深入，不能认真对待和有效解决影响机组安全稳定运行问题。

（3）专业管理薄弱。有关专业管理人员未认真督促检查反措落实工作。此次锅炉爆燃事件虽然偶然，但反措不落实问题不是偶然的，反措落实工作未引起管理人员重视，甚至一些问题长期得不到纠正与整改，才会导致安全后果。

（4）隐患排查治理工作不深入。从职能部门到车间，历次隐患排查都未发现锅炉点火启动阶段炉膛灭火保护功能存在的缺陷，也没有深入排查治理运行管理存在的各类问题，企业运行管理不严，规程执行不力、运行操作纪律松弛问题较突出。

（5）不重视安全信息报送和事件调查处理工作。发生锅炉爆燃后，企业未引起足够重视，未如实汇报有关信息，内部组织的调查处理工作不力，工作滞后。

5.防范措施

（1）认真落实公司"零非停"工作要求。公司系统发生的机组非停均存在管理责任因素，应引起高度重视。企业要强化"零非停"理念，完善降非停工作机制，坚持问题导向，狠抓责任落实与监督考核，严格考核整改管理责任与管理问题，突出整改运行管理问题，切实把降非停各项工作落到实处，着力提升机组安全稳定运行水平。

（2）深入落实各项反事故措施。完善工作机制，坚持问题导向，以落实《防止电力生产事故的二十五项重点要求》（国能安全〔2014〕161号）为抓手，全面落实上级下达的各项反事故措施。各级专业技术人员要切实履行职责，狠抓反措落实工作，加强对反措落实的监督、指导与考核，切实把各项反措落实到岗位，落实到日常管理、定期工作和专项工作之中，提升反措落实工作水平。

（3）强化到位工作机制。有关负责人及管理人员要严格按照公司重大作业重点部位到位要求，履职尽责、到岗到位，按照管辖分工和业务范围，认真履行对安全工作的督促检查职责，切实发挥好到位作用。

（4）深化隐患排查治理工作。企业各级负责人亲自安排，各级专业技术人员深度参与，继续推进隐患排查治理工作。尤其要深入排查治理技术监督和反措落实不到位的管理问题。认真排查治理锅炉灭火保护系统的功能、投入等存在的装置性和管理方面的隐患，杜绝类似事件再次发生。

（5）严格落实"四不放过"原则。按照"四不放过"原则，认真调查处理每一起不安全事件，突出查找分析管理原因，深入整改管理问题，制定出切实可行的防范措施，并落实到位。按照通报，深入分析查找锅炉爆燃事件存在的各类问题，认真制定整改计划，整改计划及整改结果报公司安全环保部备案。

（三十八）引风机跳闸引起机组非停事件

1. 基本情况

2016年4月23：18：29，3号机组负荷由522MW升负荷，A/B空气预热器差压为2.75/2.82kPa，A/B引风机动叶开度为52%/53%。3号机组按调度指令AGC模式运行，负荷为600MW，六大风机运行。A、B、C、D、E、F磨煤机运行，A、B汽动给水泵运行（未配置电动给水泵），给水投入自动，减温水投入自动，B凝结水泵运行，A凝结水泵备用。

18：51：03，3号机组负荷为599MW，主蒸汽压力为23.17MPa，主蒸汽温度为565℃，给水流量为1837t/h，主蒸汽流量为2023t/h，炉膛压力为–75Pa。

2. 事件经过

18：51：17，3号炉A引风机失速报警，A／B引风机动叶开度为76%／78%，电流为356A/375A，A、B空气预热器差压为3.99kPa／4.14kPa，B侧脱硝催化剂压差由440Pa升至605Pa，炉膛压力为–75Pa。

18：51：45，B引风机电流最高达到660A（额定电流为481A），过电流保护动作跳闸，RB动作，炉膛压力达1038Pa。

18：51：50，F 磨煤机跳闸。

18：52：00，E 磨煤机跳闸。

18：52：07，将协调切至手动模式。

18：52：31，负荷为 590MW，给水流量为 1288t/h。解除 A、B 给水泵自动，投入同操器，调整给水流量。

18：56：47，3 号机组负荷为 382MW，主蒸汽压力为 19.5MPa，A、B 给水泵汽轮机进汽调节阀开度为 27.3%、22.6%，转速为 4290、4209r/min，给水流量降至 371t/h。主给水流量低二值动作，锅炉 MFT，汽轮机跳闸，转速下降，发电机解列，厂用电切换正常。

3. 原因分析

（1）直接原因。

3A 引风机失速，炉膛负压升高，两台引风机动叶开度均增大（动叶开度由 78% 增大到 89%），A 引风机失速报警发出后运行值班人员未及时进行处理，致使 B 引风机过电流保护动作跳闸。因事件处理经验不足，给水流量判断失误，投入同操器后手动调整给水不当，导致给水流量大幅波动至低二值，锅炉 MFT。

（2）根本原因。

1）A、B 空气预热器换热元件堵灰严重，造成空气预热器前、后烟气侧差压达到 3.99kPa/4.14kPa，A、B 除尘器出口压力分别达到 −6、−6kPa，脱硫吸收塔入口压力大于 1.82kPa，此时两台风机的全压按两处测点计算值已经大于 7.8kPa，如果再考虑除尘器出口至引风机入口的阻力和引风机出口至脱硫入口的阻力（0.6 ~ 1.0kPa），引风机的全压接近风机的 TB 工况点，再考虑煤质变差风量增大的影响，风机的全压可能已经超过失速点，进入不稳定区，此后 A/B 除尘器出口风压由 −6kPa 升高至 −2.6、−4.0kPa，由于 A 侧引风机出口烟道比 B 侧长，A 侧沿程阻力较 B 侧大，所以 A 侧先发生失速报警。

2）由于 A 引风机失速，出力降低，电流降低。系统自动调节 B 引风机出力增大，动叶开度达到最大，电流增大，造成 B 引风机电动机过电流保护动作。

（3）间接原因。

1）为了公司经济效益，同时由于超低排放改造后，除尘效率提高，掺烧煤泥能力增强。因此，今年 3 号机组投运后，掺烧煤泥同比去年增加 10%，占 20% ~ 30% 入炉煤。但空气预热器未进行升级改造，导致空气预热器阻力增加。同时，今年掺烧的煤泥灰分较往年增加 10%，入炉煤发热量较往年降低 10%，这些情况造成了锅炉含灰量的升高，易造成空气预热器堵灰。

2）天气变暖，锅炉排烟温度升高，烟气体积流量增加，尤其在机组高负荷时段，给煤量增加，飞灰浓度变大，更加剧了空气预热器换热元件的堵塞。

3）3号机组超低排放改造后，NO_x排放浓度由200mg/m³降至50mg/m³（标准状态），脱硝喷氨量较改前增加，脱硝出口氨逃逸率较高，造成空气预热器冷端易生成硫酸氢氨，也是造成空气预热器换热元件堵塞的重要因素。

4. 暴露问题

（1）对参数发生异常重视不够，未及时针对空气预热器差压变化情况，下发措施，指导现场操作。

（2）未充分考虑锅炉运行情况，入炉煤掺煤泥量过大，造成锅炉燃料量、烟气量增加过大。

（3）对脱硝氨逃逸率控制不严格，未按控制措施的下限运行。

（4）对机组大负荷工况的危险点预判不足，未及时根据实际情况，为现场提供预警。

（5）未针对轴流风机运行中失速专门制定下发技术措施。

（6）监盘人员对风烟系统阻力增大未引起重视，未对引风机动叶开度变化进行监视，引风机出力达到失速区，造成风机失速。

（7）运行人员调整不当，造成给水流量低二值跳闸。

（8）因二期机组给水"同操器"直接作用于给水泵转速，微调一次即调整两台给水泵汽轮机转速各37r/min，二期机组事件处理时几次使用"同操器"调节给水时，滞后性大，无法提前判断给水流量是否合适。

（9）机组RB功能不完善，重要辅机跳闸后，给水流量调节需人员进行手动调节。

（10）3号机组投运后，脱硝氨逃逸值大部分时间处于超标状态。主要原因为从喷氨支管流量监测数据发现B侧反应器有30%喷氨管道堵塞不通畅，导致喷氨手动阀开关后喷氨量无明显变化，就地实际手动门开度100%，喷氨管道差压仅为500Pa，因此，为确保脱硝出口氮氧化物不超标，开大喷氨总门才能保证整体反应器足够的喷氨量，但通畅的管道喷氨手动门微开局部喷氨已经过量，是导致出口氨逃逸值超标的主要原因。

5. 防范措施

（1）运行部强化岗位分析，现场发现参数异常通过电话、微信等形式进行汇报，通过微信群内各级人员监督、督促专业人员进行提高。现场发现参数异常不汇报按照监盘不认真进行处理，汇报错误不进行考核，强化对现场数据的掌握。

（2）热动车间利用机组停备或检修机会，及时清理空气预热器换热元件，保证换热元件通畅干净。

（3）3号机组停运后，检查空气预热器冷端吹灰器喷枪喷嘴角度和喷枪与换热元件的距离。

（4）利用检修停机机会疏通堵塞的 28 根喷氨支管，确保喷氨均衡，反应充分。

（5）采购喷氨手动阀门备件，2016 年 6 月停机后更换现有的 60 个喷氨手动蝶阀，保证所有喷氨平均分配。

（6）原有两层催化剂活性寿命三年已到期，采购一层催化剂备品停机进行更换，确保催化剂活性，减少喷氨，降低氨逃逸值。

（7）不断优化二期锅炉燃烧调整，尽可能降低锅炉出口 NO_x 值，从源头解决脱硝系统出力大问题。

（8）加强运行调整，尽一切可能控制氨逃逸值靠下限运行，安排专人监视、调整 3 号脱硝系统。

（9）根据机组运行情况，合理掺配煤泥，控制入炉煤灰分。目前控制一期每台机组掺配煤泥量小于或等于 800t/d；控制二期每台机组掺配煤泥量小于或等于 500t/d。

（10）针对脱硝氨逃逸率问题，重新下发技术措施，组织人员进行学习，在保证环保指标的情况下，尽量减少喷氨量，控制氨逃逸率，减缓空气预热器的堵塞。

（11）对机组大负荷工况的危险点，运行部管理人员每日对现场重点参数、重点方向进行发布，为现场提供需注意的关键点。

（12）增加引风机入口负压大报警。当一期入口负压不小于 –5.3kPa、二期入口负压不小于 –5.5kPa 时，DCS 发 A 级报警。

（13）二期各值人员运行引风机跳闸反事件演习。进行二期机组值班员、主值及单元长给水泵跳闸仿真机事件处理演练。考核通报下发后组织各班组人员学习此次 3 号机组跳闸处理经过、暴露问题、改进措施，提高人员的思想意识。

（14）根据此次 3 号机组跳闸处理情况完善二期重要辅机跳闸处理要点，量化操作，使给水流量调节更具有可操作性。

（15）完善 RB 逻辑，提高事件处理时的自动调节能力。

（三十九）送风机故障，导致机组非停事件

1. 基本情况

2016 年 4 月 25 日 13：22，2 号机组 ACC 模式，负荷为 497MW，A/B 引风机、送风机、一次风机运行，A、B、C、D、E 磨煤机运行，A、B 汽动给水泵运行，电动给水泵备用，B 凝结水泵运行，A 凝结水泵备用，A、B 循环水泵运行，A 送风机动叶开度为 54.23%，电动机电流为 76.5A；B 送风机动叶开度为 54.22%，电动机电流为 70.7A，B 送风机出口压力为 0.948kPa；锅炉送风量为 1396t/h，炉膛负压为 –108Pa，机组无较大操作。

2. 事件经过

13：22：33，2 号炉 B 送风机风机油站润滑油流量低报警，13：22：34，2 号炉 B 送风机风机油站控制油压低（2MPa）报警。13：22：37，2 号炉炉膛负压低一值（–500Pa）报警。

13：22：42，2 号炉炉膛负压低二值（–2kPa）压力开关 20PS0507、20PS0508 先后动作，炉膛负压低，锅炉 MFT。大联锁动作正常，汽轮机跳闸，发电机解列，3s 后炉膛负压低三值（–2.54kPa）开关动作，跳闸吸风机，送风机联锁跳闸。

机组跳闸后，检查 2 号汽轮机高中压主汽门、调节汽门关闭，各抽汽止回门关闭，汽轮机转速下降；打闸 2 号机给水泵汽轮机、启动电动给水泵，对跳闸磨煤机充惰。进行机组停机后的安全停机操作。14：54，2 号汽轮机转速至零，惰走时间为 92min，投入盘车正常。

14：40，将 2 号炉 B 送风机停电，打开送风机出口风道人孔门，检查风机动叶完好，调整送风机动叶执行机构，风机指示开度显示正常，风机动叶实际位置在全关位置不变。于是，判断是风机液压缸故障，于是拆除 2 号炉 B 送风机机壳上半部分，更换风机液压缸。

2016 年 4 月 26 日 01：00，更换新液压缸完成，并进行动叶开、关核对正常，回装机壳上半部分，终结工作票。

2016 年 4 月 27 日 01：17，启动 2 号炉 B 磨煤机锅炉点火。

2016 年 4 月 27 日 05：27，2 号发电机并网、合环。

3. 原因分析

（1）直接原因：

炉膛负压低二值保护动作，锅炉 MFT。

（2）根本原因：

1）引起炉膛负压低二值保护动作的原因：2 号炉 B 送风机动叶运行中反馈 54%，实际开度由 54% 突关至 0，造成 B 送风机出口压力在 1s 后由 1.006kPa 突降至 0.416kPa，A 送风机出口压力在 1s 后由 0.948kPa 突降至 0.276kPa，两台送风机出口压力在 4s 的时间里分别由 0.948/1.006kPa 突降至 0.011/–0.047kPa，进入锅炉送风量快速下降，造成炉膛负压低二值保护动作。

2）又因为 B 送风机动叶反馈 54% 未发生变化及风量的时滞性（风量由 1348t/h 降至 1117t/h），造成 B 送风机、两台引风机未提前参与调节，造成锅炉 MFT 后，跳闸两台一次风机及 5 台磨煤机，因此，时送风机出力低，炉膛低三值保护动作，引风机、送风机全停。

3）2号炉B送风机动叶全关的原因是风机液压缸"位置反馈杆"的轴承损坏，轴承滚珠将液压缸控制壳体磨穿，控制油压降低导致液压缸的伺服阀关闭，液压缸发生"关"位移，造成动叶片关闭。由于"位置反馈杆"轴承损坏，液压缸主轴的行程变化传递不了，齿条将不再动作，从而反馈轴不动作，动叶开度无法反馈到DCS上。风机液压缸解体如图3-6所示，损坏的轴承保持架如图3-7所示，风机液压缸解体图如图3-8所示，液压缸内被磨穿的控制腔体如图3-9所示。

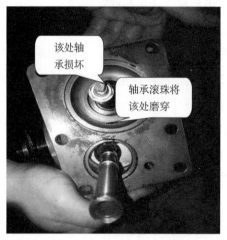

图3-6 风机液压缸解体

图3-7 损坏的轴承保持架

图3-8 风机液压缸解体图

图3-9 液压缸内被磨穿的控制腔体

4. 暴露出的问题

（1）设备管理不到位，未制定动叶可调风机液压调节装置的维护检修标准，未明确液压缸检修更换周期。

（2）检修人员对动叶可调风机液压缸内部结构及工作原理掌握不够全面，在液压缸发生故障时，无法准确、迅速判断事故原因。

（3）查看送风机液压缸检修台账，该液压缸于2011年4月4日更换。至今已运行

5年多，设备长时间运行，造成反馈轴轴承损坏。

（4）运行及检修人员技能水平不足，无法迅速、准确判断事故原因。

5.防范措施

（1）制定动叶可调风机液压调节装置的维护检修标准，储备充足的液压缸备品，以便定期（2年更换1次）更换动叶可调风机的液压缸。

（2）按照"逢停必检"的原则，检查动叶可调风机的动叶调节机构，尤其是控制头的控制轴和反馈轴。

（3）针对本厂模块化设备（即需整体返厂维修设备），调研其他发电厂，制定行之有效的设备维护标准、检修周期和设备管理制度。

（4）加强运行、检修人员技术培训，提高操作技能和检修水平，提高事故的分析、判断能力。

（5）针对本次2号机组送风机液压缸问题，热动车间查看历次风机检修台账，对运行超过2年的风机液压缸，列出更换维修计划。

（6）鉴于液压缸故障多发生在"位置反馈杆"各组件上，要求返修厂家重点检查"位置反馈杆"各组件，如检查更换卡簧、轴承、单面齿条等。

（四十）引风机故障跳闸，造成机组停运事件

1.事件经过

8月2日20：20，某电厂4号机组负荷为515MW，CCS方式。主蒸汽流量为1707t/h，主蒸汽流量为1713t/h，A、B一次风机、送风机、引风机运行，A、B、D、E、F磨煤机运行，A、B汽动给水泵运行，A凝结水泵运行，A、B等离子备用。

20：25，4A引风机控制油站控制油压由4.4MPa突降至3.4MPa，备用泵（B泵）联启，控制油压升高至5.798MPa；20：27，B泵电动机电流过载跳闸，控制油压降至3.65MPa，控制油压低保护动作，4A引风机跳闸，4A送风机联跳，风量由1507t/h（67%）快速下降至1187t/h（52.2%），锅炉负压最高升至627.9Pa。

20：28，紧急停止F、E磨煤机，投入A层等离子助燃，锅炉炉膛压力降至239.4Pa。

20：29，机组负荷为500MW，主蒸汽压力为22.5MPa，省煤器入口给水压力为25.31MPa，同操器转速指令5186.9r/min，主蒸汽流量为1664t/h，给水流量为1612t/h。4号机组控制方式切手动模式，投入给水泵转速同操器，手动降低4A、4B给水泵汽轮机转速，减少锅炉给水量。

20：30，折焰角入口集箱温度由403℃快速下降至390℃，分离器温度温升率快速

降至 –5℃ /min，为防止蒸汽温度过低，继续手动减水。

20：30，4A、4B 给水泵转速降至 4411r/min，给水流量快速下降至 433t/h。

20：30，给水流量低二值保护动作，锅炉 MFT，机、炉、电大联锁动作正常，汽轮机跳闸，发电机解列，厂用电切换正常。

2. 原因分析

（1）直接原因。锅炉给水流量低保护动作是造成 4 号机组跳闸的主要原因，运行值班人员在 4A 引风机跳闸后，对事件处理思路不够明确，对给水泵汽轮机转速同操器操作特性了解不足，造成给水流量手动调整过量，导致锅炉给水流量低保护动作。

（2）间接原因。

1）4A 引风机控制油溢流阀阀芯体断裂，造成溢流阀卡涩而处于开启状态，导致油压下降，引起引风机控制油压低保护动作，致使 4A 引风机跳闸。

2）设备维护部人员在进行油压调整前风险预控不足，在没有解除该引风机控制油压低跳闸保护的情况下就进行油压调节，运行当值人员工作票许可把关不严，在没有解除相关保护的情况下就许可开工并签发辅机检修申请单，运行操作人员风险预控不足，在机组长时间处于高负荷且引风机正常运行的情况下先后对该油站油泵进行 9 次手动启停操作。

3. 暴露问题

（1）运行管理工作不到位，在机组发生重要辅机跳闸后当值人员操作不当，导致给水流量过低保护动作。运行人员经验不足，日常培训工作不到位，未能通过日常仿真机培训工作充分提高一线操作人员的应急处理能力。

（2）运行人员在故障操作前风险预控不足，在机组高负荷且引风机没有解除相关保护的前提下多次对油泵进行启停操作。

（3）设备维护部日常消缺管理工作不到位，风险预控不足，在机组高负荷且引风机没有解除相关保护的前提下进行控制油压调整作业，针对引风机控制油溢流阀内卡涩金属异物现象未能利用检修机会彻底检查发现和治理。

（4）技术监督和技术管理工作不到位，主辅机保护投退标准不完善，重要辅机设备启停次数没有明确限定，各级生产管理人员到岗到位标准执行不到位。对于技术难度较大和安全风险较大的消缺工作，应编写安全技术措施和方案的规定，本次缺陷处理安全风险较大，应编写安全技术措施，但未按要求进行，反应出技术管理工作不严谨，工作作风不扎实。

（5）风险预控票流于形式，执行不到位。

（6）在已终结的风险预控票中"危险源辨识与风险分析"一栏已经辨识出"油压低

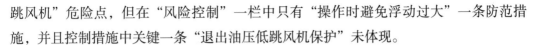

跳风机"危险点，但在"风险控制"一栏中只有"操作时避免浮动过大"一条防范措施，并且控制措施中关键一条"退出油压低跳风机保护"未体现。

（7）机组当时负荷为 515MW，对高负荷期间存在引风机跳闸可能导致机组跳机的风险没有辨识出来，更没有风险控制措施。

（8）机组基建期间 RB 试验未完成，且未引起生产各级管理人员重视，虽利用 6 月份机组停备机会完成了 RB 逻辑修改，但迟迟未能正常投用，造成辅机跳闸后不能自动快速减负荷。另外，二期机组部分控制逻辑还不完善，部分运行人员对控制逻辑不够熟悉。

（四十一）"贮水箱水位高"保护动作，导致机组跳闸事件

1. 事件经过

8 月 6 日 17：05，调度令 2 号机组负荷从 400MW 降至 330MW；17：49，停运 F 磨煤机，A、B、C、D 磨运行。

18：15，2 号机组过热度为 13℃，右侧垂直水冷壁壁温 16 号点为 436.3℃，报警。为了降低水冷壁温，监盘人员调节过热度偏置，由 −4 逐步减到 −18。

18：22，主蒸汽温度低至 543℃，为了提高主蒸汽温度，监盘人员向值长申请将 A 磨煤机倒至 F 磨煤机运行。

18：28，右垂直水冷壁 16 号点壁温下降至 414℃，此时过热度为 7.79℃，监盘人员开始调节过热度（过热度偏置从 −18 调到 −12）。

18：32，由于煤质变化、燃烧不良，主蒸汽压力由 16.7MPa 开始下降，总给煤量开始由 197.22t/h 迅速增加。

18：34，过热度升到 9.15℃。

18：36，主蒸汽压力降至 15.63MPa，总给煤量增加至 217.46t/h。

18：35，水冷壁温 16 号点由 401℃迅速下降。

18：36，锅炉燃烧的滞后性，使锅炉输入热量大幅下降，储水箱水位从 3.39m 开始升高，过热度下降。

18：37，过热度降至 1.76℃，水冷壁温 16 号点下降至 382℃。

18：39，2 号机组负荷为 330MW，主蒸汽压力降至 15.56MPa，主蒸汽温度为 524.4℃，F 给煤机煤量为 51.6t/h，总煤量为 217.85t/h，总风量为 1462.67t/h，氧量为 4.63%。

18：40，贮水箱水位升高至 15.94m，锅炉 MFT，首出为"贮水箱水位高高"。

2. 原因分析

（1）直接原因。运行人员没有及时发现贮水箱水位、主蒸汽压力等参数变化，事件处理措施不当。储水箱水位升高后未能及时打开过冷管至二级喷水减温水电动门，分离器压力小于17MPa时，未打开贮水箱溢流调节门、储水箱溢流电动门，将贮水箱内的水放尽。

（2）间接原因。

1）燃煤采购、煤场管理不善。煤种杂，煤质差，加之近期呼伦贝尔地区降雨量较大，干煤量少，入炉煤水分达38%，影响煤质热值降低约320 cal/g（1 cal=4.1868J，按入炉煤水分上升1%，影响入炉煤热值下降64cal/g计算），相当于进入炉膛的实际煤量减少约5%（约10t/h）。

2）运行人员对煤质的间歇性变化不了解，对就地石子煤排放情况不清楚，针对石子、沙子较多这一情况，没有正确指导倒磨操作和运行调整。

3）由于煤质变差，2号机组负荷为330MW时，由于主蒸汽压力下降总煤量自动由191.7t/h增加至217.8t/h，启动F磨煤机，打开冷、热风门通风时，一次风压由8.7kPa降到8.1kPa（共持续3min），导致炉膛热量大幅下降，储水箱水位升高。

4）过热度、贮水箱水位等重要参数无报警。

3. 暴露的问题

（1）运行管理、运行培训不到位。运行人员对主保护条件理解不透彻；运行人员对就地石子、沙子增多的原因不分析、不及时汇报。

（2）运行部就天气变化对煤质的影响，未开展专题培训及事件预想，值长未及时掌握煤质变化情况。

（3）运行人员对倒磨操作、过热度偏置调整等危险点分析不足，未能意识到干湿态转换、贮水箱水位高可能导致锅炉MFT的风险。

（4）过热度、贮水箱水位等重要参数在达到保护动作值前，未设置报警。

4. 防范措施

（1）加强煤场管理，对入厂煤质严格把关。在大雨、连续雨水天气时要掌握煤场原煤干湿动态情况，优先上干煤，从源头抓起。值长加强与煤场联系，及时了解各原煤仓煤质变化情况。

（2）针对煤质变化大、机组长期低负荷运行，进行风险分析。做好事件预案，编制应对措施，防止燃烧不良、过热度骤降、原煤仓堵煤等事件发生。

（3）加强运行管理。组织学习本厂和兄弟电厂历次不安全事件，对照查找安全隐患，吸取经验教训，避免类似事件重复发生。

（4）监盘人员加强监视保护参数的变化。

（5）强化培训，运行人员应掌握各保护联锁的动作值。组织热工人员给运行人员讲解保护动作条件及保护动作后的联动设备。

（6）加强外协运行队伍管理，建立有效的联络机制。就地石子煤排放异常时，及时向值长汇报，同时运行人员定期巡检时主动询问石子煤排放情况，根据石子煤排量指导运行调整。

（7）完善运行规程，干态运行中，贮水箱水位应为零，如果贮水箱水位不小于1m，则打开过冷管至二级喷水减温水电动门，若分离器压力小于17MPa，也可以打开贮水箱溢流调节门、贮水箱溢流电动门，将贮水箱内的水放尽。

（8）提高运行人员监盘质量，进行重大操作时，增加一名监盘人员，监视各参数的变化。

（9）重新梳理DCS报警点，完善各参数的报警值。

（四十二）主压力自调和给水自调波动大，导致机组停运事件

1. 事件经过

6月5日，9号机组MFT动作前机组负荷为300MW，主蒸汽压力投自调，五层给粉机运行；两台汽动给水泵投自调运行；两台引风机、送风机、一次风机运行，4台制粉系统运行。主蒸汽压力、主蒸汽温度、汽包水位波动幅度较大（主蒸汽压力波动值为16.26 ~ 17.58MPa，主蒸汽温度波动值为528 ~ 549℃，汽包水位波动值为−50 ~ 160mm）。

05：04：34，值班员切除A、B层给粉机自动，频繁手动调整A、B层给粉机转速。

05：08：26，汽包水位高一值报警。

05：09：03，汽包水位升至165mm，与设定值60mm偏差大于100mm，给水泵自动切除，汽动给水泵转速维持在4500r/min，但值班员未发现。05：10：41，汽包水位低一值报警。

05：11：14，汽包水位低二值报警，值班员均未发现汽包水位报警的异常情况，直至05：12：18发现水位低后才汇报单元长并手动将1号汽动给水泵指令由50%增加至80%，给水流量由535t/h增加至566t/h。

05：12：43，汽包水位低三值，MFT、FCB（火电机组在电网或线路故障而机组本身运行，自身带厂用电运行，汽轮机和锅炉不跳闸）动作。FCB逻辑参数设置未经实际检验，FCB频繁动作后导致调节汽门开度过小。

05：15：23，发电机逆功率保护动作，停机。

2. 原因分析

（1）主压力自调和给水自调波动大的原因分析。

1）锅炉主压力自动调节原 PID 整定参数是在入炉煤热值 20000kJ/kg 的条件进行的参数整定优化，给粉机平均转速上限为 550r/min，锅炉主控指令上限为 63.5%，调节效果良好。

2）在 2015 年 5 月初，因为 9 号机组锅炉结焦现象严重，厂部研究决定通过调整煤的热值降低炉膛温度的方式预防和控制炉膛结焦，将入炉煤平均热值由 20000kJ/kg 调整为平均 18000kJ/kg。由于入炉煤热值降低，发现在升负荷过程中，锅炉主控指令经常达到指令上限依然无法满足压力和带负荷的需要。5 月 12 日，为满足带负荷要求，决定放开 9、10 号机组给粉机转速上限，同时通过放开锅炉主控指令上限的方式减缓或消除因煤质引起的妨碍压力调节和带负荷的现象。完成该工作后，控制中心组织自调小组人员进行了 4×24h 的主压力自调优化工作，通过采取降低给粉机指令在原上限值以上时的折线函数的斜率和对主压力自调中调节器的 PID 参数分工况变参数的优化工作，对主压力调节有了一定改善，但仍不能使其达到较好的调节品质。

3）通过调阅历史曲线分析，目前的主压力自调参数和策略已不能较好地适应机组的当前工况和煤质，造成机组时常会出现主压力波动大的现象，而主压力自调的品质又会直接影响到给水自调和主蒸汽温度调节。

（2）锅炉 MFT 动作原因分析。

1）查历史曲线，05：04，汽包水位低 5mm，汽动给水泵转速上升，同时主蒸汽压力下降、给水与汽包差压增大（由 1.4MPa 增加至 2MPa），给水流量增加，汽包水位快速上升；05：07，给水流量最高达 1026t/h 后汽动给水泵转速开始下降，但汽包水位仍在上升；05：08：26，汽包水位高一值报警；05：09：03，汽包水位升至 165mm，与设定值 60mm 偏差大于 100mm，给水泵自动切除，给水泵转速固定在 4500r/min，给水流量随汽包压力的升高而减小；05：10：41，汽包水位低一值报警；05：11：14，汽包水位低二值报警，值班员均未发现报警信息，至 05：12：18，主蒸汽压力由 17.13 MPa 升至 17.58 MPa，给水流量由 617t/h 下降至 535t/h，但在此期间值班员未及时发现异常情况并进行干预。

2）查 DCS 内操作记录。05：07 ~ 05：12 期间，值班员一直在忙于调整主蒸汽压力与主蒸汽温度。

3）操作记录显示，给水泵自动切除 3min 后，05：12：18，值班员才发现水位低至 125mm 异常现象，手动增加 1 号汽动给水泵转速并汇报单元长，单元长立即增加监盘人员进行补救。

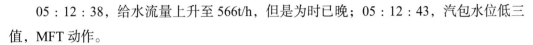

05：12：38，给水流量上升至 566t/h，但是为时已晚；05：12：43，汽包水位低三值，MFT 动作。

（3）逆功率动作原因。查阅相关历史曲线，在主蒸汽压力为 17.1MPa 左右时，汽轮机在并网后，蒸汽流量需大于 35t/h（初参数越高对应蒸汽流量越低），方可保证发电机功率在 10MW 以上，防止发电机发生逆功率的情况。

05：12：40，锅炉发生 MFT 后，汽轮机执行 FCB，此时主蒸汽压力为 16.7MPa，顺序阀方式下 DEH 指令将 1、2 号高压调节汽门开度关至 10.1%，3、4 号高压调节汽门开度关至 0%，中压调节汽门开度关至 5.6%，负荷迅速下降。由于实际运行中未进行 FCB 试验，未对实际 FCB 发生后调节汽门开度参数进行优化，当 FCB 动作后，由于阀门曲线特性差，导致机组负荷降至 8MW 以下，使 DEH 站低负荷限制保护动作（限制值为 8MW），发指令使调节汽门开启，1s 后 1、2 高压调节汽门开度增加 0.5% 左右，1、2 号中压调节汽门开度增加 0.5% 左右，导致机组负荷升至 10.9MW，此时由于机组正在进行吹扫，MFT 未复位，导致 FCB 再次动作，机组负荷再次降至 8MW 以下，低负荷限制动作，重复上次过程，此时负荷升至 10.3MW，MFT 未复位，导致 FCB 又再次动作，使负荷降低，由于在调节汽门开度过小的前提下 FCB 频繁动作，使调节汽门开度更小，最终发电机功率显示为 –5.3MW，DEH 系统判断功率点为坏点，低负荷限制保护不再动作，此时由于主蒸汽流量已降低至 28t/h，不足以维持发动机功率大于 –3MW。

05：14：23，负荷降到 3MW 以下，持续时间 60s 后满足保护动作条件，发电机保护动作出口；05：15：23，主开关、灭磁开关跳闸停机。

造成停机的原因是为了适应调整煤的热值，降低炉膛温度，预防和控制炉膛结焦的现状，采用放开 9、10 号机组给粉机转速上限，同时放开锅炉主控指令上限的调整方式，但是调节品质不佳使得主蒸汽压力波动大，汽包水位波动大，引发给水自调切除，但运行人员未及时发现，当 3min 后发现并手动调整时由于汽包水位下降过快已不能挽回，造成汽包水位低三值。FCB 逻辑参数设置不合适，FCB 频繁动作后导致调节汽门开度过小，不足以维持发电机功率在逆功率保护定值以上，导致保护动作停机。

3. 暴露问题

（1）入炉煤质的变化，已影响到主蒸汽压力的稳定性，相关管理人员在执行放开给粉机转速上限措施前未认真研究可能导致的后果，给粉机转速上限由 550r/min 直接放到了最大值 1000r/min，使得 PID 参数对煤质变化后适应性变差，表现为蒸汽压力、蒸汽温度、水位自调波动大。暴露出各级管理人员对措施制定存在随意性，同时对机组自动调节品质不佳的现象没有重视，采取更好的策略进行优化。

（2）运行中机组出现自调波动大的异常运行状况后，何时切除自动手动干预没有具体的措施，全凭值班员根据以往经验进行处置。暴露出运行技术管理方面没有及时跟上生产现场的需求。

（3）主蒸汽压力及温度波动大，值班员在 MFT 发生前一直进行频繁手动调整。但是未及时报告单元长增加监盘人手，导致未能及时发现汽包水位高一值报警、给水自调切除、汽包水位低一值报警、汽包水位低二值报警等一系列异常状况，虽然后来进行了增加汽动给水泵转速的补救操作，但已不能挽回 MFT 动作结果。管理人员、班组人员对蒸汽压力波动的后果重视程度不够，未及时制定相关控制措施。重要参数波动大时仍然只有 1 个人监盘，使得给水自调切除 3min 后才发现异常。

（4）FCB 动作的目的是在锅炉灭火后，发电机不脱网，汽轮机维持较低负荷，等待锅炉重新点火成功后能够快速回复。由于实际运行中未进行 FCB 试验，未暴露出 FCB 逻辑参数设置不合适，阀门特性曲线差，在实际 FCB 动作后机组负荷不能维持目标负荷的隐患。

4. 防范措施

（1）优化配煤掺烧工作细节，燃料部加强配煤管理，减小煤质掺配的不均匀性；发电部总结运行经验，提出既能防止结焦又能满足机组带负荷需求的合理煤质要求，给主蒸汽压力自调稳定性创造良好的外部条件。配煤发生重大变化前设备部组织相关部门提前进行运行中注意问题的研究，制定临时措施。

（2）控制中心与设备部、发电部的锅炉专业讨论分析，研究出适合当前工况的给粉机上限值。对主蒸汽压力、水位调节逻辑进行优化完善，组织自调优化小组成员对 9、10 号机组的煤质情况进行统计和分析，继续对现场的主压力自调进行优化，并记录每次不同入炉煤热值下摸索出的相关自动参数和策略。邀请电力研究院自调优化方面的专家到厂指导，寻求更好的自调策略和方案，避免措施制定的随意性。

（3）发电部加强安全管理，做好有针对性的措施：

1）加强对值班员技术培训工作，制定出现自调波动大的异常运行状况后，何时切除自动手动干预的具体措施；对影响机组安全运行的参数要提高监盘敏感性，如汽包水位、炉膛压力、火焰检测指示等参数要重点监视，第一时间调整；重要参数发生异常、波动大或主要设备自调切除，值班员立即汇报单元长；单元长接到值班员汇报后要立即增派人员调整，必要时汽包水位设专人调整。

2）组织各班组，重新学习并严格执行《防止锅炉发生满缺水事故措施》；对目前主蒸汽压力对汽包水位的影响，制定专项调整措施与要求。

3）由值长牵头，单元长组织班组成员开展汽包水位调整模拟演练，切实提高值班员操作水平。

（4）控制中心优化 FCB 逻辑参数和阀门特性曲线，保证 FCB 动作后能够维持目标负荷大于 10MW。

（四十三）磨煤机内部积粉，导致磨煤机内部着火事件

1. 基本情况

机组负荷为 500MW，一次风机 RB 试验结束，A 一次风机运行，D、E、F 磨煤机运行，机组处于 BI（机跟随）方式。锅炉为前后墙对冲燃烧方式。

2. 事件经过

15：20，B 一次风机 RB 试验，B 磨煤机跳闸。运行人员在启一次风机 B 并入系统一次风压正常后，先开启磨煤机 B 挡板，逐渐开大调节汽门，进行大风量吹扫冷却，磨煤机出口温度快速下降至 70℃ 左右。通风 30min 后运行人员启磨煤机 B，磨煤机电流回到空载后，打开 B 热风隔离门，发现磨煤机出口温度快速上升，磨煤机跳闸，出口温度最高至满量程 300℃，快速隔离，实测分离器就地温度为 113℃，粉管温度为 135℃，就地手动投入消防蒸汽，出口温度逐渐下降。16：15，磨煤机 3B 出口温度降至 135℃，开冷风调节汽门进行快速降温，降低至 65℃。关消防蒸汽，启制粉系统 B，磨煤机 B 运行参数如下：一次风量为 139t/h，分离器出口温度为 69℃，电流为 70A，出口风压 5.3kPa，各参数均在正常范围内。

3. 原因分析

（1）直接原因：磨煤机内部存粉发生自燃。

（2）根本原因：

1）RB 试验后磨煤机内部存粉，磨煤机热风快关门关闭不严。

2）由于一台一次风机运行冷风无法开启冷却，时间约 1h，消防蒸汽系统没有投入，造成自燃。

3）在启动磨煤机 B 后发生燃烧，虽然经过灭火，但是不彻底。在制粉系统恢复后再次复燃。

4. 暴露问题

（1）消防管理存在死角，执行《防止电力生产事故的二十五项重点要求》（国能安全〔2014〕161 号）不到位。磨煤机跳闸后消防蒸汽不能自动投入，不满足磨煤机消防条件。

（2）运行操作存在问题，正常停运磨煤机时，磨煤机内及粉管内的存粉不及时充分吹净，再次启动或停备时会发生自燃或爆炸。

（3）制粉系统各风门的检修及维护质量不高。

5. 防范措施

（1）磨煤机在跳闸后应自动联锁投入消防蒸汽，对此类问题应尽早调试、消缺完毕后投入正常状态。

（2）磨煤机正常停运时，应吹尽磨煤机内和粉管内存粉，并加强对停运磨煤机的温度监视和现场防火检查。

（3）对于磨煤机热风快关门进行检修处理，使之关闭严密。

（4）在蒸汽系统没有投入、热风门不严的情况下，冷风门开足。

（5）尽早安排跳闸磨煤机进行冷风吹扫，清除积粉。如果锅炉跳闸后，短时间无法清除积粉，必须充入消防蒸汽。磨煤机内部自燃照片如图 3-10 所示。

图 3-10　磨煤机内部自燃照片

（四十四）锅炉灭火后继续连续送粉，造成锅炉爆燃事件

1. 基本情况

锅炉 SCR 下部烟道左侧墙爆开，前墙变形，内部支撑结构塌落，相邻 A 送风风道保温受冲撞受损。炉膛烟风系统各部膨胀节、一次风道、二次风大风箱未见明显位移。炉膛顶部水平连接烟道保温铁皮与钢梁之间有瞬间蹭磨的刮痕，炉顶水平烟道由前墙向后墙方向瞬间位移后回位，行程约为 60 ~ 70mm。6 月 27 日，现场参建各方共同与上海锅炉厂专业人员对 4 号锅炉炉膛、各受热面、烟道以及刚性梁等部位进行了整体检查，认为锅炉钢结构及受热面未发生严重损伤，可以安全运行。

2. 事件经过

2015 年 6 月 21 日 15 : 26，某电厂 4 号机 100% 甩负荷试验结束。15 : 50，电科院调总王某令 4 号炉吹扫后点火，先后启动 4A、4B 磨煤机及等离子点火。17 : 32，4 号炉主蒸汽压力为 7.33MPa，主蒸汽温度为 470℃，再热蒸汽压力为 1.0MPa，再热蒸汽温度为 464℃，总磨煤量为 113t/h。发现 4B 磨煤机电流为 36A（额定电流为 67.5A），给煤量为 56.3t/h，出口风速为 15m/s，出口温度为 55℃，出入口压差为 5.9kPa，判断为 4B 磨煤机堵煤，经调试人员同意后 4B 磨煤机煤量降至 48t/h，加大 4A 磨煤机煤量至 64t/h，同时投入空气预热器连续吹灰（此前空气预热器吹灰未投）。17：41，4B 磨煤机电流降至 28A；17：42，4B 磨煤机电流升至 49A；17：47，4B 磨煤机电流 70A，调试人员令停 4B 给煤机，4A 磨煤机煤量加至 69.3t/h。17：52，停 4B 磨煤机。18：14，调试人员要求一次风压由 7.9kPa 升至 8.5 kPa，解除 4B 磨煤机出口快关挡板关闭跳磨保护。4B 磨煤机通风，开 4 号角快关挡板，B 磨煤机 4 号角拉弧，启 4B 磨煤机抽粉。18：28，4B 磨煤机异常跳闸报警，炉膛压力为 -900 ~ 803Pa，经确认为施工单位人员就地将事件按钮急停（就地漏粉大）。4B 磨煤机跳闸后，炉膛负压频繁波动，调试人员和运行人员加强监视运行。18：53：40，炉膛压力突降至 -2204Pa，引风机动叶自动闭锁，手动调整炉膛压力至正常值，4A 磨煤机等离子火焰电视显示 4 个角无火，调试人员联系电建检查火焰电视。18：55—18：56：42，运行人员调整 4A 磨煤量由 66t/h 至 34t/h；18：57：24，炉膛压力为 4398Pa（满表），锅炉 MFT 动作；18：57：28，炉膛压力为 -66Pa。4 号炉烟风系统保持运行，电建人员就地检查发现脱硝 SCR 出口烟道左侧墙爆开；19：24，调总令停 4 号炉烟风系统。

3. 原因分析

调试单位和运行人员对等离子的燃烧特性认识不足，为了加快启动速度，盲目加大给煤量，特别是停运 4B 磨煤机等离子后，加大 4A 磨煤机给煤量，造成燃烧工况恶化，火焰燃烧不稳，炉膛压力频繁波动，燃烧工况进一步恶化（等离子厂家曾提示调试人员，等离子模式稳定燃烧时煤量不要超过 50t/h，否则要特别小心，调试人员未引起重视）。18：53：40，4 号炉炉膛压力为 -2122Pa，火焰电视显示无火，4A 磨煤机各角火检模拟量回零，锅炉已经灭火。锅炉灭火后，调试、运行人员判断错误，没有立即手动 MFT，4A 磨煤机继续向炉膛内连续供粉。18：55：00—18：56：40，4A 磨煤机煤量由 66t/h 减至 34t/h，风粉浓度降低；18：57：20，4A 磨煤机等离子拉弧着火，导致炉膛及尾部烟道悬浮煤粉发生爆燃。锅炉 SCR（选择性催化还原系统）下部尾部烟道发生爆燃后，因该部位空间狭小（上部是 SCR 反应区，下部经水平烟道接空气预热器）爆燃产生的能量得不到快速释放，最终将该部位的膨胀节和左侧墙焊缝撕裂，压力快速释放。

4. 暴露问题

（1）调试人员技术水平较差，对等离子点火的燃烧特性认识严重不足。在风险辨识不到位，技术措施不全且无针对性的情况下，盲目采用大煤量等离子点火；在锅炉灭火后不能做出正确判断，监督指挥严重失职。

（2）调试、运行人员"反措"意识极差，严重违反《防止电力生产事故的二十五项重点要求》（国能安全〔2014〕161号）6.2.1.17中规定，在4A磨煤机各角火焰检测消失、火焰电视显示无火情况下，没有果断停止磨煤机运行或手动MFT，继续向炉膛内供粉220s，造成炉膛及烟道积聚大量煤粉。

（3）生产运行单位对4号机组调试工作不够重视，过分依赖调试人员。运行人员经验不足，技术水平低，运行操作规程执行不严格，缺乏独立判断、处理异常情况的能力。

（4）监理单位和建设单位监督管理不到位，对参加4号机组调试的各方人员没有采取有效的控制措施，对试运措施、风险辨识、异常或事件工况的应急预案和事件处理等监督管理不力。

（5）锅炉灭火保护逻辑设计有待优化，不符合《防止电力生产事故的二十五项重点要求》（国能安全〔2014〕161号）有关规定。

5. 防范措施

（1）调试单位立即反思造成此次事件的根源，查找内部管理深层次问题，按照"四不放过"的原则整顿调试纪律，改进调试作风，认真履行调试职责。

（2）生产运行单位要深刻吸取事件教训，加强运行人员技术培训，制定有效的保机组安全稳定运行措施，层层监督落实，严格执行三票三制、运行规程、《防止电力生产事故的二十五项重点要求》（国能安全〔2014〕161号）等，严肃各级人员到岗到位管理，严防误操作事件发生。

（3）生产运行单位要对照《防止电力生产事故的二十五项重点要求》（国能安全〔2014〕161号）及相关技术标准、导则，对运行规程、热工、电气保护逻辑进行全面梳理和完善；对照《防止电力生产事故的二十五项重点要求》（国能安全〔2014〕161号），制定落实《防止电力生产事故的二十五项重点要求》（国能安全〔2014〕161号）的实施细则，严防重大设备损坏事件发生。

（4）建设单位和监理单位要立即组织各方人员，研究制定检查方案，对锅炉本体及相关设备进行全面检查，及时修复受损设备；强化试运风险辨识与风险预控管理，完善试运措施，确保试运措施的针对性和有效性，确保机组顺利启动；认真总结此次事件的经验教训，梳理工程管理工作中的短板，强化监督与管理职能，严格落实参加各方的职责，确保后期各项调试工作高标准进行。A侧二次风道如图3-11所示，SCR下部烟道左侧墙如图3-12所示。

图 3-11　A 侧二次风道

图 3-12　SCR 下部烟道左侧墙

（四十五）一次风机并列操作不当，导致炉膛压力高 MFT 事件

1. 事件经过

8 月 25 日 20：52，1 号机组 B 烟风通道停运，进行 2 路电除尘器缺陷处理，机组负荷为 300MW，各项参数稳定。8 月 26 日 06：56，电除尘消缺工作结束，恢复 B 侧烟风通道，启动 1B 引风机、送风机后进行一次风机并列。

第一次风机并列：07：29，一次风机母管压力为 9.26kPa，1A 一次风机动叶开度为 93%，电流为 190A，1B 一次风机出口挡板联开解除，启动 1B 一次风机，手动加 1B 一次风机动叶至 46%，电流为 46.7A。07：33，开 1B 一次风冷风挡板，手动减小 1A 一次风机动叶，逐渐开大 1B 一次风机动叶。07：41，1B 一次风机出口压力降至 5.2kPa，B 一次风机返风。07：43，手动关 B 一次风机冷风挡板，退出并列，机组参数逐渐恢复。

第二次风机并列：07：58，重新开 1B 一次风机出口挡板，手动加 1B 一次风机动叶至 73%、1A 一次风机动叶减至 54%。08：01，手动开 1B 一次风冷风挡板，1B 一次风机动叶开至 79.4%，进行并列。此时热一次风母管压力降至 4.4kPa，总煤量为 161 t/h。值班员发现 1A 磨煤机有堵磨迹象，手动减 1A 磨煤量至 36t/h。08：07：18，值班员监视 1A 磨煤机火焰检测器两角无火，手动停止 1A 磨煤机运行，并关闭 1B 一次风机冷风挡板及出口挡板，再次退出并列。08：07：20，手动恢复 1A 一次风机出力。08：07：42，热一次风母管压力由 4.3kPa 突升至 9.3kPa，炉膛压力快速上升。08：07：49，炉膛压力为 3613Pa，炉膛压力高高保护动作，锅炉 MFT。

2. 原因分析

（1）在一次风机第二次并列过程中，由于 1A、1B 一次风机并列运行发生抢风现象，导致热一次风母管压力降至 4.3kPa，1A 磨煤机过磨煤机风风量明显下降，判断为堵磨煤机，手动停 1A 磨煤机，恢复 1A 一次风机出力过程中，热一次风母管风压从 4.3kPa 快速上升至 9.3kPa，1B、1C 磨煤机内煤粉大量涌入炉膛形成爆燃，导致锅炉炉膛压力高高保护动作，此为锅炉 MFT 动作的直接原因。

（2）运行人员对一次风机并列过程中的危险点分析和风险预控不到位，操作技能水平低，是锅炉 MFT 动作的主要原因。

3. 暴露问题

（1）运行值班人员事件处理经验不足、技能水平低，在处理异常事件时操作不当。

（2）发电运行部对运行人员培训工作针对性不强、培训不到位，各值之间重要操作技能交流不畅。

（3）运行人员对重大操作风险认识不足，在第一次并风机失败的情况下，未能及时通知相关主要管理人员。

（4）各级管理人员对重大操作重视不够，到岗到位制度执行不到位。

4. 防范措施

（1）成立专业组对一次风机并列期间的危险点进行认真分析，完善一次风机并列措施。

（2）一次风机并列操作前要进行技术交底和风险预控措施交底。

（3）制定专项培训计划，加强对一次风机并列的培训，各值间加强相互交流和学习，提高全体运行人员素质，充分掌握机组一次风机并列特性。

（4）严格执行重大操作的各级人员到岗到位制度，对一次风机并列操作提高一个管控等级。

（四十六）未及时投运除尘器，导致锅炉炉膛压力高MFT事件

1. 事件经过

9月25日，2号机组顶轴油改造结束，油质合格，2号机组冷态启动。11：17，蒸汽参数达到启动条件要求，2号机组冲转。11：20，2号机组转速为283r/min，3号轴瓦温度2达到106.91℃，温度1最高为54.51℃，温度3最高为42.34℃（1～4号支持轴瓦温度为105℃，报警，轴瓦温度达121℃且逻辑满足三取二条件，停机）；11：23，2号机组转速至598r/min，3号轴瓦温度2回落至56.02℃。转速升至3000r/min，3号轴瓦温度2稳定在95.04℃；17：38，2号机组并网。21：02，2号炉除尘器入口烟气温度达到90℃，具备投入条件。9月26日01：20，2E原煤仓煤粉自燃，投运气体消防灭火、喷水降温；03：45，2号炉E原煤仓自燃消除。10：30，除尘器进、出口差压持续上涨至最高4800Pa，辅控值班人员将除尘器的高压变压器、脉冲喷吹装置投入。喷吹时间间隔设置为300s，喷吹压力设定为0.3MPa。14：22，为彻底消除E磨煤机煤仓自燃可能性，启动E磨煤机。14：30，2号炉吸风机动叶开度逐渐增大至79%，除尘器差压持续增大至5250Pa。14：40，2号炉首出"炉膛压力高高"MFT动作，汽轮机跳闸，发电机解列，交流润滑油泵、启动油泵联启正常，润滑油压为0.19MPa，油温为35℃；检查炉膛压力最高值，A侧为1607Pa，B侧为1605Pa。14：42，机组转速降至2500r/min时，顶轴油泵联启正常。14：50，转速降至1140r/min时，3号轴承温度开始升高，3个温度测点呈波浪式不同步持续升高。15：08，转速降至272r/min时，3号轴承金属温度3最高为144℃。15：09：18，转速降至263.15r/min时，3号轴承温度1最高至120℃，15：10：21转速降至231.50r/min时，轴承温度2最高至141℃。15：20，2号机组转速到零，投入连续盘车，盘车电流为13.03A，偏心为66.5um，惰走时间为37min45s（6月22日，同样地，不破坏真空惰走时间为44min）。16：30，2号炉点火。由于2号机组3号轴承金属温度高，经与东方汽轮机厂家联系，东方汽轮机厂家不建议2号汽轮机冲转，建议待检查后再定。20：55，2号炉熄火。

2. 原因分析

（1）"炉膛压力高高"MFT动作原因分析。9月25日21：02，除尘器入口烟气温度为90℃，已具备投入条件，但运行人员未及时投运除尘器。26日10：30，除尘器进、出口差压上涨至4800Pa，运行人员投入2号炉除尘器（默认喷吹时间间隔为300s，规程规定根据除尘器差压情况喷吹间隔应设置在3~15s之间），但未能根据除尘器差压情况调整喷吹时间间隔，导致除尘器滤袋差压持续升高，最大到5250Pa。由于除尘器差

压持续上升，引风机动叶开度逐渐增大，启动 E 磨煤机时，开度已增至 79%，达到引风机对炉膛正压的最大调节能力。E 磨煤机因长期停运，原煤仓底部发生过多次自燃，可燃性降低，E 磨煤机启动初期，自燃过的煤首先进入炉膛，随着煤质好转，炉膛压力波动量增加，由于引风机调节能力几乎已达极限，导致炉膛压力高高保护动作。

运行人员不严格执行运行操作规程和机组启动操作票，监盘不认真、调整不及时，是造成锅炉 MFT、机组跳闸的直接原因。E 磨煤机长期停运，原煤仓底部自燃，启动过程中煤质变化是造成锅炉 MFT、机组跳闸的间接原因。启停机重大操作，相关管理、技术人员监督指导不到位也是造成锅炉 MFT、机组跳闸的间接原因。

（2）2、3 号机轴承温度异常升高原因分析。从停机惰走过程中 3 号轴承金属温度等参数变化趋势分析：在停机惰走期间润滑油压、油温在规程规定范围内，顶轴油泵也在规定转速启动，排除了润滑油、顶轴油系统参数异常引起的 3 号瓦温异常升高因素。开机前油质报告所示，润滑油油质为 NAS7 级，符合 GB/T 14541—2017《电厂用矿物涡轮机油维护管理导则》中新机组投运前及投运一年内的检验标准洁净度小于或等于 NAS7 级的要求。10 月 8 日 14：20，2 号机组高压内缸内上壁温度降至 175℃，停止盘车运行，10 月 9 日，解体 3 号轴瓦，发现 3 号轴瓦下瓦块碾瓦，3 号轴承处的轴颈也磨损严重。

1）从碾瓦痕迹来看，本次碾瓦是缺油所致。

2）3 号轴瓦处轴颈磨损严重，10 月 9 日，经专业修复单位合肥恒科电力技术开发有限公司测量，最大磨损量在轴颈中部，单边为 0.09mm，轴颈受损是造成 3 号轴承碾瓦事件的原因之一。

3）10 月 9 日，根据电厂汽轮机轴承磨损处理专家分析会纪要要求，要求检查 3 号轴承进油口垫块下的所有进油口（垫块、垫片）的尺寸，保证直径大于 $\phi35$。经检查发现进油口垫块下一垫片孔径尺寸为 $\phi28$（属基建安装），不符合会议纪要中保证直径大于 $\phi35$ 的要求，即发传真至厂家，厂家回传真确认 3 号轴承进油口处垫块上孔的设计尺寸为 60mm，垫片上孔的设计尺寸为 65mm，而现场实测为 28mm，该垫片上孔尺寸远远小于设计值，对 3 号轴瓦进油进行了节流，导致 3 号轴瓦进油量减少，是导致 3 号轴瓦缺油碾瓦的重要原因（该垫片是厂家所供）。

4）机组 1~4 号轴承为可倾瓦，在低转速情况下油膜不易建立，容易造成轴瓦缺油磨损。3 号轴承进油口垫块下垫片孔径尺寸不符合设计（基建遗留隐患）要求，是造成 3 号轴瓦碾瓦的直接原因。基建期间，项目单位、监理单位、施工单位对厂家提供的到货物资检查、验收不严格，设备安装监督把关不严，是造成 3 号轴瓦碾瓦的间接原因。

3. 暴露问题

（1）运行人员责任心差，操作不规范。一是规程制度、"三票三制"执行不严格，未按照运行操作规程和机组启动操作票要求及时投入除尘器,致使除尘器滤袋差压持续升高,引风机动叶开度已接近最大调节能力,为事件的发生埋下隐患。二是监盘不认真,运行调整不到位。启动 E 磨煤机过程中,相关参数监控不到位,没有及时发现引风机动叶开度异常增大情况,导致"炉膛压力高高"保护动作,机组跳闸。

(2)安全风险意识差,风险预控不到位。一是对于 2 号机组启动冲转中 3 号轴承温度异常升高现象,运行人员、专业技术管理人员未能引起足够的重视,没有认真分析原因以及可能产生的后果,没有采取必要的预防措施,导致机组跳闸汽轮机惰走过程中发生碾瓦事件。二是机组停机改造(超过 42 天),没有在停机前将原煤仓烧空或停机后及时清运原煤仓内原煤(规程要求制粉系统停运超过 7 天,该磨原煤仓不应存煤),造成原煤仓发生多次自燃。

(3)运行管理不到位。一是"三票三制"管理存在漏洞,管理部门对三票的执行疏于监管,导致三票执行不严格。二是机组启停等重大运行操作,专业管理人员没有发挥其监督、指导作用,没能及早发现并解决现场出现的问题。三是培训工作针对性不强,运行人员技能水平不足,对运行人员的培训力度有待加强。

(4)基建安装质量管控不到位。基建期间,项目单位、安装单位、监理单位对厂家提供的备品备件检查、验收不严格,设备安装监督把关不严,没能及时发现 3 号轴承进油口垫块下垫片孔径尺寸不符合设计要求,造成碾瓦事件发生。

(5)隐患排查治理不深入。机组调试以及投产运行后,2 号机组曾发生过 3 号瓦碾瓦事件,生产技术管理部门对碾瓦的原因分析不全面,隐患排查不深入,没能及时发现 3 号轴承进油口垫块下垫片孔径问题,未能彻底消除隐患。

(四十七)吹灰器吹损省煤器,造成机组停机事件

1. 基本情况

2013 年 4 月 15 日 2 号机组 AGC 投入,负荷为 205 ~ 255MW,主蒸汽压力为 16.6MPa,主蒸汽温度为 566℃,再热蒸汽压力为 2.5MPa,再热蒸汽温度为 569℃,给水流量为 694t/h,A、B、C、D 4 台磨煤机运行,总给煤量为 104t/h,A、B 汽动给水泵运行。

2. 事件经过

10:55,运行二值启动 2 号锅炉程序控制吹灰,从吹灰器 E1、E2——R18、L18,15:04 结束。16:21,二值巡操对 2 号炉吹灰器进行巡检时发现 R18 吹灰器就地没有退到位(约 0.3m),吹灰枪管无汽流声,本体 45m 右侧低温省煤器出口处有异音及漏水。立即联系检修处理,汇报值长及专业主管。

17:00,检修人员将 2 号炉 R18 吹灰器手动退到位时,省煤器出口处仍有异音、

R18 吹灰器与炉墙结合处有水汽喷出，2 号炉盘面参数无异常变化，初步判断为省煤器泄漏。就地关闭 2 号炉吹灰蒸汽手动门、电动门、调节门，打开吹灰器所有疏水门，确认 R18 吹灰器已无水、汽进入。此时，打开 R18 吹灰器附近人孔仍能听到炉内有明显的异音，进一步判断为省煤器泄漏。

21：15，2 号机组停机消缺。

经检修处理后，4 月 28 日 19：17，2 号机组并网。

3. 主要原因

（1）经对 R18 半伸缩式吹灰器运行状况进行分析，R18 半伸缩式吹灰器在 14：10 投运，R18 半伸缩式吹灰器在运行过程炉内卡涩约 1m 左右，17：00 退出。吹灰器限位开关故障，吹灰器卡涩未退到位，长时间吹损省煤器管壁是造成此次事件的直接原因。

（2）运行人员在 2 号炉吹灰结束后忙于定期试验，没有及时检查，没有发现 R18 吹灰器未退到位，是造成此次事件的主要原因。

4. 暴露问题

（1）运行人员对吹灰器吹损受热面的认识不到位，对下发的吹灰管理制度、规程执行不到位。

（2）对吹灰管理制度执行情况监督不够。

（3）专业吹灰外委队伍配备不到位，对吹灰器的维护与消缺跟进不及时。

（4）对提高煤掺烧比例后增加吹灰器数量与吹灰频次风险分析不够，未采取针对吹灰器故障的有效风险预控措施。

5. 防范措施

（1）要加强现场运行人员的教育与培训，提高运行人员严格执行规程意识，确保吹灰等相关管理制度执行到位。

（2）运行部门要加强对运行人员吹灰操作的监督与检查。

（3）将吹灰器纳入防磨防爆管理的监督范围，采取专业化管理等手段加强对吹灰器设备进行维护管理，使吹灰器处于良好的运行状态。吹灰时要采取有效措施跟踪消缺，避免缺陷消除不及时引发的不安全现象。

（四十八）吹灰器未退到位，漏流导致低温再热器泄漏事件

1. 基本情况

10 月 20 日，从锅炉右侧尾部烟道低温再热器由上向下数第二层进入炉内爆管区域。检查爆管情况如下：

（1）低温再热器由上向下数第二层前部第一个人孔与第二个人孔之间低温再热器通

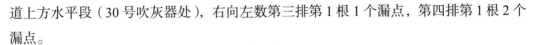

道上方水平段（30 号吹灰器处），右向左数第三排第 1 根 1 个漏点，第四排第 1 根 2 个漏点。

（2）低温再热器由上向下数第二层前部第一个人孔与第二个人孔之间低温再热器通道下方水平段（30 号吹灰器处），右向左数第四排第 1 根 1 个漏点。

（3）低温再热器由上向下数第二层前部第一个人孔与第二个人孔之间（30 号吹灰器口处），从吹灰器伸出孔中心线向左第 1 根 2 个漏点，第 2 根 1 个漏点。

2. 事件经过

1 炉于 10 月 5 日 01∶28 点火启动，下午 13∶47 1 号机组并网。10 月 8 日，值班人员对吹灰器进行吹灰，待吹灰进行到 30 号吹灰器时，在吹灰器就地负责维护的检修人员发现 30 号吹灰器内漏，随即用手锤敲打吹灰器尾部提升阀，提升阀随即恢复到关闭位置。10 月 9 日 06∶51，锅炉泄漏报警发出，经查看为第 30 点报警超限，就地检查有轻微泄漏声音，打开人孔门后确认为锅炉 30 号吹灰器处包墙管泄漏。随后加强对该泄漏处的监视，记录该处烟气温度，并测量泄漏声音为 98dB。10 月 16 日，1 号机组化学除盐水补水量由 50t 左右增至 100t 左右，冷端再热器烟气温度由 571、601℃降至 514、556℃，泄漏处声音增至 118dB，按照相关规程要求于 18∶01，1 号机组停运。

3. 原因分析

本次低温再热器区域泄漏的原因为吹灰器未退到位、漏流将管子吹漏。

4. 暴露问题

（1）生产管理人员对吹灰器的重视程度不够，对其重要性和危害性认识深度不够。

（2）设备部对吹灰器的管理存在漏洞，吹灰过程中维护人员对吹灰器的监督和检修不彻底，未做详细的投退和缺陷记录。

（3）运行人员对吹灰器的投退状态未严密监视，不能及早发现问题。

（4）对吹灰器的维护和检修不到位，缺陷不能及时消除。

（5）没有建立吹灰管理台账。

（6）四管吹漏后未尽快停运，扩大受热面吹损情况。

5. 防范措施

（1）加强对吹灰器的监督、奖励和考核力度，编制吹灰器运行维护管理规定。

（2）加强吹灰的维护和吹灰管理，将吹灰器的维护工作外委给专业单位。

（3）在吹灰过程中进行巡检，对现场吹灰作业人员进行监督。

（4）建立对吹灰器和吹灰作业的专项考核与奖励机制。

（5）建立专门的吹灰台账，对吹灰的时间、吹灰器运行情况、吹灰过程中发生的缺陷进行专门记录。

（6）四管漏泄后，尽快停运，避免扩大受热面吹损情况。

（四十九）仪用压缩空气带水后误判机组强迫停运事件

1. 基本情况

某发电厂 11 号机组锅炉是芬兰奥斯龙公司生产制造的常压、单汽包自然循环、户外 410-9.8/540-Pyrofow 型循环流化床锅炉。该炉与北京重型电机厂生产的双缸、双排汽 100MW 凝汽式汽轮发电机组配套成单元式机组。于 1996 年 9 月投产发电。

2. 事件经过

12 月 24 日 20：00 晚班接班前，机组发电负荷为 65MW，主蒸汽温度为 532℃，主蒸汽压力为 8.73MPa，1、2 号一次风机运行，一次风量 65m³/s，两台给煤机正常运行；18：05 左右开始，床压在 2.2 ～ 3.6kPa 之间波动。

12 月 24 日 20：00 晚班接班后，司炉增大一次风量和加强排渣，床压波动逐渐加大（1.3 ～ 3.7kPa）；21：15，值长将情况汇报发电部副主任兼锅炉专工，发电部副主任兼锅炉专工随即到场指导运行人员进行调整：采取调整一次风量，维持一次风量在较大值 70m³/s 左右运行；安排专人对冷渣机进行疏通，加强排渣；并根据情况及时调整机组负荷，经处理床压波动未有效好转。

12 月 24 日 23：10，一次风量开始下降，床压急剧上升（23：12 床压为 3.85kPa，23：21 床压 8.17kPa）；23：12 一次风总风量急剧下降到 42.5m³/s 左右，2 号一次风机电流从 73A 突降到 25A，司炉迅速提升 1、2 号一次风机出力，同时安排值班员到就地检查 2 号一次风机运行情况；23：13，一次风总风量降至 29.6m³/s，流化风量（一侧为 13.5m³/s，另一侧为 10.1m³/s）低于保护动作值（单侧保护值 12.5m³/s），延时 10s，给煤线跳闸，锅炉塌床。23：20，运行人员就地检查发现 2 号一次风机进口气动调节门处于关闭位置，司炉立即在后备盘操作，仍无法开启，由于风机出现异常啸叫，立即停运并通知检修处理。随后各技术管理人员、生产部门负责人及厂领导相继到场研究处理。23：36，机组负荷降至 4MW；23：38，2 号一次风机气动调节门处理完毕，重新启动 2 号一次风机，但无法流化床料（此时床压为 7.75 kPa），通过人工紧急排床料仍无法降低床压使床料流化，汽轮机主蒸汽温度持续下降，机组无法维持运行，12 月 25 日 01：08，机组打闸停机。经检查处理后于 12 月 29 日 04：30 并网运行。

3. 事件原因

（1）机组停运的原因：因锅炉床压波动，运行人员误判断为锅炉局部结焦或耐火材料脱落，按照运行规程操作，加大一次风量运行，但未按运行规程调整一、二次风配比和给煤量，造成炉内床料过多，炉内流化变差；2 号一次风机进口调节门因仪用压缩空

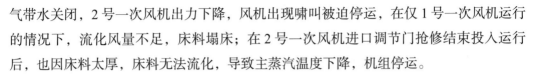

气带水关闭，2 号一次风机出力下降，风机出现啸叫被迫停运，在仅 1 号一次风机运行的情况下，流化风量不足，床料塌床；在 2 号一次风机进口调节门抢修结束投入运行后，也因床料太厚，床料无法流化，导致主蒸汽温度下降，机组停运。

（2）仪用压缩空气带水的原因：仪用压缩空气进入气源分配箱内的空气过滤器，旋转分离脱水后，经过滤分配到各气动执行器。空气过滤器脱出的水和杂质，通过过滤器杯下部浮球动作自动排出，也可通过杯下部排水装置人工排出。

由于过滤器杯内含有杂质，导致浮球卡涩，自动排水功能失效，在机组停运的 4 个月期间热工检修未对分配气源箱内的空气过滤器进行检查和人工排水，杯内水越积越多。当水积到一定程度，积水随压缩空气进入 2 号一次风机调节门气动执行器定位器的节流孔，造成定位器故障，调节门误关闭。

（3）床压波动和床料过厚的原因：

1）运行人员在风量调整过程中，使用较大一次风量运行，引起床层上移，床层达到一定极限，突然垮塌，垮塌的床料又被一次风吹起，床料不停地起起落落，造成了床压不断波动。

2）由于运行人员没有认识到床压波动的原因，误判为炉内局部结焦或者有耐火材料脱落，仅加大一次风量，未同时调整二次风量和减少给煤量，来压制床层上移和减少床料。由于风量大，风速快，所以提高了旋风分离器分离效率，分离下来的细颗粒流动性差，在旋风分离器内越积越多，虹吸密封槽为维持自平衡能力，出现"脉动"返料状况，也造成锅炉床压波动。

3）旋风分离器内大量细颗粒物料返回炉膛后，被较大的一次风抬升至稀相区，未通过冷渣机及时排出；同时炉膛底部床料少且粒度细，流动性差，冷渣机排渣不畅，最终造成炉内的床料越积越多。

4）当 2 号一次风机因入口调节门故障关闭后，一次风量不足，稀相区的床料塌下来，以及累积在旋风分离器的细颗粒返回炉膛内，导致床料厚度达 2.2m，较正常值高 1.4 m 左右，致使在 2 号一次风机故障停运，仅 1 号一次风机继续运行时，1 号一次风机的风量不足以流化，在 2 号一次风机进口调节门抢修好后，也因为床层太厚，两台风机的风量也无法流化。

4. 暴露问题

（1）巡视检查工作流于形式。《发电厂 11 号机组停备用保养措施》中对气源分配箱和仪用空气系统检查有明确规定："热工检修每两月一次对现场气动、电动执行器（包括热工气源、电源箱）进行一次全面外观检查及清扫工作并做好相应记录""每月对仪用压缩空气系统进行一次检查，发现漏点应及时消除"，热工班组未按规定执行，同时热工车间、生技部专工监管缺位，未将气源分配箱巡视检查列入日常巡视检查内容，未能及时发现一次风机调节门执行器气源分配箱空气过滤器失效。

（2）运行人员对异常工况处置技能不足。11号机组运行20多年来第一次出现床压波动大情况时，运行人员误判断为炉内结焦或者有耐火材料脱落，按照运行规程加大一次风量，但未按运行规程调整一、二次风的配比和给煤量，导致床压波动越来越大和床料越来越厚。

（3）技术管理不到位。一是运行规程不完善，运行规程仅有床压高、床压低处置操作规定，无床压异常波动的相应处理措施，运行规程没有对运行人员起到指导作用。二是床压测量设计不完善。仅在炉底上方约300mm（密相区）布置有6个床压测点，稀相区无床压监测测点，当床层上移后，无法反映真实床压，使运行人员无法通过床压来准确判断炉内床料的多少。

5. 防范措施

（1）加强定期工作的监督检查。车间、班组2018年1月底前制定定期工作清单，清查并补充完善日常巡视检查内容，生技部按照定期工作规定每月对班组和车间定期工作执行情况进行检查，对未按照规定执行的严格考核，确保定期工作执行到位，尤其是要严格执行《发电厂11号机组停备用保养措施》和日常巡视检查规定。

（2）加强人员技术培训。2018年1月底前发电部将此次非停事件作为培训案例，组织所有运行人员学习讨论，同时将本次案例写入仿真机培训，让所有运行人员不断操练，提高运行人员对异常事件的处置能力。

（3）完善运行规程和应急预案。2018年1月底前将床压波动原因、引起的后果、处理措施等编写入运行规程。在年度反事故演练中作为专题演练。

（4）完善床压监测手段。2018年3月底前，生技部制订完成床压监测测点改造方案，在2018年锅炉季节性检修期间安排实施。

（5）加强对压缩空气系统隐患排查。特别是仪用空气系统进行全面检查，排查并及时处理空气压缩机、干燥器、排水阀、空气过滤器存在的安全隐患。并将压缩空气排水间隔由每间隔30 min排水10s调整为每间隔20 min排水10s，观察运行并适时调整，提高压缩空气品质。举一反三，对11号机组各设备系统的运行情况做一次全面的梳理，及时消除设备隐患。用干燥器运行情况如图3-13所示，锅炉0m压缩空气带水如图3-14所示，排水电磁阀运行正常示意如图3-15所示，打开炉膛人孔门的情况如图3-16所示，排出的床料如图3-17所示，气源分配箱如图3-18所示。

图 3-13 用干燥器运行正常

图 3-14 锅炉 0m 压缩空气带水

图 3-15 排水电磁阀运行正常示意

图 3-16 打开炉膛人孔门的情况

图 3-17 排出的床料

图 3-18　气源分配箱

（五十）吹灰器卡涩，造成锅炉低温再热器泄漏事件

1. 基本情况

8月5日 11：28，1 号机组负荷为 400MW，主蒸汽压力为 18.60MPa，主蒸汽温度为 565℃，再热蒸汽压力为 2.74MPa，主给水流量为 1195t/h，总煤量为 259t/h。

2. 事件经过

8月1日 17：27，运行人员顺序控制投入 R18 吹灰器，10s 后 R18 吹灰器即显示退到位状态。17：58，运行人员顺序控制投入 R18 吹灰器，10s 后 R18 吹灰器即显示退到位状态。18：09，运行人员顺序控制投入 R18 吹灰器，10s 后 R18 吹灰器即显示退到位状态。

8月2日 17：26，运行人员顺序控制投入 R18 吹灰器，10s 后 R18 吹灰器即显示退到位状态。

8月4日 15：00，监盘人员发现 R18 吹灰器投入后不到 1min 就退出运行，并显示已退出到位，怀疑 R18 吹灰器并未进行吹灰，立即汇报机组长。安排锅炉巡检到就地检查 R18 吹灰器运行情况，准备重新试投 R18 吹灰器。巡检到就地后发现 R18 有 1/4 卡在炉膛内，立即向机组长汇报，并返回集控室取手摇扳手。15：14，通知锅炉点检员安排人员尽快处理，通知热工人员检查吹灰器，同时汇报值长。15：20，监盘人员汇报 L19 吹灰器状态同样投入不到 1min 就退到位，就地检查发现 L19 吹灰器约有 1m 长度卡在炉膛内，向机组长汇报，机组长令其先手动外摇 L19 吹灰器。15：45，锅炉班人员到达现场，摇吹灰器工作交由维护人员负责，运行人员开始检查其他吹灰器，防止其他吹灰器未完全退出。17：00，锅炉班汇报，R18、L19 吹灰器已完全摇出。

8月5日 11：30，运行人员发现 1 号锅炉右侧 60mR18 吹灰器处有异声。20：20，1 号机组停运检查。8月6日 23：00，检查 1 号锅炉发现 R18 吹灰器处低温再热器泄漏。

3. 事件原因

（1）运行人员 8月1日 3 次顺序控制投入 R18 吹灰器时，10s 后吹灰器即显示退到位状态。甲值监盘人员对于该退位报警没有引起足够的重视，没有及时发现此缺陷，导致隐患一直存在，直至将炉管吹漏，是本次 1 号炉低温再热器泄漏的主要原因。

（2）R18 吹灰器行程开关故障，R18 吹灰器投入运行后，停留 1/4 位置，仍显示退到位，无法正确显示吹灰器位置。吹灰器持续吹扫再热器管道是 1 号炉低温再热器泄漏的直接原因。

（3）直至 8 月 4 日 15：00，监盘人员任某吹灰时怀疑 R18 吹灰器没有进行吹灰，巡检人员就地检查发现 R18、L19 吹灰器没有完全退到位，汇报机组长，机组长没有命令巡检人员及时采取有效的应急措施，处理 R18 吹灰器，而是令其先处理 L19 吹灰器将其摇出，R18 吹灰器等靠维护人员处理，是本次 1 号炉低温再热器泄漏的次要原因。

（4）运行人员、维护人员巡检不到位，未能及时发现吹灰器卡涩是本次事件发生的次要原因。

（5）1 号锅炉炉管泄漏报警系统故障，在低温再热器泄漏后未能报警，是本次 1 号炉低温再热器泄漏没有及时发现的原因之一。

4. 暴露问题

（1）吹灰器顺序控制投入 10s 后即显示退到位状态。运行人员对于该退位报警没有引起足够的重视，暴露出运行人员责任心不强，业务技能水平不足。

（2）吹灰器行程开关工作环境温度较高，容易发生故障，专业人员没有进行风险评估，没有采取有效的措施。

（3）运行人员、维护人员巡检不到位，未能及时发现吹灰器卡涩停留在 1/4 位。

（4）锅炉炉管泄漏系统存在故障，没有及时消除，暴露出缺陷管理不到位。

（5）吹灰器报警逻辑存在问题，吹灰器投入运行后，"前进"信号消失，而没有"后退"信号，吹灰器没有故障报警。

5. 防范措施

（1）加强运行人员培训，特别是应急培训，发生缺陷后应立即赶到现场确认，发现问题立即采取有效措施。

（2）运行、检修人员加强吹灰器巡检，开始吹灰前，检查吹灰器正常完好，有缺陷的吹灰器，禁止投入运行，吹灰过程中运行人员全程跟踪。

（3）吹灰器投运时若发现吹灰器故障，应立即派人至就地检查吹灰器状态，防止吹损受热面。吹灰器未退出前必须保证有蒸汽流动，降低吹灰蒸汽压力至 0.8MPa，以防吹灰器烧损。

（4）优化吹灰器报警：吹灰器投入运行后，"前进"信号消失，而没有"后退"信号，吹灰器应有故障报警。吹灰器"过载""超时"报警改为滚动报警。

（5）吹灰器运行期间，检查各个吹灰器密封完好，如发现吹灰器卡、吹灰器退不到位，运行人员立即手动将其摇出，并及时联系维护人员处理。

（6）吹灰时，如果发现吹灰器运行时间大于或小于 9.5 ~ 10min，短吹灰器大于或小于 1.5min，立即到就地检查吹灰位置、是否泄漏。

（7）进行空气预热器吹灰时，空气预热器吹灰的两路汽源，严禁并列运行。

（8）每天负荷大于或等于 360MW，进行锅炉吹灰，同时值长通知辅控人员进行 GGH 吹灰、脱硝 SCR 吹灰。吹灰结束后，关闭吹灰蒸汽减压站调节门。如果负荷小于 360MW，则只进行 GGH、脱硝 SCR 吹灰。

（9）维护人员定期检查锅炉炉管泄漏报警系统，确保系统可靠运行。

（五十一）防磨防爆不到位，导致高温过热器泄漏非停事件

1. 基本情况

2017 年 4 月 13 日 11：10，1 号机组负荷为 450MW，主蒸汽温度为 565℃、压力为 20.05MPa，再热蒸汽温度为 563℃、压力为 3.22MPa。给水流量为 1315t/h，主蒸汽流量为 1348t/h，给煤量为 182.4t/h。

2. 事件经过

2017 年 4 月 13 日 11：12，运行人员监盘发现 DCS 滚动条、软光字牌报"声波探测泄漏报警"，检查 DCS 画面各参数没有明显异常，但随后就地排查发现锅炉 8 层 A 侧（56m）有明显异声，根据声音位置初步判断为高温过热器区域受热面泄漏。

经过与华北网调沟通协调，4 月 14 日 22：55，1 号机组解列停备。机组解列后按相关规程进行闷炉和通风冷却。

2017 年 4 月 18 日，锅炉炉内温度降至 50℃，工作人员进入锅炉内部进行检查，发现泄漏部位为高温过热器左向右数第 3 屏，自外向内数 12、13、14 根管道，漏点有 6 处，泄漏管屏检查无胀粗、变形现象。泄漏部位材质为 TP347H。将泄漏部位的管道割下后，对管道处固定块切除打磨着色后，发现夹持管定位块焊接部位有贯穿性裂纹。

3. 原因分析

（1）从现场情况分析，本次泄漏事故的第一漏点为夹持管定位块纵焊缝处裂纹，裂纹漏汽吹损对面受热面管子，第二根管子泄漏后又将第一泄漏点下方部位吹损，第三点泄漏后与第二泄漏点结合无规则吹损管子其他部位，见图 3-19 ~ 图 3-25。

图 3-19　现场泄漏位置

图 3-20　现场泄漏点（一）

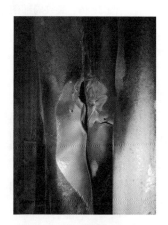

图 3-21　现场泄漏点（二）

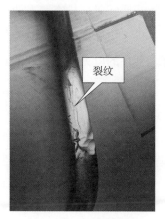

图 3-22　裂纹全图

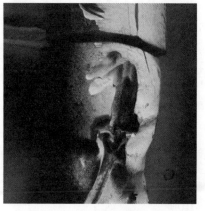

图 3-23　裂纹局部图（一）

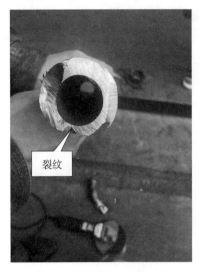

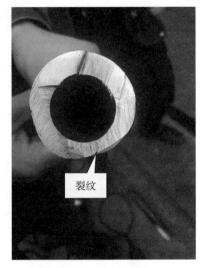

图 3-24　裂纹局部图（二）　　　　　图 3-25　裂纹局部图（三）

（2）本次泄漏直接原因为夹屏管定位块纵焊缝处产生裂纹，吹损周边管屏，造成泄漏。

（3）裂纹产生的原因分析：高温过热器夹持管定位块为焊接结构，焊接热影响区材料弱化，且定位块距弯头起弧点较近（70mm），焊缝处应力相对集中，长期运行在交变应力作用下定位块焊缝处产生裂纹，裂纹逐渐扩展贯穿。

4. 暴露问题

（1）防磨防爆管理基础薄弱。在春节停备期间防磨防爆检查工作中，虽组织开展了防磨防爆检查，但未能针对高温过热器夹持管固定块等隐蔽部位进行细致排查，存在排查盲区。

（2）隐患排查开展不深入，未根据设备运行时间开展针对性排查。专业人员对受热面夹持管固定块处可能存在的应力问题认识不够，在机组检修期间虽然对类似部位固定块开展了防磨防爆检查工作，但对该位置焊缝下可能存在的应力集中引起的隐性裂纹缺乏深入分析和有效检查手段，隐患排查工作不深、不细。

（3）专业技术管理不到位，针对锅炉一年来连续发生泄漏未能进行深入分析与研究，对锅炉受热面管屏固定类型是否存在隐性缺陷、是否进行升级处理了解不够，在防磨防爆检修策划方面不够深入细致。金属监督管理存在盲区，对此类部位是否需要开展取样分析工作未进行专项策划。

5. 防范措施

（1）对机组检修期间防磨防爆工作进行全面策划，对于容易造成应力集中和磨损的部位制定计划进行详细检查。重点对高温过热器、屏式过热器等受热面加持管固定块进行全面检查，针对查出问题在检修期间处理。

（2）咨询锅炉厂和有同类型结构的兄弟电厂，了解对该类结构的优化改造方式，确定下一步改造方案，在机组检修期间组织实施，杜绝发生同类型泄漏故障。

（3）加强专业技术人员技术培训，梳理锅炉泄漏事件通报，提高专业策划水平。组织防磨防爆人员、金属监督人员进行培训，对类似部位的检查落实责任人。

（五十二）一次风机并列不当，导致锅炉 MFT 事件

1. 基本情况

1号机组负荷为260MW，总给煤量为178t/h，总给水量为931t/h，主蒸汽压力为18.24MPa，分离器出口温度为356℃，过热度为4.92℃；1号机组全部为手动控制方式；B、C、D、E磨煤机运行，A磨煤机检修，F磨煤机备用，B、C电动给水泵运行。

2. 事件经过

11月14日9时02：00，1号炉A一次风机入口滤网结冰霜严重，导致A一次风机失速，运行人员解除协调同时手动停止F磨煤机运行，负荷从330MW降负荷至260MW，维持机组稳定运行。

10：13，1号炉A一次风机入口滤网冰霜清理好，进行并列一次风机操作。并列过程中一次风母管压力升高、磨煤机入口风压升高，锅炉进粉量增加，水煤比失调。为防止水冷壁超温，监盘人员手动降低给煤量、降低一次风压，同时手动增加给水流量。10：19，手启炉水循环泵，贮水箱水位急剧上升，此时因主蒸汽压力高（18.24MPa）闭锁并贮水箱溢流控制阀，10：20，因贮水箱水位高导致1号炉MFT、机组跳闸。

3. 原因分析

（1）1号炉暖风器疏水至废水处理站管道经A一次风机吸风口下部，该处冒汽至A一次风机吸风口结冰，维护部未能及时处理，以致1号炉A一次风机入口滤网结冰霜严重。造成A一次风机失速，导致锅炉燃烧恶化，给水手动调整困难。

（2）在风机并列瞬间，锅炉水煤比严重失调，导致锅炉分离器贮水箱水位高保护动作。

（3）运行人员在风机并列操作前，未做好预控措施。

4. 暴露问题

（1）这次事件暴露了维护部安全生产管理存在漏洞，A一次风机吸风口结冰消除工作未按时完成；维护部对该缺陷的风险认识不足。

（2）11月14日09：02，1号炉A一次风机失速，运行人员能够及时采取措施，使机组稳定运行，为同类异常处理提供了宝贵经验。

（3）运行人员未做好风机并列操作的预控措施，导致机组跳闸，应吸取教训，加强安全技术培训。

5. 防范措施

（1）严密监视各风机吸入口结冰霜情况，做好清理措施及时清理，消除事件隐患。

（2）暖风器疏水水质合格前引至凝汽器地坑，暖风器疏水尽快回收。

（3）一次风机失速后，并列风机过程中要控制一次风母管压力变化幅度不要过大，且提前降低其他磨煤机的给煤量，减小锅炉突然大量进粉燃烧恶化对水冷壁温度的影响。

（4）事件处理过程中，注意控制水冷壁温度变化的同时，严密监视分离器贮水箱液位，做到超前调节。

（5）加强事件处理及各项措施的学习力度，提高运行人员事件处理能力。

（五十三）擅关平衡容器一次门，导致机组被迫停运事件

1. 基本情况

1987年8月24日晚，1号炉汽包南侧水位变送器二次门前漏汽，23：42检修副主任和运行炉巡检工上炉顶查看漏汽情况，由于他们对热控设备保护的连接情况了解不足，为保护一次设备，手动关了汽包南侧水位平衡容器汽测和水侧一次门，致使汽包水位计低于380mm，锅炉发生MFT，停炉、停机。8月25日01：42，机组与系统并列。事件少送电量35万kWh，少发电量60万kWh。

2. 事件原因

（1）直接原因是检修、运行人员擅自关闭平衡容器一次门，而事先未与任何人联系，也不知道关门会造成什么后果，纯为人为因素所致。

（2）因南侧的平衡容器装了两只水位变送器，北侧只装一只水位变送器，而"水位低"保护是按"三取二"的原则设置的，因此关了南侧平衡容器实际上是停了两只水位变送器，造成了"三取二"的条件，所以"水位低"保护就"正确"动作了。

3. 防范措施

（1）组织有关人员学习"安规"和电力生产规章制度。

（2）加强运行、检修热工保护培训。

（3）进行检修工作，一定采取可靠安全措施。

（4）仪控分场拿出一个平衡容器带两只水位变送器的更改方案。

（5）将能造成跳机事件的保护连接情况整理打印下发。

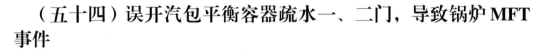

（五十四）误开汽包平衡容器疏水一、二门，导致锅炉MFT事件

1. 基本情况

2012年8月17日17：17，某电厂3号机组运行，机组负荷为218MW，汽包水位为+11mm。

2. 事件经过

8月17日16：49，3号机组热力机械工作票："3号炉定期排污调节阀后电动隔离阀解体检修"工作结束，运行开始恢复相关安全措施。

在巡操员恢复安全措施过程中，当恢复至第16条："关闭3号炉A、B侧平衡容器疏水一、二次门，并挂'禁止操作'警告牌"时，运行人员误认为上述阀门在布置安全措施时由开启状态转为关闭状态，因此在恢复安全措施时将上述阀门开启，导致3号机组锅炉汽包水位测点依次瞬时下降至保护动作值（实际水位并没有降低），造成锅炉MFT，机组跳闸。

3. 原因分析

运行人员在3号炉热力机械工作票："3号炉定期排污调节阀后电动隔离阀解体检修"工作结束后，在安全措施恢复过程中，运行人员误开3号炉A、B侧平衡容器疏水一、二门，导致3号锅炉汽包水位低保护动作，机组跳闸。

4. 暴露问题

本次事件暴露出该厂在运行管理、技能培训等方面存在以下问题：

（1）该厂在"三票三制"管理上存在漏洞，对重要设备、重要阀门的闭锁管理还存在不到位之处。

（2）该厂对上岗前人员的资格把关不严，培训不足。在运行人员业务水平欠缺、岗前专业技术培训不到位的情况下就赋予该员工操作权，说明运行管理还需进一步加强。

（3）运行人员安全意识淡薄，责任心不强，安全交底流于形式，对涉及重要设备、重要系统、重要保护的操作缺乏安全风险辨识和评估，风险预控措施不到位。

5. 整改措施

（1）针对此次非停事件举一反三，加强运行管理及"三票三制"执行情况的动态检查。

（2）认真落实各级安全生产责任制，进一步完善安全管理制度，加强安全教育培训，加大安全奖惩力度，不断提高员工的安全意识和责任心，对涉及重要设备、重要系统、重要保护的操作，做好风险辨识和预控，严格执行安全交底和现场监护等制度，将安全管理工作做细、做实。

（3）加大员工的专业技术培训力度，通过"考问讲解"等形式，不断提高员工的专业素质和处理现场实际问题的能力，坚决杜绝盲干、蛮干现象的发生。

（五十五）油枪供油泵与油枪不匹配，造成磨煤机风道烧损事件

1. 事件经过

2012年12月11日，2号机组启动。

04：14，运行人员投入B层等离子，启动2号炉风烟系统，启动B磨煤机，04：23，投入2号炉等离子点火油枪。由于B磨煤机石子煤闸板关闭时卡涩，04：31停运等离子点火油枪并通知维护处理。04：41，等离子点火油枪投运。05：04，运行人员发现等离子燃烧室至磨煤机风道膨胀节烧损，有火冒出。05：06，停止等离子点火系统，停止2号炉B制粉系统，2号炉手动MFT。

2. 事件原因

（1）2号炉等离子点火油枪供油泵与等离子点火油枪不匹配，导致油枪雾化不良，未燃尽油进入燃烧室后部风道爆燃，造成膨胀节过热烧损是事件的主要原因。

（2）2号炉等离子点火油枪供油泵选型不合适，该泵为齿轮泵，压力高，而流量较低，油枪在投运时，压力调整困难，而等离子点火油枪雾化片较大，因此造成油枪雾化不良。

（3）事后进行了小油枪雾化试验，油压为0.2MPa，燃油可到10m以外（燃烧室长度约为8m）。

（4）运行未及时发现燃烧室风道壁温严重超温，并及时停运点火油枪，是造成2号炉小油枪等离子燃烧室风道烧坏的直接原因。

3. 暴露的问题

（1）运行部技术措施管理不到位，操作票未对点火油枪系统投停参数做出明确规定。

（2）运行监盘人员安全意识不够，未能及时发现燃烧室风道壁温严重超限，未能及时停运小油枪，造成2号炉小油枪等离子燃烧室风道烧坏。

（3）2号炉油枪供油泵与油枪不匹配，油枪雾化不良，暴露出设备设计存在缺陷，锅炉专业对所管辖设备掌握不清，未能及时发现问题并消除。

4. 防范措施

（1）各专业要加强岗位技能培训。

（2）对1、2号炉油枪供油泵、等离子油枪重新论证、选型，进行更换。

（3）锅炉专业加强设备台账录入，设备变更履行变更手续，并对运行进行交代。

（4）运行部加强对操作票制度管理，操作票上设备投停参数明确，具有可操作性。

（5）运行人员对投停的设备要加强监视，避免类似事件的发生。

（五十六）螺旋水冷壁温度高，导致机组非停事件

1.基本情况

1月17日11：14，1号机组负荷为361MW，总煤量为125t/h，过热度为20℃，主蒸汽温度为607℃，再热蒸汽温度为600℃，总风量为840 t/h，给水流量为856 t/h，给水"自动"控制；1B、1C、1D磨煤机运行，1A、1B一次风机运行，1A、1B引风机运行，1A、1B送风机运行。

11：14：53，1号炉MFT动作，首出信号"螺旋管水冷壁壁温高"，机组大联锁保护动作，汽轮机跳闸，发电机解列。

2.事件经过

10：45，开始炉膛吹灰。

11：01，巡检人员检查发现1D磨煤机旋转分离器声音异常，联系集控停止1D磨分离器运行；就地检查无问题后，11：05，集控人员投入1D磨煤机旋转分离器运行。

11：07：05，通过干渣机监控2号探头（右侧探头），看到左墙发生了大量掉焦。

10：45，开始炉膛吹灰，锅炉MFT动作前1号炉炉膛吹灰情况见表3-1。

表3-1　　　　　　　　　　　　1号炉炉膛吹灰

吹灰位置	开始时间	结束时间	用时（s）	备注
25号（右墙）、26号（左墙）	11：06：40	11：07：32	52	11：12：14，停止吹灰
27号（右墙）、28号（左墙）	11：07：33	11：08：26	53	
29号（右墙）、30号（左墙）	11：09：27	11：10：17	50	
31号（右墙）、32号（左墙）	11：11：18	11：12：14	56	

11：08：22，螺旋管左墙水冷壁壁温第3点为340℃，第6点为343℃，第7点为340℃，第8点为360℃，开始上升。

11：12：02，运行人员发现螺旋管水冷壁壁温高，第3点为430℃，第6点为435℃，第7点为437℃，第8点为431℃。

11：12：14，紧急停止炉膛吹灰。

11：12：47，减小过热度设定值为10℃。

11：13：39，增大给水"自动"偏置，给水流量未变化。

11：13：55，切除给水"自动"。

11：14：15，手动增加给水指令，第3点为469℃，第6点为474.68℃，第7点为475℃，第8点为477℃。

11：14：25，给水流量由852t/h快速增加。

11：14：53，给水流量增加到1008t/h，左墙螺旋管水冷壁壁温仍然上升，第3点为479℃，第6点为484℃，第7点为484℃，第8点为475℃，4点到保护动作值（单侧炉墙"20取4"，动作定值大于或等于475℃），1号炉锅炉MFT动作。

3. 原因分析

（1）燃煤热值偏高造成炉膛结焦。

1月4日发现1号机组粉尘指标有瞬时超标现象，为了有效控制粉尘指标在允许范围内，于1月7日对1号炉燃煤进行料调整，由原来的神华煤与当地煤掺烧（1:1）改为神华煤，热量由4525kcal/kg上升至5821kcal/kg（1 kcal/kg=4.1868kJ/kg），灰分由25%降低至11.4%。1月1日煤质化验单如表3-2所示，1月16日煤质化验单如表3-3所示。

表3-2　　　　　1月1日煤质化验单　[神华煤与当地煤掺烧（1:1）]

编号	取样日期	化验日期	水分		灰分		挥发分		全硫	低位发热量	
			M_{ar}	M_{ad}	A_{ad}	A_d	V_{ad}	V_{daf}	$S_{t, ad}$	kJ/kg	kcal/kg
1号入炉煤0点	1月1日	1月2日	12.6	1.46	26.24	26.63	26.51	36.67	0.75	20231	4838
1号入炉煤8点	1月1日	1月2日	11.5	1.39	31.86	32.31	24.42	36.58	0.75	18095	4327
1号入炉煤16点	1月1日	1月2日	11.5	1.29	31.42	31.83	24.49	36.39	0.76	18310	4379
加权平均值			11.9	1.39	29.71	30.13	25.20	36.57	0.75	18922	4525

表3-3　　　　　　　　1月16日煤质化验单　（神华煤）

编号	取样日期	化验日期	水分		灰分		挥发分		全硫	低位发热量	
			M_{ar}	M_{ad}	A_{ad}	A_d	V_{ad}	V_{daf}	$S_{t, ad}$	kJ/kg	kcal/kg
1号入炉煤0点	1月16日	1月17日	11.8	1.87	8.98	9.15	34.58	38.79	0.47	25313	6053
1号入炉煤8点	1月16日	1月17日	12.1	1.74	12.44	12.66	33.17	38.65	0.69	23971	5732

续表

编号	取样日期	化验日期	水分		灰分		挥发分		全硫	低位发热量	
			M_{ar}	M_{ad}	A_{ad}	A_d	V_{ad}	V_{daf}	$S_{t,ad}$	kJ/kg	kcal/kg
1号入炉煤 16点	1月16日	1月17日	12.6	1.85	12.4	12.63	32.30	37.67	0.50	23880	5711
加权平均值			12.2	1.81	11.40	11.61	33.30	38.37	0.56	24340	5821

（2）某电厂1号炉风机联合试运、锅炉冷态试验于2015年1月11日结束。试验结果表明：炉膛强风环直径在15.2m左右，直径稍大；到目前为止未进行空气动力场试验，火焰有贴墙可能。

（3）1月12日以来1号机组长期低负荷运行（50%负荷），1月15日炉膛吹灰后，1月16日因负荷低未进行炉膛吹灰，水冷壁局部结渣严重；1月17日进行炉膛吹灰时，局部水冷壁受热面结焦大量掉落，造成局部水冷壁吸热量突然增大，水冷壁壁温快速上升。11：07：05，集控运行人员通过干渣机2号探头（右侧探头）看到左墙发生了大量掉焦；11：08，左侧水冷壁壁温开始上升，掉焦与左侧水冷壁壁温上升有直接关系。

对比近期相似工况炉膛吹灰时，螺旋水冷壁壁温变化趋势，可看出炉膛吹灰时螺旋管水冷壁局部壁温有不同程度的上升。

1月14日21：51，1号机组负荷为380MW，1B、1C、1D磨煤机运行，炉膛吹灰时螺旋管水冷壁左侧5点壁温上升幅度最大，9min由352℃上升至407℃，上升幅度为55℃。

1月16日20：06，2号机组负荷为350MW，1A、1C、1D磨煤机运行，炉膛吹灰时螺旋管水冷壁左侧16点壁温上升幅度最大，8min由335℃上升至480℃，上升幅度为145℃。

（4）1月17日11：01，1D磨煤机旋转分离器停运后1D磨煤机电流由61A下降到44.79A，磨煤机入口一次风压由5.02kPa上升至5.67kPa，出口风粉混合压力由2.14kPa上升至3.21kPa，炉膛温度B侧由1201℃下降至1134℃，炉膛温度A侧由1145℃下降至1103℃，可判断1D磨煤机旋转分离器停运后对炉内燃烧组织及温度场分布有一定影响。

（5）对比其他时间相似工况段1D磨煤机旋转分离器跳闸后对壁温有一定影响，判断1D磨煤机旋转分离器停运不是造成本次非停的主要原因，是次要原因。

（6）12月28日10：39：12，机组负荷335MW，1B、1C、1D磨煤机运行，未

吹灰；1D磨煤机旋转分离器停止运行后水冷壁壁温变化最大点由402℃上升至423℃，上升了21℃；A侧炉膛温度有901℃下降至880℃，B侧炉膛温度有965℃下降至931℃，下降幅度不大。

（7）12月28日06：05：34，机组负荷为355MW，1A、1B、1C、1D磨煤机运行，未吹灰；1D磨煤机旋转分离器停止运行后水冷壁壁温变化最大点由342℃上升至355℃，上升了13℃；A侧炉膛温度由943℃上升至955℃，B侧炉膛温度由944℃上升至961℃，变化幅度不大。

（8）本次非停主要原因：煤质发热量较高，使水冷壁受热面严重结焦，炉膛吹灰时局部水冷壁受热面大量掉焦，加之1D磨煤机旋转分离器停运，改变炉内温度场分布，造成局部水冷壁吸热急剧增大，使水冷壁壁温上升，发生膜态沸腾，传热迅速恶化，快速上升至跳闸值，运行人员在发现螺旋管水冷壁壁温上升后处理不果断，造成锅炉MFT动作。

4. 暴露问题

（1）自试运以来到目前为止未进行空气动力场试验，燃烧调整缺乏有效依据。

（2）燃煤管理不到位，煤质变化较大时未及时进行元素分析、工业分析及灰熔点测量。未进行原煤掺配试验，没有制定相应措施。

（3）煤质变化时风险预控不足，危险点分析不到位，风险预控意识薄弱。

（4）培训不到位，运行人员个人技术能力和事故状态下处理能力不足。

（5）技术措施执行不到位，管理人员对措施的执行缺乏有效的监督和管控。

5. 防范措施

（1）严格按照《吹灰管理规定》及《吹灰操作注意事项》执行，加大监管力度，加强培训，确保措施执行到位。

（2）锅炉吹灰时尽可能提高负荷，吹灰时负荷低于350MW应合理安排两台机组负荷，保证吹灰期间的安全运行。

（3）继续完善《吹灰管理规定》及《吹灰操作注意事项》，特别是低负荷水冷壁吹灰的相关规定。

（4）利用停机机会对吹灰逻辑进行修改，增大各个吹灰器吹灰间隔，合理调整吹灰顺序，优化吹灰方式，避免吹灰过程中水冷壁受热面壁温突升。

（5）将螺旋管水冷壁壁温报警值由460℃改为440℃，及时提醒运行人员参数异常变化。

（6）做好突发事件预案，做好事故预想，加强培训，提高值班员对突发事件的处理能力，发现异常及时处理。

（7）加强燃煤管理，合理掺配，选择最合适入炉煤；进行原煤掺烧试验，根据试验结果制定相应的原煤混配措施。

（8）利用 C 修期间进行冷态空气动力场试验。

（9）完善运行中磨煤机旋转分离器跳闸措施。

（10）对同类型机组进行调研学习，学习先进的防控措施，加强运行中的应急管控。

（11）加强运行管理，提高运行人员安全风险意识；加强技术管理，提升专业管理水平，重视隐患排查，完善重大隐患风险评估分析和应急处置措施、预案，落实责任和整改闭环时间，加强隐患闭环管理。

（12）深刻吸取事件教训，强化安全生产责任制落实。严格按照"四不放过"的原则，全面排查本单位异常、未遂以上不安全事件是否认真组织分析原因，是否追究责任，落实整改措施，其他人员是否受到教育；认真做好不安全事件管控，举一反三进行排查，制定整改措施，并执行到位。

（五十七）磨煤机内部积粉未及时充惰，导致可燃气体与煤粉自燃事件

1. 基本情况

2 号炉等离子模式，B 磨煤机运行出力为 16t/h，E 磨煤机出口分离器温度为 85.3℃，E 磨煤机入口一次风温为 133.7℃，E 磨煤机冷一次风气动调节挡板开度为 2.59%（指令为 0），E 磨煤机冷一次风电动门、启动插板门关闭，E 磨煤机入口风量为 3.30t/h，E 磨煤机热一次风调节挡板、热一次风气动插板门关闭，炉膛负压为 –164.42Pa。

2. 事件经过

2012 年 12 月 21 日 04：12，运行人员打开 E 磨煤机 2 号出口门，启动 E 磨煤机。运行就地巡检开始排石子煤，发现石子煤斗入口插板门卡涩，汇报值长联系热工人员处理。04：21，运行人员开始开大 E 磨煤机冷一次风气动调节挡板；04：23，冷一次风气动调节挡板开至 40.11%，风量为 34.29t/h；04：24，就地巡检汇报 E 磨煤机风道处有异声，监盘人员立即手动停止 E 磨煤机运行。就地检查发现 E 磨煤机热一次风气动插板门呲开，磨煤机入口风道处有一口子向外漏风。

3. 原因分析

事件原因为事件停机造成 E 磨煤机内部积粉。由于没有及时充惰，所以导致磨煤机内部温度较高（磨煤机内部无温度测点，2E 磨煤机入口一次风温为 133.7℃），开一次风挡板进行吹灰、甩煤，可燃气体和煤粉发生自燃，是事件发生的主要原因。

4. 暴露问题

（1）运行部缺少防止事件停机后磨煤机煤粉自燃的防范措施。

（2）运行部虽然编制了停磨后的充惰措施，但没有具体步骤、时间等参数，可操作性不强。

（3）运行值班人员事件停机后，执行充惰措施不到位。

（4）运行人员在磨煤机发生石子煤仓入口插板门或出口插板门故障时，没有进行分析并暂停吹灰。

5. 防范措施

（1）正常运行中磨煤机停止时，磨煤机及其管道要进行充分的吹扫，保证吹扫时间足够，当磨煤机入口温度、出口温度均小于60℃时，方可认为吹扫完成。

（2）运行部编制事件停机后磨煤机煤粉自燃的防范措施。

（3）运行部完善停磨后的充惰措施，要求措施的步骤、参数详细，可操作性强。

（4）锅炉MFT后，及时进行磨煤机甩煤、吹扫。吹扫时，注意风量挡板的调节速度，加强磨煤机入口风温监视（入口风温应小于100℃）。

（5）磨煤机石子煤仓入口插板门或出口插板门故障时，暂停磨煤机甩煤，待维护人员处理完毕后，再进行甩煤和吹管操作。

（五十八）磨煤机1号拉杆上密封损坏，导致煤粉自燃事件

1. 基本情况

3月15日13:50，2号炉开始点火，磨煤机全部处于停运状态；14:12，启动2号炉B磨煤机；15:10，2号炉F磨煤机一次风温达40℃；20:19，2号炉F磨煤机一次风温达200℃；21:14，启动2号炉A磨煤机；21:35，2号炉F磨煤机一次风温为228℃；21:34，2号炉F磨煤机热一次调节门由30%关至0%；21:52，2号炉F磨煤机一次风温下降到50℃。

2. 事件经过

3月15日21:05，2号炉锅炉房内有焦糊味，经检查于22:00发现焦糊味为2号炉F磨煤机1号拉杆处散发，拆除保温后发现有煤粉堆积并带有少量火星，使用消防水进行降温，并清理煤粉，此时2号炉F磨煤机未投运。

经调查曲线发现：13:06，2号炉F磨煤机热一次风调节挡板开度由0%开至30%；21:34，此调节挡板开度由30%关至0%，同时开启2号炉F磨煤机冷一次调节挡板至100%。

3. 原因分析

（1）直接原因

磨煤机内大量灌入热风，使磨煤机本体温度升高（风温最高达228℃），由于温度

过高造成磨煤机 1 号拉杆上密封损坏，使磨煤机内部残留煤粉顺拉杆上密封处吹出，由于本体表面有保温及铁皮防护，使其在保温处堆积，产生焦糊味及火星。

（2）间接原因

2 号炉启炉过程中，运行监盘人员未对停运设备进行监控，2 号炉 F 磨煤机一直处于停运状态，热一次风调节门在点火之前被运行人员开至在 30% 的位置，且持续时间为 8h28min，运行人员没有发现该异常情况。

4. 暴露问题

（1）运行人员操作不规范，未按操作票执行。

（2）运行监盘人员监盘不仔细，未对停运设备实行监控。

5. 防范措施

（1）运行人员加强操作管理，加强监盘，对于未启动设备应进行检查，并注意观察相关数据，发现异常及时处理。

（2）维护部对磨煤机拉杆密封和磨辊油封进行检查，发现损毁或渗漏及时更换。

（五十九）锅炉结焦严重，导致机组被迫停运事件

1. 事件经过

5 月 5 日 02：30，夜班人员接班后发现 3 号炉捞渣机几乎无焦拉出，随后检查 3m 层冷灰斗，发现 B 侧冷灰斗较黑无光亮，A 侧及中间冷灰斗光亮暗淡，分析冷灰斗积焦严重且搭桥；04：30 降负荷至 230MW 运行；09：00，打开 6.3m 及 12.6m 人孔门，发现均被焦渣封堵，人工处理无效；13：20，被迫停运 3 号炉，直至 11 日 07：00，人工除焦结束，锅炉恢复备用。

2. 原因分析

煤质变化，炉膛温度升高后流稀焦，运行人员没有发现炉膛结焦的异常情况并采取有效的调整措施；随着结焦情况的加重，渣量逐渐减少，直至几乎无渣拉出，但运行人员没有意识到引起渣量减少的真正原因，也没有认真分析，最终导致冷灰斗上方水冷壁收口处四角堆积形成搭桥将，冷灰斗上部封死，被迫停炉除焦。

3. 暴露问题

（1）分场监督管理不到位，对锅炉结焦的问题没有引起足够的重视，针对 3 号炉不便于观察炉膛结焦的情况没有拟定具体的检查措施来进行检查，并且对渣量的情况没有做好记录和分析；在 4 月 19 日，3 号机启动带满负荷后，炉膛两侧墙结焦较严重，测量炉膛温度最高点有 1675℃，参考电厂对边上燃烧器 D、E 挡板调整过两次，观察两侧墙已不再结焦，认为已控制住，未继续加强跟踪检查。

（2）值班人员在日常的巡检工作中对渣量的变化情况置若罔闻，没有认真检查和分析渣量变化的原因，值长、主操、单元长对每日车队报上来的焦渣量不对比、不分析。从5月3日开始，焦渣量突然减少，尤其在5月4日3号炉渣量已经减少到几车，都没有引起足够的重视，甚至可能根本没有意识到问题的严重性，也就没有及时安排检查、调整。

（3）巡检有死角。3号炉结焦至12.6m上方，并非短时间内能够形成，在5月3日或更早以前渣量就开始明显发生变化，焦已开始堆积，但由于巡检经验不足，意识较差，没有能及时发现结焦的情况。

（4）3号炉炉膛的观察孔和打焦孔的设计不合理，不能使运行人员很方便地观察到炉膛内的结焦情况。

（5）锅炉副操、巡操对锅炉燃烧情况的观察不认真、不仔细，甚至可能根本就没有进行检查，对燃烧情况没有及时分析、及时调整。锅炉开始流焦，说明炉膛温度已经很高（至少局部温度已经很高），尤其在冷灰斗开始在被焦渣逐渐封闭的时候更为明显，而运行操作人员没有采取必要的措施，也未及时汇报，最后导致焦渣越积越多，被迫停炉打焦。

4. 防范措施

（1）分场认真拟定防止锅炉结焦的措施，并立即组织实施。

（2）建立单台锅炉每班的渣量台账，便于分析和查询。

（3）落实定期检查制度，加强对3号炉炉膛温度的测量，每周对1、2炉进行一次炉膛温度测量，建立台账记录并进行分析，对于值班员平时的巡检加强跟踪和监督，同时加大考核力度。

（4）严格要求副操、巡操，捞渣机值班员按规定认真检查，发现有积焦或流稀焦时及时联系调整处理并汇报，杜绝类似情况的再次发生。

（5）组织对打焦孔、看火孔的改造，便于观察炉膛内的结焦情况。

（6）煤质变化时要认真分析炉膛温度等各项参数的变化，及时采取有效的调整措施防止结焦。

第四章　电气一次专业事件

（六十）运行巡回检查质量不高，导致机组非停事件

附件1：1号发电机跳闸，汽轮机未跳原因分析

1. 基本情况

330kV系统为双母线固定连接接线方式：1、2号发电机分别经1、2号主变压器接入330kV Ⅰ、Ⅱ母线；3300母联开关合闸。

330kV Ⅰ母线：灞长Ⅰ线3351开关合闸、1号机组3301开关合闸。

330kV Ⅱ母线：灞长Ⅱ线3352开关合闸。2号机组3301开关分闸，33021Ⅰ母线、33022Ⅱ母线开关分闸，330217接地开关分闸。

330kV系统母线保护为双重化配置，分别配置国电南自SGB750和深圳南瑞BP-2B母线保护各一套。

4月12日16：30，1号机组负荷为198MW，AGC、AVC投入，A、B、C、D磨煤机运行，煤量为90t/h、主蒸汽压力为13.81MPa、主蒸汽流量为640t/h。

调度令2号机组于4月12日20：00并网，4月12日16：30汽轮机定速为3000r/min，联系省调同意合上2号发电机33022Ⅱ母线开关。16：36：01，2号机组在DCS操作合上2号机组33022Ⅱ母线开关，因1号机组跳闸，终止2号机组后续操作。

2. 事件经过

4月12日16：35：49，1号发电机出口开关3301跳闸，"3301开关跳闸、汽轮机负荷小于10%"光字发出。NCS盘面"SGB750装置母差动作""BP-2B装置母差动作""母联3300开关跳闸""灞长Ⅰ线3351开关跳闸""灞长Ⅱ线3352开关跳闸"信号发出，330kV Ⅰ、Ⅱ母线失压。

16：36，发现1号机组转速上升至3087r/min，手动打跳1号汽轮机（发电机跳闸，汽轮机未跳原因，见附件1），锅炉MFT保护动作。

汇报省调并询问情况回复称：电网无异常。

16：37：02，手动打跳2号汽轮机，检查汽轮机转速下降，投旁路维持锅炉运行。

就地检查33021开关、33022开关、3302开关、330227开关状态，检查母线保护动作情况。检查确认33021开关在分位、33022开关在合位、3302开关在分位、330227开关在分位，就地状态和远方显示一致。

根据母线保护动作报告，初步判断故障点在330kV GIS母线系统，组织检修和运行人员对GIS区域所有开关、开关状态进行检查，同时联系电科院人员和厂家西开公司来厂进行技术支持。

经对GIS站气体组分检查时发现灞长Ⅰ线33512开关A相SF_6气室压力显示为0.07MPa（正常值不小于0.45MPa），现场组织电科院人员和厂家进行分析，初步判断为该气室SF_6气体压力降低，绝缘能力下降，导致33512开关A相对壳体放电，母差保护动作，可采用2号机组零起升压对Ⅰ母线进行试验，判断Ⅰ母线是否存在故障。向省调申请2号发电机零起升压判断母线故障点，省调要求提供我厂检查结果和零起升压方案。19：39，发电部上报省调后，省调令330kVⅠ母线热备用转冷备用、330kVⅡ母线热备用转冷备用，22：30，操作完毕。调度令可做2号发电机零起升压准备。

4月13日01：20，2号发电机组向330kVⅠ母线零起升压试验正常。

03：04，灞长Ⅰ线3351开关由冷备用转检修。

04：40，330kVⅡ母线由冷备用转检修。

07：30，合灞长Ⅱ母线3352开关向330kVⅠ母线倒送电成功。

07：53，2号发电机组与系统并列。

3. 事件原因

（1）直接原因。330kV母差保护动作，跳开1号机组出口3301开关，造成1号机组非停。

（2）主要原因。330kV母差保护动作，立即对1、2号主变压器区域、330kV GIS区域设备进行检查，目视检查现场设备（套管、电缆头、避雷器、悬式瓷瓶）外观未见异常，联系省电科院人员来厂对330kV GIS进行SF_6气体分析，因故障录波、母线保护动作显示为A相接地故障，对330kVⅠ、Ⅱ母线上所有设备A相气室均进行气体分析，检查发现3351开关A相有微量SO_2成分，同时发现33512开关气室压力显示为0.07MPa，其他气室检查均正常。现场组织电科院人员和厂家联合进行分析，初步判断为该气室SF_6气体压力降低，绝缘降低，导致33512开关A相对壳体放电，母差保护动作，以上判断需解体33512开关A相气室后进一步确认。

4. 暴露问题

（1）运行巡回检查质量不高。

巡检在对GIS整个系统的巡回检查时间只有5min，没有逐一对各隔离开关的六氟

化硫气室压力进行核对，巡回检查走过场。未能及时发现 33512 刀闸六氟化硫气室可能存在的泄漏情况，为此次非停埋下隐患。

（2）运行巡回检查标准制定不细。

查 GIS 就地巡回检查记录本中，巡检针对运行设备只填写是否正常，而未填写六氟化硫气室压力的就地实际数值。难以判断设备的实际运行状况是否良好，无法及时发现和分析出可能存在的隐患。

（3）设备部点检安全责任意识淡薄。

主观重视不够，认为 GIS 属于免维护设备，忽视了对该设备的管理，将设备安全依赖于设备本身的可靠性，盲目认为设备检修周期为 12 年，存在麻痹大意的思想。

（4）检修管理不到位。

检修巡检不到位，查检修公司日常巡检记录不全，执行标准不高，未及时发现存在的异常现象。检修公司 2 号机组检修期间未对该设备进行检查。

（5）点检巡检不到位。

该区域点检员点检不到位，未及时发现存在的异常现象，该区域设备点检失于管理。

（6）隐患排查不到位。

该 GIS 压力低仅在就地汇控柜有报警光子，但该报警信号在 NCS 未发出，该信号传输回路也未进行检查。

5. 防范措施

（1）结合我厂三查三抓的专项活动，严格落实巡回检查制度，管理人员定期抽查巡回检查的质量。

（2）巡回检查标准制定不细。

按照运行规程，完善巡回检查本的内容，细化检查项目。在检查项目栏填写重要参数。在每周安排一次全面细致的检查，并做好记录和运行分析。

（3）结合 330kV Ⅱ 母抢修，组织对 GIS 进行全面检查，重点检查每个气室的压力指示、报警装置、远传回路、气体组分，全面排查隐患，制定整改方案落实责任。

（4）计划 2019 年安排 1、2 号机组全停，对 GIS 进行大修，严格按照设备说明书和检修规程管控检修质量，严把三级验收关。

将 GIS 检查纳入检修定期工作，重新修订检查标准，在每个汇控柜设置就地检查记录本，检修公司分级巡查，检修公司专业经理进行抽查。

（5）立即加强 GIS 区域点检管理，严格按照点检标准进行设备点检和劣化趋势分析，点检长进行不定期抽查点检员日常点检是否正常进行。

（6）结合 330kV GIS 抢修，对 SF_6 继电器和压力回路报警装置进行排查，同时进行报警传动试验，确保报警回路动作正确、远传正常。

（7）结合下一年 GIS 系统大修，对 330kV GIS 进行技改，加装局放在线监测系统，动态监视各间隔运行状况，出现局放时及时预警，提升技防管理水平，避免事故扩大。

事故前工况：1 号机组 CV3 开度为 58.32%，CV4 开度为 27.91%，CV1、CV2 强制关完，负荷为 197.09MW。16：35：49，3301 开关跳闸信号发出，在发电机功率大于 15% 时，3301 开关断开，快关汽轮机高、中压调节门，2s 后全部关完，DEH 由阀控方式自动切换为转速控制方式。因 4 月 10 日，CV1、CV2 调节门卡涩，为保证机组正常运行，手动强制 CV1、CV2 关完，CV4 强制开启至 28%，造成转速迅速上升至 3087r/min。

16：36，手动打跳 1 号汽轮机组。

注：设置发电机出口开关断开，动作快关高中压调节门，是为了在保证机组运行中电气侧输出故障时，快速降负荷，避免机组超速。如果电气或外网仅为短时故障，可以不用停机停炉，若电气故障处理完毕，机组即可再次并网带负荷运行。

后经咨询厂家，DEH 逻辑也是如此设置。

附件 2：330kV 母线保护分析报告（国电南自 SG-B750）

1. 现象描述

电厂 330kV 母线主接线形式是双母线，采用 SG B750 母线保护装置，版本为 1.03b（校验码为 EF1F），2018 年 4 月 12 日 16：33：37 左右发生母线区内故障，SG B750 母线保护 I 母差动动作。（时钟为 SGB750 母线保护装置时钟）

2. 原因分析

故障时，支路 1 和 6 运行于 I 母，支路 5 运行于 II 母。潮流情况为支路 5 电流（ia_5）经母联（支路 11，ima）流向支路 1（ia_1），支路 6（ia_6）也通过 I 母向支路 1 提供电流。

现场版本的母线保护差动动作的条件为差流超过差动定值，制动系数超过 0.3，同时为了提高可靠性，为防止直流电流和 TA 饱和等干扰，差动保护中差流有波形检测判据，该判据要求差电流要过零点且过零点附近差电流波形连续。正常情况（即使 TA 饱和），在电流过零点附近，因电流幅值较小，TA 应该正确传变一次电流，保护也是通过电流过零点附近采样点进行 TA 饱和判断。而本次故障中，母联电流（图 2 中 ima）在零点附近无法正确传变，导致保护出现如下行为：

（1）I 母：I 母小差电流在第 1 个过零点（12ms）和第 2 过零点（22ms）时，因电流波形条件不满足，无法满足动作条件，在第 3 个过零点（32ms）时，I 母所有差动条件满足，保护正确出口。

（2）II 母：II 母小差电流在第 1 个过零点（10ms）、第 2 个过零点（21ms）和第 3

个过零点（32ms）附近，差电流波形均不满足动作要求，而故障后42ms时Ⅱ母差动电流消失，因此Ⅱ母差动一直没有动作。

因为计入差流的支路电流不同，以及母联电流流向的不同，导致母联电流的畸变对于Ⅰ母和Ⅱ母差电流的影响不同，所以两段母线保护动作行为不同。

3. 结论

本次现场故障后SG B750母线保护的动作情况符合保护逻辑设计。建议现场重点对母联间隔进行相关检查。

附件3：330kV母线保护分析报告（深圳南瑞BP-2B）

2018年4月12日16：29：44：50，330kV母差保护装置Ⅱ母A相差动保护动作出口，将母联及Ⅱ母上连接的元件切除，经过40ms后，Ⅰ母A相差动保护动作出口，将及Ⅰ母上连接的元件切除。（时钟为BP-2B母线保护装置本身时间）

现场330kV母线接线如图4-1所示，现场相关参数定值见表4-1。

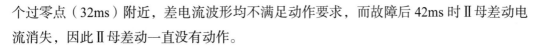

图4-1 现场330kV母线接线

表4-1　　　　　　　　　　　　现场相关参数定值

类别		定值		单位	整定值
		序号	名称		
母线差动保护	比率差动元件	1	差电流门槛值	A	0.4
		2	比率系数高值		2.0
		3	比率系数低值		0.5
	差动复合电压闭锁	4	低电压定值	V	70
		5	零序电压定值	V	8
		6	负序电压定值	V	6
	启动元件	7	电流突变定值	A	0.24

1. 动作行为分析

故障发生后，调取保护动作录波数据及事件记录进行分析，根据保护装置录波及记录分析如下：

2018 年 4 月 12 日 16：29：44 左右，330kV 母线上发生故障，故障发生时刻 A 相和电流（所有支路电流绝对值之和）均发生突变，均满足突变量启动门槛定值（0.24A），母线保护装置保护启动。根据母线保护装置调取的录波分析可知，录波显示 Ⅱ 母上的 A 相差电流先出现，且大于差电流门槛值，电压开放，满足差动动作条件，母线保护 Ⅱ 母差动动作出口，将母联及 Ⅱ 母上连接的元件切除。紧接着 Ⅰ 母上的 A 相差电流出现，同时大于差电流门槛值，电压开放，满足差动动作条件，母线保护 Ⅰ 母差动动作出口，将 Ⅰ 母上连接的元件切除。

2. 分析结论

根据母线故障波形及动作行为分析可知，本次故障属于母线区内故障，且 Ⅰ、Ⅱ 母 A 相均有较大的差电流，差电流远大于差电流门槛值，电压开放，保护满足动作条件，差动保护动作出口，迅速将母联及 Ⅰ、Ⅱ 母上连接的元件切除。

上述情况与现场装置逻辑原理一致，保护装置保护动作行为正确。

（六十一）操作人员走错间隔，误分带电设备，导致全厂停电事件

1. 事件经过

2006 年 10 月 14 日事件前 1 号机组运行情况：1 号机组负荷为 560MW，B、C、D、E 磨煤机运行，A、B 汽动给水泵运行，AGC、RB 投入，定压运行方式，220kV 正、负母线运行，2K39 开关运行于 220kV 正母，1 号发电机 – 变压器组 2501 开关在正母线运行，启动备用变压器 2001 开关运行在负母，处于热备用。

10 月 14 日中班，值际三值，值长陈某。接班时（17：00）2K40 线路检修工作已结束，等待调令恢复。接班后值长接省调预操作令，副值王某（主要事件责任人、主操作人）准备好 2K40 线路恢复的操作票，经审查操作票无误后，在调令未下达正式操作令前，17：40 值长（陈某）令值班员王某（副值）、明某某（主值、监护人）、（主要事件责任人）按票去进行预操作检查，因调令未下达，只对线路进行预检查，值长未下达操作令，所以操作票未履行签字手续。

17：45，调令正式下达给值长陈某，2K40 线路由检修转冷备用（所有安全措施拆除，断开 2K404-3 接地开关）。此时值班员（王某、明某某）已去现场（升压站内），值长未将值班员叫回履行完整的操作票签字手续，将操作令下达给单元长王某某（次要事

件责任人），由单元长王某某去现场传达正式操作令。单元长到现场（升压站内）后向主值明某某、副值王某某下达操作令。随后由值班员（王某、明某某）执行断开 2K404-3 接地开关的操作，该项操作（2K404-3 接地开关操作箱）执行无效（操作中发现接地开关拉不开），按票检查操作内容无误，单元长帮助明某某、王某两人一起到继电器楼检查上一级操作电源正常，并汇报值长联系检修二次班处理。在等待检修人员到场期间，王某某由到升压站 2K404-3 接地开关处复查操作电源正常。随后对 2K40 开关状态进行检查，发现 2K40 开关有一相指示在合位（实际为 2K39 的 C 相，此开关为分相操作开关）。此时明某某、王某也由继电器楼回到升压站，王某某遂向 2 人提出 2K40 开关状态有一相指示不符。告知 2 人对 2K40 开关状态进行检查核对确认，单元长王某准备返回集控（NCS）进行再次盘上核对 2K40 开关状态，此时明某某、王某 2 人在升压站内检查该相开关（实际为 2K39 的 C 相）确在合位。主值明某某已将操作箱柜门打开，也未核对开关编号并将远方、就地方式旋钮打到就地，副值王某在就地按下分闸按钮，造成该相开关跳闸，2K39 开关单相重合闸启动，但是由于 2K39 开关运行方式打在就地方式，2K39 开关未能重合，开关非全相保护延时 0.8s 跳线路两侧三相开关，造成与对岸站解列，事后确认分开的是 2K39 开关 C 相。

18∶24 集控室值班人员听到外面有较大的异声，立即检查 4 台磨煤机运行情况均正常，集控监视 DCS 画面上 AGC 退出，负荷骤减，主蒸汽压力迅速上升，立即手动停 E、D 磨煤机，过热器安全门动作，B、C 磨煤机跳闸，炉 MFT，集控室正常照明灯灭，手动投直流事件照明灯，集控监视 CRT 画面上所有交流电机均停（无电流），所有电动门均失电，无法操作。确认 1 号机组跳闸，厂用电失去，（锅炉首出燃料丧失，汽轮机首出 EH 油压低，电气低频保护动作）。值班员检查柴油发电机联动正常，保安段电压正常（就地检查柴发油箱油位正常）。汽轮机直流油泵、空侧密封油直流油泵、给水泵汽轮机直流油泵均联动正常，锅炉空气预热器主电动机跳闸，辅助电动机联启正常。立刻手启机侧各交流油泵，停止各直流油泵且投入联锁，启动送风机、引风机、磨煤机、空气预热器各辅机的油泵。同时将其他各电机状态进行复位（均停且解除压力及互联保护，以防倒送电后设备群启）。

19∶22，恢复 220kV 系统供电。

19∶53，启备用变压器供电，全面恢复厂用系统供电。

21∶02，启电动给水泵，炉小流量上水。

15 日 00∶10，启动送风机、引风机，炉膛吹扫完成，具备点火条件。

15 日 03∶27，炉点火。

15 日 05∶30，汽轮机进行冲转。

15 日 06：07，1 号发电机并网成功，带负荷。

15 日 08：20，机组负荷为 270MW，A、B、C、D 磨煤机运行电动给水泵、A 给水泵汽轮机运行，值长令对锅炉炉本体进行全面检查时，运行人员就地检查发现 B 侧高压再热器处有泄漏声，联系有关专业技术人员确认为高温再热器爆管，汇报有关领导及调度。13：00，调度下令 1 号机组停机；15：42，发电机解列。

2. 原因分析

操作人员走错间隔，误分带电设备，此次事件的原因是事件当事人违反了一系列规章制度：

（1）在倒闸操作过程中，未唱票、复诵，没有核对开关、隔离名称、位置和编号就盲目操作。

（2）操作中为减少操作行程，监护人和操作人在操作进行中违反"不准擅自更改操作票，不准随意解除闭锁装置"和"操作票票面应清楚，不得任意涂改"。

（3）操作中随意解除防误闭锁装置进行操作，违反了"操作中产生疑问时，应立即停止操作并向值班员（单元长）或值班负责人（值长）报告，弄清楚问题后，再进行操作，不准擅自更改操作票，不准随意解除闭锁装置"的规定。

（4）操作中监护人帮助操作人操作，没有严格履行监护职责，致使操作完全失去监护，且客观上还误导了操作人。

（5）违反了关于"特别重要和复杂的倒闸操作，由熟练的值班员操作，值班单元长或值长监护"的规定，担任监护的是一名正值班员，不是值班负责人或值长。

（6）值班人员随意许可解锁钥匙的使用，没有到现场认真核对设备情况和位置，违反了《防误锁万能钥匙管理规定》。

（7）现场把关人员对重大操作的现场把关不到位，运行部管理人员没有到现场把关，没有履行把关人员的职责。

（8）缺陷管理不到位，母线接地开关的防误装置存在缺陷，需解锁操作，虽向检修部门做了专门汇报和要求，但未进一步跟踪督促，致使母线接地开关解锁成为习惯性操作，人员思想麻痹。

（9）危险点分析与预控措施不到位，重点部位、关键环节失控，对主要危险点防止走错间隔、防止带电合接地开关等关键危险点未进行分析，没有提出针对性控制措施。

3. 暴露问题

（1）责任心不强，违章、违纪现象严重。这次误操作就是一系列违章所造成。暴露了管理人员、运行人员责任心不强，不吸取别人的、过去的误操作事件经验教训，现场把关失职，操作马虎了事，违章操作。

（2）贯彻落实防止误操作事件措施不到位。

（3）危险点分析与预控措施未到位。这次事件暴露了在运行操作中，对走错间隔、带电合接地开关及母线接地开关长期解锁操作等关键危险点未进行分析，没有提出针对性控制措施。反映了升压站运行操作标准化与危险点分析流于形式的现象还相当严重。

（4）现场把关制度流于形式。在本次事件中，在现场把关的管理人员没有履行把关职责，没有起到把关的作用。

（5）操作人员执行"三票三制"不严格，安全意识淡薄。

（6）未严格执行操作监护制度，操作中未认真执行"三核对"，操作人和监护人应同时核对设备名称、编号、位置、实际运行状态与操作票要求一致。

（7）重大操作前的模拟操作与事件预想准备不充分。

（8）未严格按照规程规定执行，在就地随意对 220kV 系统设备进行操作。

（9）操作员在操作中断后执行与票面工作无关的内容，安全意识需加强。

（10）操作人员技术水平有待进一步提高。

（11）在单机单线特殊运行方式下，未做好事件预案和防范措施。

4. 防范措施

（1）事件当天公司就误操作事件对全公司安全生产提出了具体要求，对事件分析要严格按照"四不放过"的原则，严肃处理责任人，深刻吸取事件教训，举一反三，采取有效措施，强化责任，落实措施，迅速扭转安全生产被动局面。

（2）严格按照公司发布的"关于防止电气误操作事件禁令"要求，认真、准确、完整地执行好操作票制度，严禁任何形式的无票操作或增加操作程序。微机防误、机械防误装置的解锁钥匙必须全部封装，除事件处理外，正常操作严禁解锁操作。重申解锁钥匙必须有专门的保管和使用制度。电气操作时防误装置发生异常，必须及时报告运行值班负责人，确认操作无误，经当班值长同意签字后，解锁钥匙管理者必须亲自到现场核实情况，切实把好操作安全关。随意解锁操作必须视为严重习惯性违章违纪行为之一，坚决予以打击。如再次发生因解锁而引起的电气误操作，将加重对相关责任人的处罚和对该主管单位的主要负责人的责任追究。

（3）严格按照公司发布的"关于防止电气误操作事件禁令"要求，认真、准确、完整地执行好操作票制度，严禁任何形式的无票操作或改变操作顺序。

（4）按《防止电气误操作装置管理规定》和《关于加强变电站防止电气误操作闭锁装置管理的紧急通知》要求，认真管理和使用好电气防误操作装置。变电站防误装置必须按照主设备对待，防误装置存在问题影响操作时必须视为严重缺陷。由于防误缺陷处理不及时，生产技术管理方面应认真考核，造成事件的，要严肃追究责任。

（5）全面推行现场作业危险点分析和控制措施方法。结合实际，制定危险点分析和预控措施的范本和执行考核的规定，规范现场作业危险点预测和控制工作，把危险点分析和预控措施落实到班组、落实到作业现场。作业前对可能发生的危险点要进行认真分析，做到准确、全面、可行和安全，控制措施必须到位到人，确保现场作业的安全。对《危险点预测与控制措施卡》流于形式或存在明显漏项的，要实行责任追究制。

（六十二）异常处理不当，导致机组跳闸、汽轮机烧瓦事件

1. 基本情况

2005 年 10 月 28 日，某电厂发生一起由于运行人员对 4 号除灰空气压缩机无法停运异常情况处理不当，导致除灰空气压缩机及电动机和给水泵严重损坏的重大设备事件。

2005 年 10 月 28 日 10：00，电厂 1 号机组大修，2 号机组正常运行，负荷为 200MW，2A、2C 给水泵运行，2B 给水泵备用，2A 循环泵运行，2B 循环泵备用，3、4 号除灰空气压缩机运行，1、2、5 号除灰空气压缩机备用，1 号高压备用变压器带 6kV 1A、1B 段并做 2 号机组备用电源，1、2 号柴油发电机备用。

2. 事件经过

10：11，检修人员李某要求处理 4 号除灰空气压缩机疏水阀缺陷，除灰运行人员张某启动 5 号除灰空气压缩机，停运 4 号除灰空气压缩机（上位机上显示已停运），除灰运行人员李某就地检查 5 号除灰空气压缩机运行正常，关闭 4 号除灰空气压缩机出口门。

检修人员打开化妆板发现 4 号除灰空气压缩机冷却风扇仍在运行，通知就地除灰运行人员李某，李某按下就地紧急停机按钮，但 4 号除灰空气压缩机冷却风扇仍没有停下来。为停运 4 号除灰空气压缩机冷却风扇，李某误将断油电磁阀电源断开（误操作）。

10：18，除灰运行人员李某、检修人员李某发现 4 号除灰空气压缩机冷却风扇处冒烟着火，立即扑救，同时停运 3、5 号除灰空气压缩机，通知消防队，汇报值长。5min 后，专职消防队赶到现场，因火情不大，利用就地灭火器材很快将火扑灭。

10：21，集控人员发现 1 号高压备用变压器 1 开关、6101 开关、6102 开关跳闸，6208 开关跳闸，1 号机组 6kV 1A、1B 以及 2 号机组 6kV 2B 段失压，查 1 号高压备用变压器保护分支零序过电流保护动作。

10：21，2C 给水泵跳闸，2 号炉两台空气预热器跳闸，2A、2B 引风机联跳，2 号炉 MFT，紧急降负荷，维持汽包水位。

10：24，2A 给水泵"工作油冷却器入口油温高Ⅱ值"热工保护动作跳闸，汽包水位无法维持。

10：25，2 号炉汽包水位为 –300mm，手启交流润滑油泵，手动打闸停机，厂用电

切换不成功，6kV 2A 段失压，2 号柴油发电机自启正常，带保安 2A、2B 段。

10：27，2 号机组转速降至 2560r/min 时，发现 4 号轴瓦温度出现上升趋势，开启真空破坏门。

10：31，2 号机组转速降至 1462r/min 时，4 号轴瓦温度升至 96℃；转速降至 1396r/min 时，4 号轴瓦温度急剧升至 109℃。

10：33，运行人员强合高压备用变压器 1 开关、6201 开关、6202 开关不成功；到 6kV 2B 段检查发现 4 号除灰空气压缩机开关未跳闸，立即打跳。

10：37，手启 2A、2C 顶轴油泵正常。

10：40，重新强合高压备用变压器 1 开关、6201 开关、6202 开关正常。

10：45，转速为 85r/min 时，4 号轴瓦温度为 137℃。

10：46，2 号机组转速到 0，惰走时间为 21min，投连续盘车正常，盘车电流为 23A，挠度为 1.8 丝，4 号轴轴瓦温度 123℃。

11：00，1、2 号机组厂用电倒为 1 号高压备用变压器供电。

3. 事件造成后果

（1）4 号除灰空气压缩机及电机严重损坏。

（2）2A 给水泵芯包严重损坏，2A 给水泵液力耦合器接近报废，2A 给水泵周围部分管道受到不同程度损伤，部分监测仪表损坏。

（3）汽轮机 4 号轴瓦及轴颈磨损。

4. 事件原因

（1）4 号除灰空气压缩机在停运时，由于开关动合辅助触点接触不良，开关拒动，除灰空气压缩机未停运，除灰运行人员处理时误断断油电磁阀电源，使 4 号除灰空气压缩机断油运行，油温逐渐上升到 109℃，油温高保护动作跳开关，由于 4 号除灰空气压缩机开关拒动，空气压缩机继续运行电动机过热冒烟着火，绝缘破坏，接地。

（2）接地后，4 号除灰空气压缩机开关仍然拒动，越级跳 6kV 2B 段工作电源 6208 开关，快切启动，又越级跳高压备用变压器 1 开关，6kV 2B 段失压，造成 2 号机组锅炉 0m MCC 母线失压，2C 给水泵"低电压保护"动作跳闸、两台空气预热器跳闸，联跳引风机，2 号炉 MFT 动作灭火。

（3）因机侧热控电动门电源失去，2B 给水泵未能联启；运行人员手动操作 2A 给水泵勺管开度，调整给水泵转速，维持汽包水位情况下，由于操作不当，2A 给水泵"工作油冷却器入口油温高Ⅱ值"保护动作跳闸，锅炉汽包水位无法维持，被迫手动打闸紧急停机。

（4）由于 2A 给水泵出口止回门及炉主给水管路上的止回门不严，导致 2A 给水泵跳闸后发生倒转，造成耦合器超速并严重损坏。

（5）4号轴瓦进油管道残留的杂质或硬质颗粒在机组运行过程中进入轴瓦造成轴颈磨损，转子惰走过程中，由于轴颈磨损划痕在低转速下使润滑油膜损坏引起轴颈与轴瓦接触摩擦，导致温度升高，乌金损坏。

5. 暴露问题

此次事件暴露出该电厂在安全管理、责任制落实、运行管理、设备管理、技术管理等多方面不同程度的存在着问题：

（1）安全管理、生产运行管理方面。安全制度、规程不完善，对制度的执行力度不够，运行人员误操作是引起本次事件的主要原因。在发生操作障碍后，运行人员对设备不熟悉，盲目操作，导致设备异常运行；事件过程中有多个环节可以避免事件扩大，但由于信息沟通不及时，监督检查力度不够及生产运行管理方面存在的问题，致使当班值长不能对生产现场进行全面掌控，在事件处理过程中处于被动，不能及时有效地开展事件处理工作，造成事件不断延伸扩大。

具体表现在：

1）工作票制度执行不严格，监督管理不到位。

2）运行人员汇报沟通不及时。

3）运行人员技能水平不足。

4）运行人员责任心差，不能及时发现辅机运行方式不合理问题。

（2）技术管理及设计方面。

1）专业人员技能水平不足，责任心差，设备隐患排查不深入。

2）热工联锁保护逻辑存在问题。

3）设备监控设计不合理。

（3）设备管理方面。

1）检修管理存在差距，检修维护水平不高。

2）消缺管理制度执行不严，重大设备缺陷长期不消除。

3）设备标牌不齐全，安全设施标准化程度不高。

（六十三）柴油发电机控制电源模块交流回路与直流回路未有效隔离，导致非停事件

1. 事件经过

2016年7月10日11：20，2号机组负荷在475MW运行中。10：25—10：30，执行定期工作：试验启动柴油机，检查正常。10：31，停运2号柴油发电机。10：32，现

场人员检查 2 号柴油发电机转速下降不明显，手动按下柴油发电机急停按钮。控制柜发出声光报警，随后手动拔出急停按钮，并复归声光报警。11：30，2 号机组 DCS 操作员站部分计算机失电，机组监视大屏黑屏，机组光字屏多处报警，锅炉汽包水位电视和炉膛火焰电视黑屏。

11：31，锅炉 MFT，首出"全部燃料丧失"，汽轮机"自动甩负荷"功能动作，快速减负荷。11：34，2 号机组"自动甩负荷"功能复位，机组负荷为 107.1MW，主蒸汽温度为 533.6℃ /533.7℃，再热蒸汽温度为 517.6℃ /518.1℃，高压胀差为 –1.505mm，汽轮机 1、2 号和 3 号瓦 x 方向轴承相对振动分别是 18.0、74.6μm 及 78.6μm，随后手动减负荷。

11：36，综合判断保安段发生故障，立即检查保安段系统画面（见图 4-2），事故保安 A、B 段电压显示为零，保安段工作进线开关均显示跳闸状态；柴油发电机在自动位，但未启动运行。

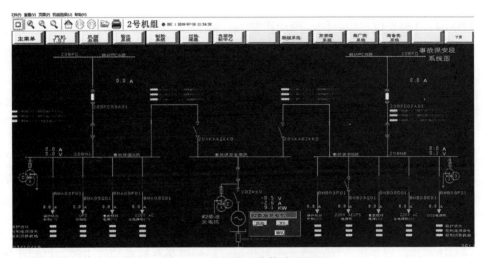

图 4-2　保安段系统故障后画面

11：37，立即手动抢合事故保安 A、B 段进线开关 20BFC03A01 和开关 20BFD02A01，保安段电压恢复正常。

11：43，2 号机组负荷为 54.5MW，主蒸汽温度为 520.7℃ /520.9℃，再热蒸汽温度为 494.9℃ /498.1℃，高压胀差为 –0.901mm，1、2 号瓦轴承相对振动开始增大。

11：57，2 号机组负荷为 30MW，主蒸汽压力为 4.0MPa，主蒸汽温度为 499℃，再热蒸汽压力为 0.63MPa，温度为 470℃。高压胀差为 –1.100mm，1、2、3 号瓦 x 方向轴承相对振动分别是 203.5、233.9μm 及 63.6μm（见图 4-3），且有继续增大趋势，立即手动打闸停机并破坏真空，关闭汽轮机疏水进行闷缸。

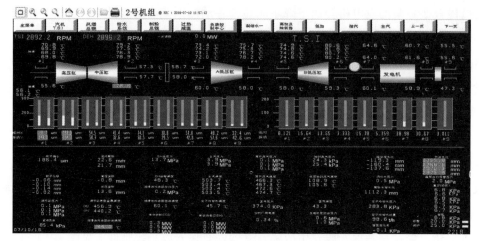

图 4-3 汽轮机振动大停运前振动参数

12：30，2 号机组转速到零，投入盘车电动机。盘车电流为 40A，挠度为 250μm。随后检查事故保安段失电原因，处理故障，并进行相关试验。

22：03，2 号发电机组并网。振动正常。

22：08，汽包压力缓慢下降，就地手动将高压旁路由 48% 逐渐关小至 0%，机组缓慢升负荷。

22：10，2A 汽动给水泵再循环调节门投入自动，由 100% 自动关小至 0%。汽动给水泵转速指令由 25% 逐渐开至 30%，汽动给水泵流量约为 600t/h。

22：12，汽包水位开始上涨，2A 汽动给水泵转速降低，幅度缓慢。

22：15，汽包水位为 +15mm，给水旁路调整门由 35% 关小至 27%，汽包水位继续上涨至 +113mm，开启锅炉定期排污系统电动门进行放水，汽动给水泵再循环因流量低，自动全开；汽动给水泵转速指令由 27% 关小至 23%。

22：16，将汽包水位旁路调阀关闭到零位，汽动给水泵转速指令下降。汽包水位涨至 301mm，汽包水位高三值动作，跳汽轮机，联跳发电机。

22：29，检查汽轮发电机组无异常，挂闸后继续冲转至 3000r/min。

22：58，2 号机组恢复并网运行。

2. 原因分析

（1）保安段失电原因：事后检查 2 号机组事故保安 A、B 段工作进线开关综保装置均无动作记录，依据历史记录对异常设备逐一进行检查，发现 2 号柴油发电机控制 PLC 故障灯亮、控制器报"机组处于休止状态及被锁定"，操作触摸屏报"机组故障"，状态显示 2 号机组保安段 A、B 进线均断开，并有声光报警，经检查发现柴油发电机控制电源模块烧损。

对该电源模块进行检查，内部部分元件烧损，输出熔断器熔断，更换熔断器后测量输入与输出端子导通。更换新的电源模块后，对 PLC、控制器、操作触摸屏重新上电进行检查无异常，故障报警全部复归，控制蓄电池组电压为 26.7V（正常）。对控制电源进行拉路试验，依次断开控制器、触摸屏电源、PLC，均无异常；合上控制器、触摸屏电源无异常，合上 PLC 电源瞬间，保安 A、B 段工作进线开关跳闸，PLC、控制器、触摸屏报故障，声光报警动作，与事故发生时情况类似。

电源模块故障是引起 PLC 出口跳开保安 A、B 段工作进线开关的直接原因。电源模块内部故障后，输入、输出端子导通，220V 交流电源串入输出端子，对 PLC、控制器的影响存在两种可能：

1）电源模块内部故障后，输入 220V 交流电源串入输出端子，故障瞬间暂态交流分量与蓄电池的稳态直流分量叠加后造成 PLC 供电异常，停止运行；当电源模块熔断器熔断后，由蓄电池独立提供控制电源，PLC 恢复正常供电，PLC 进行自检，接通所有输出触点，导致保安 A、B 段工作进线开关跳闸。

2）经向电科院专家进行咨询，交流电源串入 PLC 后，可能直接引起 PLC 输出触点动作出口，也可能引起 PLC 逻辑紊乱动作出口，取决于串入的交流量大小和 PLC 的抗干扰能力。国内曾发生过类似交流干扰引起 PLC 出口动作的事件。咨询柴油发电机厂家，其 PLC 未进行过抗交流干扰试验。

由于目前机组已运行，无法确定电源模块故障后如何影响 PLC 出口动作。计划停机后对同型号 PLC 进行试验，模拟电源故障，确认 PLC 动作行为。

烧损的电源模块如图 4-4 所示。

图 4-4 烧损的电源模块

（2）柴油发电机未联起原因分析。运行人员在进行 2 号柴油发电机定期试验过程中，经 DCS 远方停机后，柴油机惰走过程中，就地人员误判为机组未停止，手动按下柴油发电机急停按钮，控制柜发出声光报警，此时控制器报"机组处于休止状态及被锁定"。随后就地人员手动拔出急停按钮，并复归声光报警，没有对控制器进行复归，也没有认真检查控制器显示的机组状态。由于控制器未复归，机组处于被锁定状态，故保安段失电后柴油发电机无法联启。

（3）机组振动大原因：锅炉灭火后，汽轮机快速减负荷（负荷从480.7MW减至31.1MW），以维持主、再热蒸汽温度。由于锅炉灭火，蒸汽失去加热热源，进入汽轮机的蒸汽温度逐渐降低（主蒸汽温度从539.3℃/539.6℃降至498.5℃/498.8℃；再热蒸汽温度从540.2℃/539.0℃降至465.2℃/471.7℃），造成转子冷却收缩，高压胀差从-1.962mm变化至-1.100mm，胀差变化量0.862mm，由于2号机组之前检修时汽封间隙较小，引起局部摩擦，造成机组振动增大。

（4）汽包水位高三值跳机原因：

1）2A汽动给水泵再循环调节门投入自动后由100%自动关闭至0%，造成汽包上水量增加，是汽包水位上涨的主要原因。

2）汽包水位由-107mm快速上升到+139mm，运行人员汽动给水泵转速指令由27%降至23%，给水旁路调节门由34%降至27%，没有采取有效手段及时降低给水流量，是造成汽包水位高的直接原因。

3. 暴露问题

（1）设备可靠性不高。柴油发电机控制电源模块交流回路与直流回路未有效隔离，内部部分元件损坏造成交流电源串入输出端子；PLC自检逻辑不合理，重新上电后对所有输出触点接通进行自检，导致保安A、B段工作进线开关跳闸；柴油发电机报警信号没有上传DCS，运行人员无法及时发现故障及异常状态。

（2）部分人员对设备运行特性和操作不熟悉。柴油发电机停运后惰走阶段，被误认为机组未停，按下紧停按钮后仅对按钮进行复位和消声，没有复位控制器，导致柴油发电机组被锁定，保安段失电后未能联启。

（3）运行值班员技能水平不高，理论知识和实际操作能力差。保安段失电后，发现问题和处理事故不够迅速，没有能及时锅炉点火，造成蒸汽温度下降，汽轮机振动增大。

（4）汽轮机组动静间隙过小，微小的胀差常常引起动静碰磨，汽轮机振动增加。

（5）运行人员调整汽包水位技能不高，投入汽动给水泵再循环门自动，未考虑开度关小对给水流量和汽包水位的影响，减小给水流量的调节不及时，造成汽包水位升高。新上岗人员对汽包水位调整经验不足，给水流量调节的有效手段把握不准，汽包水位快速上升时，未能有效降低给水流量，给水旁路调整门和给水泵转速调节幅度太小，没有有效抑制汽包水位上涨势头。

4. 防范措施

（1）对柴油发电机控制回路和控制逻辑进行全面检查。对 PLC 进行抗交流干扰试验，检验电源异常时的工作稳定性。修改自检程序，上电自检时禁止接通输出触点。

（2）将 1、2 号柴油发电机控制电源模块更换为经检验合格的发电机蓄电池专用浮充充电器，确认交、直流回路可靠隔离。利用停机机会对全厂各系统设备使用的小型电源转换模块进行检查，对输出电压、输入输出端子绝缘进行测试，检验不合格的进行更换，防止类似事件发生。

（3）加强继保、电气、热工等相关专业人员培训，提高技能水平。深入开展隐患排查工作，对照标准、规程、设计，对全厂设备有计划地逐项进行隐患排查，提高设备可靠性和健康水平。

（4）机组发生停炉不停机时，应尽可能降低机组负荷，同时尽快进行锅炉点火，防止因主、再热蒸汽温度降低过多引起汽轮机动静碰磨，造成汽轮机振动增大。

（5）汽轮机组揭缸检修时，动静间隙调整至设计值，避免由于间隙过小引起动静碰磨。

（6）对本次事故中保安段失电后的处理过程进行认真梳理，完善事故预案和处置措施，修订事故预案并加强演练，对人员进行有针对性的培训，提高运行人员事故应急处理能力。

（7）运行值班员应加强自我学习和仿真机练习，达到理论知识和实际操作有效结合。运行值班员操作前应做好事故预想，遇到重大操作应足够重视，遇到事故时应果断处理。加强学习，提高技能，处理异常时保持稳定心态。

（六十四）日常检修不到位，导致发电机定子接地保护及汽轮机高压缸上下缸温差大事件

1. 基本情况

2016 年 8 月 19 日，2 号机组负荷为 330MW，1、2、4、5 号磨煤机运行，3 号磨煤机备用，6 号磨煤机大修。汽动给水泵运行，电动给水泵备用，AGC 投入，RB 投入，发电机系统运行正常。

2. 事件经过

2016 年 8 月 19 日 15：11，2 号机组 DCS 操作员站分别显示："2 号发电机定子接地保护动作"，2 号发电机－变压器组 A 柜、B 柜"定子接地保护"动作掉闸，发电机解列，汽轮机掉闸，汽动给水泵打闸，降低送风机、引风机出力进行通风，关闭过再热器各级减温水电动门和调整门。

15：13，分离器水位快速降至 6.9m，启动 22 号电动给水泵。过热汽减温水量由 0t 增加至 17t。

15：17，值班员到就地手摇紧过热汽减温水总门，减温水量降为 1.5t。

15：20，电气检修交待，发电机定子接地保护动作正确，机组暂时无法启动，停 22 电泵。

15：25，停引送风机。此时，炉侧主蒸汽温度降至 475℃。机侧主蒸汽温度降至 527℃。

16：34，电气检修通知，故障点已找到，机组可以进行启动。此时，炉侧主蒸汽温度降到 350℃，机侧主蒸汽温度 420℃。启电泵，引送风机，准备点火。

17：18—18：07，逐步投入 12 油枪。高压旁路逐步开至 4.8%。

17：30—18：04，汽轮机转速由 60 r/min，升高至 82 r/min 降至 67r/min。

18：07，炉侧主蒸汽温度由 370℃突降至 300℃，机侧主蒸汽温度由 380℃降至 295℃，汽轮机转速突升至 104r/min。高压缸下缸温度由 405℃突降至 236℃，上下缸温差由 4.5℃突升至 151℃。汽轮机转速降为 0。

18：08，锅炉紧停灭灭，汽轮机执行闷缸。

22：50，高压缸下缸温差降至 65℃，手动盘车 360°。启汽轮机盘车。

20 日 18：31，机组并网。

3. 检查过程

（1）一次设备检查情况。2 号机组发电机出口封闭母线（上次检修时间为 2014 年 6 月）软连接处设有检修口，高度为 500mm，正常运行中此处用厚度 8mm 胶皮封闭，胶皮上下用不锈钢卡箍压紧封闭。

检查 2 号发电机出口封闭母线外罩，发现 C 相封闭母线软连接胶皮脱落，封闭母线外罩上部的不锈钢卡箍掉落，一侧搭在封闭母线铜接线板上，另一侧搭在封闭母线外壳上（封闭母线外壳运行中接地）。取下不锈钢卡箍发现钢圈 1/3 处有轻微的放电痕迹（钢圈长 3535mm）。

（2）保护动作情况。2016 年 8 月 19 日 15：11，故障前 2 号发电机出口三相电压平衡；19 日 15：11，故障后 2 号发电机 – 变压器组出口 C 相发生接地故障，定子接地保护零序电压高值段动作。检查：发电机 – 变压器组保护 A、B 柜定值与定值单一致，说明发电机定子接地保护定值高值 8V，动作时间为 2s。发电机 C 相接地时消弧线圈零序电压为 95.57V。

4. 原因分析

（1）2 号发电机封闭母线布置于发电机下部，运行过程中存在振动现象，致出口 C

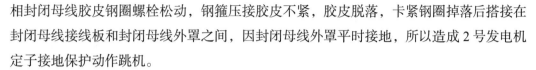

相封闭母线胶皮钢圈螺栓松动，钢箍压接胶皮不紧，胶皮脱落，卡紧钢圈掉落后搭接在封闭母线接线板和封闭母线外罩之间，因封闭母线外罩平时接地，所以造成 2 号发电机定子接地保护动作跳机。

（2）汽轮机掉闸后，过热器超压，造成主蒸汽安全门动作，致使主蒸汽温度下降较快；同时锅炉二、三级减温水门不严，电动给水泵启动后，减温水进入锅炉受热面是导致炉侧主蒸汽温度快速下降的主要原因。

（3）锅炉从灭火至点火共 2h，时间间隔长，也是炉侧主蒸汽温度下降的一个原因。

（4）部分油枪不能及时投入，投入 12 支共用时约 40min，导致点火后不能及时满足磨煤机启动条件，致使炉侧蒸汽温度不能止跌回升，机侧主汽门前蒸汽温度持续下降，主汽门门芯受到冷却收缩，湿蒸汽进入汽缸，是引起上下缸温差增大的主要原因。

（5）机侧主值班员在右侧高旁后温度由 320℃快速下降至 250℃时，没有及时关闭旁路，导致低温蒸汽拉至机侧。

5. 处理过程

（1）18：08，锅炉紧停灭灭，汽轮机执行闷缸；22：50，高压缸下缸温差降至 65℃，手动盘车 360°，启汽轮机盘车。

（2）电气检修检查封闭母线内部无遗留物。

（3）检查并重新紧固 2 号发电机 A、B 相封闭母线钢箍。

（4）在 2 号发电机出口封闭母线 A、B、C 相软连接外罩胶皮上、下各增加一根不锈钢卡箍固定。

（5）在压紧不锈钢卡箍螺栓丝口上涂防松厌氧胶。

（6）发电机在额定转速下，零起升压试验正常。

6. 暴露问题

（1）封闭母线日常检查、检修维护标准不高、作业指导书执行不严谨，未能及时发现发电机出口封闭母线胶皮钢圈螺栓松动。

（2）设备责任人及管理人员对 2 号发电机封闭母线外罩卡箍检查存在漏洞，反应出电厂一次设备隐患排查开展深度不够，对可能出现的设备隐患和问题预想不足，暴露出安全意识薄弱的管理问题。

（3）风险辨识不全，事件预想不足，未制定封闭母线卡箍钢圈隐患造成严重后果相应的反事件技术措施。

（4）运行操作风险评估落地执行不力。当主蒸汽温度下降，汽轮机主汽门、调节汽门门芯受到冷却收缩，汽缸进冷汽后判断分析不足；同时管理人员未能对班组人员操作进行正确指导。

（5）运行技术管理存在缺陷，对异常工况的出现分析不周、处置不力。汽轮机转速一直未回 0，维持在 60r/min，未引起专业技术人员的高度重视，未分析清楚原因机组即进入启动状态。同时，汽轮机转速第一次从 60r/min 升至 82r/min 时也未果断采取停炉停电动给水泵措施。

（6）机炉协调能力较差，在炉侧蒸汽温度快速下降时，炉侧值班员没有及时提醒机侧注意。机侧主蒸汽温度的监视不到位。

（7）设备可靠性差，油枪不能及时投入。

7. 防范措施

（1）利用检修或停备机会，对机组所有封闭母线胶皮钢圈螺栓进行检查、紧固（4台机共24个），并增加一道钢圈固定。完善检修项目，将封闭母线胶皮钢圈螺栓检查纳入检修项目管理中。

（2）对电气一次系统排查不能仅限于设备导电部分检查上，应密切注意封闭母线外罩、发电机接线盒密封的可靠性检查。完善所属设备的风险评估，分析可能造成设备掉闸的各种原因，并制定切实可行的防范措施。

（3）强化检修标准化管理，进一步明确检修规程和检修工艺相关要求，落实各级人员责任，把好质量验收关，杜绝类似事件再次发生。

（4）进行设备风险评估，对电气一次系统进行深层次隐患排查，对关键、平时不重视的"秤砣"设备、元器件重新进行评估。

（5）结合设备风险评级 A 类设备内容，梳理检修项目，尤其对运行多年的易松动部件要列入其中。

（6）生产副厂长牵头，按专业进行分工并组成几个排查小组，从检修管理、运行管理和安全管理方面，对有可能导致失效事件的设备、系统和管理隐患进行一次全面排查，对排查出的问题进行落实，并改进、完善。

（7）总工程师牵头，举一反三，修订完善发电机封闭母线系统及其他封闭母线系统检修规程、作业指导书，防止类似事件发生。

（8）加强运行岗位技能培训，提升运行人员技术水平。全面排查运行人员技术技能水平，重点对现场操作、异常判断、事件处理等开展培训，提高运行人员技能水平。

（9）强化运行技术管理。提高运行管理人员技术保障和业务保安能力，明确标准、要求，更好地指导现场操作。

（10）扎实开展运行操作风险预控工作。对已制定的《运行操作任务风险评估及预控》进行学习，梳理和完善《机组极热态恢复中防止汽缸进冷汽技术措施》，有效防范运行操作风险，确保运行操作、调整安全。

（六十五）发电机异步运行事件

1. 基本情况

1991 年 12 月 18 日 09：18，某发电厂 6 号机组（运行带负荷为 294MW）在启动 A 凝结水升压泵时，开关合闸约 20s，6kV 厂用 A 段 606a 开关跳闸，备用电源 066a 开关自投后，过电流保护动作跳闸，6kV A 段母线失压。

2. 事件经过

该段所带厂用设备跳闸，380V A 段低压保护动作跳闸，380V 备用电源自投成功。在这期间，锅炉的 18 台给粉机有 12 台跳闸，燃烧不稳定，负荷、蒸汽温度下降。在此情况下，值班人员转移厂用电，合上 6kV B 段 066b 备用电源开关，切断 B 段工作电源 606 电源开关，但后者绿灯不亮（实际是开关拒分），派人到配电室进行检查，发现 A 凝结水升压泵开关柜着火，即呼救火；此时，负荷降至 40MW，蒸汽温度降至 440℃，值长见情况危急，于 09：28 令手动 MFT 停机，见汽轮机转数缓降，但发电机电压仍有 6kV，厂用电电压仍有 4kV，派人查灭磁开关无问题。实际上，汽轮机主汽门关闭、206 开关断开后，厂用系统备用电源通过拒分的 606b 开关向发电机供电，造成发电机变电动机运行。09：39，备用电源开关 630 "过电流保护" 动作跳闸，6 号机组厂用高压变压器轻瓦斯保护发信号，机组厂用电中断，发电机停止异步运行。事后检查，6 号机组 A 凝结水升压泵开关严重损坏，开关柜二次设备烧毁，606b 开关跳闸线圈烧坏，微机历史站记录大部分丢失，磁头损坏，厂用高压变压器严重过热。事件少发电量 2900 余万 kWh。

3. 事件原因

（1）6 号机组 A 凝结水升压泵开关柜事件是这次事件的起因，而造成开关柜事件的原因是：

1）开关柜制造质量不良。该开关柜的接地开关操动机构为了防止带接地开关送电而设计的闭锁装置结构设计不合理。定位销起不到定位作用。

2）该开关柜的接地开关操作把手的开合方向与一般习惯方向相反，盘面上无开、合方向标示。

3）运行人员不熟悉接地开关操作把手的开合方向，把拉开操作变成了合上操作，致使接地开关刀口与接地端相距仅 25mm，在小车推进时，造成对地放电。

4）该开关油气分离器止回阀内的球阀行程过大，造成灭弧时顶部喷油。

（2）事件扩大原因

1）606b 开关拒分。拒分的原因是该开关组装时副筒动触头合闸行程超过定值，合闸后机构连杆过死点，故无法分闸。

2）运行人员在事件过程中没有人监视发电机、厂用高压变压器表计指示的变化情况。

4. 暴露问题

（1）微机历史站故障是不间断电源 UPS 失效引起的。

（2）厂用开关在安装时，未按规定项目进行调试，A 凝结水升压泵开关未测量开合闸速度；606b 开关未测量动触头行程，以致留下隐患。

（3）本次事件中有两组对角燃烧器的给粉机分接在 380V A、B 段母线上，A 段母线停电时多停了接在 B 段母线上的给粉机。

5. 防范措施

（1）装有类似开关柜和开关的单位，应进行检查并加以改进，接地开关的操作开、合方向应标示明显，开关安装和检修中都要按规定做好调试。

（2）装有 UPS 的单位，应按其厂家说明书对其配套电池组进行一次检查，不合格者要改进，蓄电池组要做好维护，供 UPS 使用的蓄电池组要独立设置。

（3）基建工程要认真做好交接验收，即使是三包的、不解体的设备，也要严格按规定做好有关调整试验。

（4）健全运行规程，应根据这一事件教训，修订补充机组的事件处理细则，加强人员培训，提高运行管理水平。

（5）加强运行人员业务素质培训，提高事件处理水平，防止事件扩大。

（六十六）误挂接地线，造成面部烧伤事件

1. 事件经过

某发电厂 6kV Ⅱ甲段母线避雷器预防性试验，要求将 6kV Ⅱ甲段母线避雷器小车拉出仓外，在避雷器小车的电容器端子上装设一组接地线，以放尽剩余电荷。电气运行四班班长马某派电工贺某（监护人）及助手李某（操作人）进行停电操作。监护人贺某自己操作把 6kV Ⅱ甲段母线避雷器小车拉出仓外，进行电容器挂接地线放电，在开关柜内接好接地线接地端后，误将接地线另一端触到母线 A 相插头上，结果发生火花，随向班长汇报避雷器上还有电，班长讲避雷器上有电就对了。贺某即将接地线第一端头

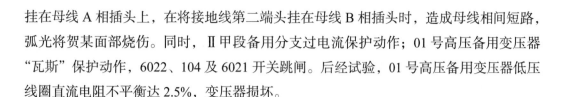

挂在母线 A 相插头上，在将接地线第二端头挂在母线 B 相插头时，造成母线相间短路，弧光将贺某面部烧伤。同时，Ⅱ甲段备用分支过电流保护动作；01 号高压备用变压器"瓦斯"保护动作，6022、104 及 6021 开关跳闸。后经试验，01 号高压备用变压器低压线圈直流电阻不平衡达 2.5%，变压器损坏。

2. 暴露问题

（1）作业性违章。没有执行监护制度，监护人不履行监护职责自行操作，操作人又未制止。

（2）管理性违章。

1）对于此类操作，应该填写操作票，而该单位以前对此类操作，从未填写操作票，技术管理不严谨，也是造成这次事件的原因之一。

2）运行人员业务素质差，特别是监护人贺某、操作人李某对现场设备、系统不熟悉，不知如何对避雷器小车的电容器放电，不具备进行该项操作的基本条件。

3）对新入厂职工现场培训力度不够，运行规程、安全规程考试质量不高，还有薄弱环节，导致进厂 2 年多的员工对系统设备位置不清楚。

（3）指挥性违章。班长马某对操作人员的业务技术素质不了解，当监护人贺某打电话汇报避雷器有电时，不详细询问地线所挂位置，失去了最后把关的机会。

3. 防范措施

（1）严格执行"三票三制"制度，做到执行制度标准化、管理规范化，并及时检查、监督考核，提高各类人员的责任心。操作中产生疑问时，要停止操作，上一级人员要到现场进行检查，确认无误后方可继续进行操作，不能凭想象进行判断。

（2）要结合实际加强对运行人员的技术业务培训，提高运行人员的技术业务水平，并采取严格考试，考核合格上岗。

（3）加强对职工及新入厂人员三级安全教育，提高职工安全生产意识和安全技能。

（4）在进行操作前，值班负责人应详细进行安全交底，交待安全注意事项，让操作人员明白操作目的和有可能发生的不安全后果。

（六十七）定子接地保护动作事件

1. 基本情况

1、2 号机组（2×660MW）正常运行于 220kV 母线。1 号发电机负荷为 526.75MW，AGC 投入；2 号机组负荷为 527.8MW，AGC 投入；220kV 系统 4Y37 线、4Y39 线及 1 号主变压器高压侧 2501 开关运行于Ⅰ母，4Y38 线、4Y40 线及 2 号主变压器高压侧

2502 开关运行于 Ⅱ 母，母线合环运行。

2. 事件经过

04：02，2 号机组 DEH 报警，锅炉 MFT，运行人员排查保护动作记录，排除外部重动，首出为发电机定子零序电压保护动作，检查发电机组 – 变压器组保护装置，2 号机组发电机保护 A 套定子 95% 接地保护、B 套注入式定子接地保护均动作，跳 2 号发电机主变压器高压侧 2502 开关、励磁开关，发电机解列，模向联锁保护关闭主汽门，锅炉 MFT。监视发电机各部温升正常，现场检查发电机本体无异常声音、气味，振动数值正常，检查发电机内冷水系统参数正常，运行人员按规程停用锅炉和汽轮机；测量 2 号发电机 – 变压器组 20kV 系统对地电阻为零。

3. 原因分析

（1）保护装置的动作情况及分析。查看发电机 A、B 套保护报文：04：02：51，2 号机组发电机保护 A 套定子 95% 接地保护、B 套注入式定子接地保护均动作于跳闸。调取故障录波器录波文件，04：02：51：272—04：02：51：806 约 500ms 内，发电机机端零序电压由约 3V 逐渐增大到 10V（发电机零序电压定值为 10V，延时 0.5s 跳闸）；再经约 600ms，2 号发电机 – 变压器组高压侧开关分闸，2 号发电机机端零序电压最大值约为 48V。保护动作前后，匝间专用 TV 三相电压及纵向零序电压均无变化，且纵向零序电压以三次谐波为主，可以推断不存在匝间或相间短路故障。主变压器高压侧电流非常平稳，推测主变压器高压侧状态正常，无接地故障或相间故障发生。从发电机端三相电压幅值可以看出 A 相电压最高，最大约为 79V，B 相电压最低约为 30V，明显较低，判定发电机 – 变压器组系统 B 相发生接地。

（2）现场设备检查试验情况。电厂专业人员立即组织对 2 号发电机、发电机出线及连接部分各系统进行全面排查，将发电机 – 变压器组转检修，拆除发电机机端与 20kV 封母软连接线后，分别测量发电机本体对地、封闭母线 – 高压厂用变压器高压侧 – 主变压器低压侧对地电阻，发电机本体侧对地绝缘为 410MΩ，封闭母线 – 高压厂用变压器高压侧 – 主变压器低压侧对地绝缘电阻为 0MΩ，排除发电机存在故障；拆除励磁变压器与封闭母线连接线，封闭母线对地绝缘电阻仍为 0MΩ，排除励磁变压器存在故障。

检查主变压器本体、拆开主变压器低压侧 B 相出线与封闭母线间软连接处的活动套筒，发现活动套筒橡胶密封垫有部分滑落，橡胶密封垫、软连接下部导体部位均有放电痕迹。取出橡胶密封垫后，测量封闭母线 – 高压厂用变压器高压侧 – 主变压器低压侧对地绝缘电阻为 670MΩ，故障现象消除。发电机出线系统接线和故障点如图 4-5 ~ 图 4-7 所示。

图 4-5　2 号主变压器低压侧滑落的橡胶密封垫

图 4-6　主变压器低压侧 B 相出线放电痕迹图

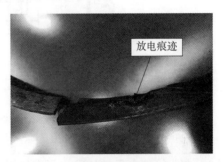

图 4-7　橡胶密封垫的放电痕迹

2 号主变压器低压侧 B 相活动套筒内的橡胶密封垫老化断裂滑落，与软连接下部的导电部位形成放电，发生定子 B 相单相接地，引起发变组定子接地保护动作是造成机组跳闸的直接原因。

发电机出线封闭母线与变压器低压侧连接处密封结构如图 4-8 所示。

图 4-8 中 1 所指的橡胶密封垫是直径为 1550mm、宽度为 40mm、厚度为 10mm 的橡胶环，图 4-8 中 2 所指的是套筒筒壁，厚度为 15mm，从图 4-8 中可看出，筒壁如只压住了胶垫的外边缘的部分，大部分胶垫就可能没有被压住。当橡胶环老化到一定程度时，发生硬化断裂，部分橡胶垫就可能滑落，进入图 4-8 中云形标注区域的上部，橡胶密封垫的材质是氯丁橡胶，主要用于密封，老化后绝缘性能较差，引起带电部分对地放电，产生接地故障。

4. 暴露问题

（1）对封闭母线活动套筒部位的管理不到位。查检修记录，2014 年 11 月 2 号机组大修时拆开此活动套筒，未查到橡胶垫专项检查记录，检修文件中对该橡胶密封垫缺少检查和判定标准。

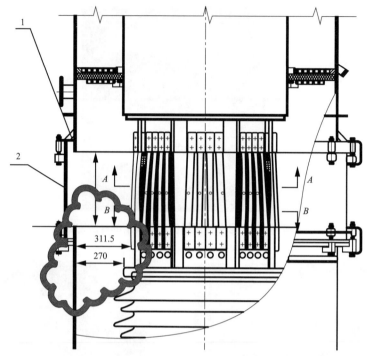

图 4-8　发电机出线封闭母线与变压器低压侧连接处密封结构
1—活动套筒的橡胶密封垫，部分落入下边云形标注区域；2—套筒筒壁

（2）专业管理人员的技术水平有待提高。查 2 号机组自 2010 年 12 月投产以来，运行中的红外检测记录显示，该软连接部位温度在 60 ～ 70℃，夏季最高温度为 81.31℃，未认真分析对橡胶垫老化的影响；没有及时了解到制造厂家对橡胶密封垫已改造的相关信息，没有及时安排更换。

5. 防范措施

（1）采用新型密封胶垫对原旧型式密封垫进行改造，新型密封胶垫采用的密封形式，密封垫可套在筒壁上，安装后筒壁准确压在密封垫中部，有利用提高安装工艺水平，减少密封胶垫掉落的概率如图 4-9 所示。

（2）立即对 2 号主变压器低压侧 3 个活动套筒采用新型密封胶垫进行更换（本次停机已更换）；利用 2017 年 5 月 1 号机组 C 修或机组调停机会完成 1 号主变压器低压侧、1 号高压厂用变压器高压侧、2 号高压厂用变压器高压侧、高压启动备用变压器低压侧活动套筒的全套橡胶密封垫的更换。

（3）制造单位对橡胶密封垫的使用没有明确的更换周期，为防止类似事件再次发生，将该橡胶密封垫的更换周期定为 2 ～ 3 年。

（4）加强专业技术管理，做到制度落实、责任落实，强化专业技术人员的培训、管理和考核。

（5）加强与相关电厂的沟通与联系，获取各单位反事故的经验和措施，及时发现和消除设备隐患。

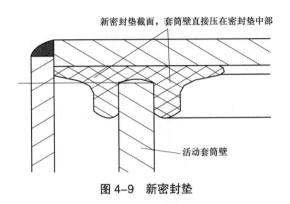

图 4-9　新密封垫

（六十八）盲目操作导致 1 号高压公用变压器中性点接地，导致电阻箱着火事件

1. 事件经过

事件发生前，某电厂 1 号机组有功功率为 360MW，厂用电系统正常。施工变压器 I、II 线路，后勤生活变压器、水源地 I 线等基建临时电源接在应急 10kV 母线上，母线可由煤矿外接 10kV 线路或厂内输煤 10kV A 段供电（临时电源），故障前应急 10kV 母线由煤矿至电厂保安备用变压器 924 开关供电。

22：30，煤矿汇报，电厂保安备用变压器系统接地，拉开 924 开关并摇至检修位。值长下令对应急 10kV 系统负荷进行检查，维护、运行检查后未发现异常，运行将应急 10kV 母线切至输煤 10kV A 段 9M209 开关供电，12 日 03：15 全部操作完成。

04：55，监盘人员发现 10kV 公用 I 段母线接地报警，汇报值长，同时派人到就地检查。巡检发现 1 号高压公用变压器中性点接地电阻箱有着火现象，组织人员灭火。

05：08，就地发现 10kV 公用 I 段母线接地报警同时各分支均有接地报警信号，1min 后信号消失，将 10kV 公用 I 段切至 01 号高压备用变压器供电，退出 1 号高压公用变压器运行。运行人员发现 01 号高压备用变压器中性点接地电阻箱也有过热现象。值长下令将脱硫 10kV 母线，水源地 I 线，后勤施工变压器 I、II 电源断开后 10kV 公用 I 段报警消除。

2. 事件原因

（1）12 日白天组织对应急 10kV 负荷进行检查，发现水源地 I 线有接地现象，经巡线，水源地 I 线第 127 号杆塔 A 相断线接地，造成 1 号高压公用变压器中性点电流增大，是中性点接地电阻烧损的直接原因。

（2）在接地点至接地电阻箱间，输煤 10kV A 段至应急 10kV 馈线开关、10kV 公用 I 段至输煤 10kV A 段馈线开关配置了零序保护，均未动作，也是造成接地电阻烧损的直接原因。

（3）后检查发现：输煤 10kV A 段至应急 10kV 馈线开关经通流试验，达到零序保护整定值后，综保装置的零序保护不动作，并且试验零序 TA 接线良好，判断为综保装置故障。

（4）10kV 公用 I 段至输煤 10kV A 段馈线开关 TA 二次接线错误，本应并联的 TA 二次接线接为串联。

（5）零序保护定值：TA 变比为 200/5，零序 I 段动作电流为 2.0A，时间为 0.8s。检查发现该开关上配置了两组零序 TA，每只零序 TA 中各穿过 2 根电缆，二次侧采用串联接线接至综保（应并联）。发生故障时，串联的两只零序 TA 二次侧输出电流未相加，造成比正常值减小约 1/2。线路故障时，1 号发电机 - 变压器组故障录波器上显示的故障电流为 97A，缩小 1/2 后，故障电流采样值变成 48.5A，没有达到保护动作值 80A。

（6）运行人员在未查清故障点的情况下，盲目恢复应急 10kV 母线供电，导致 01 号高压公用变压器中性点接地箱着火。

3. 暴露问题

（1）电厂技术人员对移交的校验保护装置接线和校验工作检查把关不严，未发现 TA 二次接线错误和综保装置故障等缺陷，造成接地故障发生后多级开关保护拒动。

（2）得知保安备用变压器系统接地后，没有认真排查故障点，并在未查清故障点的情况下，盲目恢复应急 10kV 母线供电，导致 01 号高压公用变压器中性点接地箱着火。

（3）高压公用变压器中性点接地箱着火后，没有本着"四不放过"的原则分析着火原因，再次盲目切换厂用电，导致高压备用变压器中性点电阻箱着火，造成事件扩大。

4. 防范措施

（1）运行人员事件处理时应正确判断故障点，故障原因不清严禁送电。

（2）对电气设备保护进行全面的核查，确保在设备发生故障时能够准确可靠动作。

（3）加强危险点分析，做好预控措施，有效防止事件发生。

（六十九）运行人员误将充电过电流保护投入，造成发电机跳闸事件

1. 事件经过

3 月 13 日 11：31，1 号机组负荷为 820MW，机组控制为 CCS 方式，1A、1B、1C、1F 磨煤机运行，总煤量为 292t/h，主蒸汽压力为 21.2MPa，主 TA 为 592℃，再热

蒸汽温度为602℃，汽动 –61– 给水泵运行，汽动给水泵转速为4066r/min，给水流量为2298t/h，电动给水泵停运备用。500kV GIS站第一串5011、5012、5013及第二串5021、5022、5023及1号启动备用变压器5001开关运行正常。11∶32，1号机组主变压器高压侧为5011、5012开关因"充电过电流保护"动作跳闸，发电机解列，机组甩负荷，OPC（防超速系统）保护动作，汽轮机高、中压调节门关闭，四段抽汽压力骤降，汽动给水泵转速快速下降到3810r/min，给水流量降至329.5t/h，给水流量低触发锅炉MFT，汽轮机发电机组联锁动作正常，后续按照机组停机正常操作。

具体动作时间和事件记录如下：

2015年3月13日11∶32∶01∶208，5012开关保护A、B套充电过电流I段动作，将5012开关三相跳闸。

2015年3月13日11∶32∶01∶213，5011开关保护A、B套充电过电流II段动作，将5011开关三相跳闸。

2. 原因分析

（1）直接原因。运行人员执行的"发电机 – 变压器组保护投入标准操作票"中有"投入500kV GIS站5011、5012开关充电过电流保护软压板"错误内容，导致运行人员将充电过电流保护投入，在升负荷过程中达到该保护动作条件，造成5011、5012开关跳闸。

（2）间接原因。

1）发电部将"投入5011、5012开关的充电过电流保护"内容编入"发电机 – 变压器组保护投入标准操作票"中，为此次事件的主要原因。

2）对该张电气标准操作票编写、审核把关不严，没有及时发现该票中的错误内容，为此次事件的另一主要原因。

3）责任制落实不彻底，编号DQ — 201503067操作票的操作人、监护人、值长没有及时审核发现"发电机 – 变压器组保护投入标准操作票"中的错误内容，为此次事件的次要原因。

4）运行人员对电气保护的作用理解不够，为此次事件的次要原因。

5）发电部值班人员、继电保护人员设备巡视检查不够深入彻底，没有及时发现充电过电流保护连接片投入的情况，为此次事件的另一次要原因。

3. 暴露问题

（1）专业管理存在漏洞，技术管理人员和运行操作人员未及时发现操作票中"投入充电保护"的错误内容。

（2）运行人员对电气保护的作用掌握不够。

（3）现场设备巡视不到位，没有及时发现充电保护连接片误投的情况。

（4）对电气操作中保护投退的风险评估不到位。

4. 防范措施

（1）组织对所有标准操作票进行全面审核、修编。

（2）重新修订运行规程、对重要操作中保护的投、退列出明确条款。

（3）开展运行和设备维护人员交叉培训活动，对重要操作票或保护投退单进行共同审核，使每位生产人员熟练掌握。

（4）发电部组织操作票培训与考试。

（5）举一反三，立即组织各专业再次梳理可能引起跳机的隐患，并研究处理办法。

（6）运行人员每次操作前必须结合实际情况对"标准操作票"进行审核、修编，落实操作人、监护人、值长、专工的职责。

（7）举一反三，进一步规范电气及热工保护投退管理。

（8）定期对运行中继电保护装置的定值、保护投入情况进行核查。

（七十）调试人员误断发电机出口测量装置，导致机组负荷摆动事件

1. 事件经过

4月15日10：14，1号机组为CCS控制方式，AGC投入，机组负荷为911MW，主蒸汽压力为23.7MPa，再热蒸汽压力为4.59MPa，1、2号高压调节门开度均在47.7%，1、2号中压调节门全开，汽轮机转速为2999r/min，给水流量为2580t/h，燃料量为337t/h，A、B、C、E、F磨煤机运行，机组运行稳定。10：14：38，机组负荷为907MW。10：14：39，机组负荷显示为0MW，汽压机高压调节门/中压调节门关闭至0，抽汽止回门关闭，主蒸汽压力上升至26.6MPa，动作持续2s；检查5011、5012开关合闸正常。10：14：41，汽轮机高压调节/中压调节门打开，发电机显示功率仍然为0MW；10：14：44，再次关闭高压调节门/中压调节门。10：14：46，汽轮机高压调节/中压调节门打开，发电机负荷显示为0MW；10：14：49再次关闭高压调节门/中压调节门。10：14：51，汽轮机高压调节/中压调节门打开，发电机负荷显示为-17MW；10：14：53为23MW；10：14：54为135.55MW；10：15：25最高升至1050MW（此时高压加热器解列，1、2号中压调节门全开）。运行人员进行手动调整，维持机组参数稳定。整个过程中汽轮机转速最大为3005r/min（时间为10：14：49），最小为2984r/min（时间为10：14：50）。值长立即汇报公司领导，公司相关领导及时赶到现场。经查保护动作信号为"汽轮机功率不平衡保护（PLU）动作"，发生负荷摆动。根据公司领导要求，值长安排电气专业人员对1号机组继电保护设备进行全面检查，未发现其他电气保护动作信号和异常报警。10：16：03，发电机负荷

为 959.3MW，主变压器负荷为 920.7MW。11：29：01，发电机负荷为 794.5MW，主变压器负荷为 758.2MW，投入 1 号机组 CCS 控制。11：31：47，申请市调同意投入 AGC。后查阅曲线，负荷波动情况如下：10：14：39，1 号机组 CCS、AGC 退出，锅炉主控、汽轮机主控切手动。10：14：38，发电机负荷显示为 907MW，主变压器负荷为 871.9MW（属正常）。10：14：39，发电机负荷显示为 0MW，主变压器负荷为 170.9MW。10：14：42，发电机负荷显示为 0MW，主变压器负荷为 48.48MW。10：14：43，发电机负荷显示为 0MW，主变压器负荷 664.82MW。10：14：47，发电机负荷显示为 0MW，主变压器负荷为 31.6MW。10：14：53，发电机负荷显示为 23.3MW，主变压器负荷为 −14.8MW。10：14：54，发电机负荷显示为 135.6MW，主变压器负荷为 17.04MW。10：15：03，发电机负荷显示为 265.7MW，主变压器负荷为 228.2MW。10：15：22，发电机负荷显示为 841.2MW，主变压器负荷 546.9MW。10：15：25，发电机负荷显示为 1050.51MW，主变压器负荷为 1008.06MW。

2. 原因分析

（1）直接原因。调试所调试人员未认真核对间隔名称，误将 1 号发电机出口 TV 柜内 MCB1b、MCB1c、MCB1a 空气断路器断开，为此次事件的主要原因。试验所电气调试人员郭某、易某进行 2 号发电机 TV 二次回路接线核对工作（工作票编号为 SEPC2-DII-1503-001）。10：14，接线核对完毕后，准备核对 2 号发电机出口 TV 柜至 2 号机组励磁调节柜二次接线，易某从 2 号发电机出口 TV 柜下行至 2 号机组励磁调节柜，郭某从 2 号继电保护室出来后沿 1 号发电机机头侧钢梯直接下至 1 号机组 8.6m，到达 1 号发电机出口 TV 端子箱，在监护人未到达的情况下，误拉 1 号发电机出口 TV 柜内 MCB1b、MCB1c、MCB1a 空气断路器，导致发电机有功功率变送器失去测量电压，发电机功率由 907MW 突降至 0，触发"功率 – 负荷"不平衡保护动作，在听到机组异常排气声音后，意识到该端子箱不是 2 号发电机出口 TV 端子箱，迅速恢复 MCB1a、MCB1b、MCB1c 空气断路器。

（2）间接原因。

1）3 个发电机功率信号均取自同一组 TV、TA 回路，当该组 TV 或 TA 回路失电或者故障时，DEH（自动控制系统）系统输入的 3 个功率信号均同时受到影响，造成 PLU 保护动作。DEH 中功率负荷不平衡（PLU）保护的配置符合电气、热工专业现行标准、规范，但在专业"结合面"处缺乏相关标准依据，存在漏洞。实际配置中，3 个发电机功率信号均取自同一组 TV、TA 回路，当该组 TV 或 TA 回路失电或者故障时，DEH 系统 - 67 - 输入的 3 个功率信号均同时受到影响，造成 PLU 保护动作；"功率负荷不平衡保护"动作条件为汽轮机功率由中压缸第一级入口蒸汽压力来表征，输入信号为 4 ~ 20mA，三重冗余；发电机功率信号由电气 TA/TV 的三相电流 / 电压来表征。当再热器压力与发电机功率之间的偏差超过设定值并且发电机功率的减少超过 40% 时，会导致汽轮机超速，PLU 回路检测到这一情况，"功率—负荷"不平衡继电器动作，快速关闭高压和中压调节阀，2s 后当偏差小于 40% 额定功率时，高压调节及中压调节门又恢复全开。PLU 保护动作后，由于 DCS 系统采集的发电机有功功率仍为零，延时 2s 后高压调节及中压调节门恢复开度，随着调节门开启，功率增加，在 3 s 内 PLU 保护再次到达保护值动作。PLU 保护动作期间，DEH 阀位始终为发生异常前阀位指令。当机组负荷恢复正常显示时，PLU 保护不再动作，调节门按照 DEH 指令开大至异常前状态。反复 3 次动作，致使负荷摆动。后由于调试人员意识到误操作，立即送上就地测量电压空气断路器，DCS 系统发电机端有功功率测量正常，PLU 保护不再动作，机组恢复正常。

2）两台机组共用 1 个继电保护室（机组间已加装硬隔离），继电保护室设计在 1 号机组侧。

3. 暴露问题

（1）参建各方安全生产责任制落实不到位。

（2）安全风险意识差。试运期间风险较大的作业项目评估不到位，安全技术措施可执行性不强。作业人员安全意识不强。

（3）三票（工作票、操作票、风险预控票）执行不严格。试运期间三票执行不严格，风险预控票可操作性不强，现场监护人监护不到位，未及时发现并制止作业人员误入带电间隔进行误操作。

（4）作业现场安全管理不到位。2 号机组的继电器室、UPS 及直流配电室、蓄电池室均设置 1 号机组运转层，但未将上述区域与生产现场完全隔离，且出入生产现场管理不严格，导致调试人员在 1 号机组生产区域出入。

（5）防误管理不到位。机组移交生产后，仍存在较多的配电室及带电盘柜门锁损坏及未上锁的现象，较多的阀门及设备标牌缺失；有跳机风险的配电柜 / 屏锁具安全防护等级低，一把钥匙可以开多把锁等问题未进行彻底整改。

（6）隐患排查治理及风险预控辨识不彻底。机组 168h 试运结束后，公司组织对基建遗留问题及试运过程中发现的问题进行梳理和评估，但各部门对此项工作重视不够，隐患排查不仔细，未将此次事件中的"功率 – 负荷"不平衡动作后引起机组负荷反复波动从而造成电网波动的问题排查出，为此次事件的次要原因。

（七十一）380V 厂用工作 A 段开关及母线短路事件

1. 基本情况

故障波及 1 号机组 380V 工作 1PC B 段 4、5、6 号 3 个配电柜，每个柜接两个负荷，分别是 6 号柜：UPS 电源（上）、1A 真空泵（下）；5 号柜：锅炉 MCCA 电源（上）、中频机电源（下）；4 号柜：汽轮机 MCCA 电源（上）、1 号闭式循环冷却水泵电源（下）。其中，中频机、锅炉 MCCA、UPS 电源及汽轮机 MCCA 电源 4 台开关已烧损，尤以中频机、锅炉 MCCA 电源两台开关烧损最为严重，中频机电源开关间隔下的继电室内继电器烧熔。3 个配电柜开关静触头至引出小母线不同程度烧熔，二次线及端子排烧损，主母线烧损，柜内及柜上方一段各负荷电缆不同程度烧损，中频机电源开关间隔四周箱体变形，开关柜门内表面大部受电弧烧灼及烟气熏烤变黑、局部变色退火，柜门外表面局部变色退火。

2. 事件经过

2002 年 3 月 17 日 09：20，1 号机组负荷为 280MW，值班员甲某、乙某、丙某 3 人执行中频机电源送电操作（继保班使用中频电源进行 3 号发电机励磁调节器调试）。3 人至 1 号机组 0.38kV 厂用工作 1PC A 段中频机电源开关柜处，首先检查确认开关在检修位置且在分闸状态，操作熔断器未装，然后用 500V 绝缘电阻表测量中频机负荷绝缘，对地绝缘为 30MΩ，相间为零（中频机电动机绕组连通），将开关摇至工作位置并确认到位，送操作熔断器，关上开关柜门，合闸后当即发生短路，发出爆破声并从关闭的中频机开关柜门缝四周窜出电弧，3 人立即退后，分别至配电室门口取灭火器进行灭火，随即该开关柜间隔冒烟起火，火势并不很大，烟较浓。当乙某第一个拿到灭火器时，又发出短路的爆破声，甲某在取灭火器灭火的跑动中摔倒，在正欲进行灭火人员的协助下，退至配电室门口。此时，配电柜处又相继发出短路的爆破声，火势、烟雾加大。丙某马上跑至空气压缩机房打值长 505 电话报告故障情况。

与 1 号机组 380V 厂用工作段配电室发生上述故障同时，09：22，主控值班员首先发现的事件象征是 1A 给水泵汽轮机跳闸，机炉值班员迅速进行手合电动给水泵，打 A 磨，调整汽包水位的操作。电气班长检查厂用系统时见 1 号机组 6/0.38kV 厂用低压工作变压器 41TA 高低压侧开关（1A41-1、1A41A-2）跳闸，41TA 变压器过电流保护动作光字牌来，380V 厂用 1PC A 段、380V 保安 1PCE A 段母线失压，但无事件音响发出，1 号柴油发电机启动未成功，强启仍不成功，派人到就地启动。此时，机组侧值班员发现 A、B、C 3 台给煤机及 1PC A 段负荷均跳闸。

09：23，电气班长为急于向保安 1PCE A 段送电，合 1 号机组 0.38kV 工作 A、B 段母联开关（AB41-3），合闸后，事件音响发出，1 号机组厂用低压工作变 41TB 高低压侧开关（1B41-1、1B41-2）跳闸，41TB 变压器过电流保护动作光字牌来，1 号发电机 - 变压器组各开关跳闸，1 号机组 6kV 厂用备用电源 1A2、1B2 开关自投成功。随后，断开 0.38kV 工作 A、B 段母联开关 AB41-3，合 41TB 变压器高低压侧开关，再次强启

1号柴油发电机成功，IEG-A自合，向保安1PCE A段供电，1EG-B合不上，由1PC B工作段向保安1PCE B段供电。09：52为灭火安全，将41TB低压厂用变压器退出运行，1PCB母线停电。但保安1PCE B段1EG-B开关自投不成功，10：18，就地处理后合上1EG-B开关，保安1PCE B段送电。10：28，1号机组380V工作段配电室灭火结束后，1PC B母线恢复送电。

3. 原因分析

（1）故障的起因是由中频机电源开关送电引发，开关为抽屉式万能限流断路器，型号为DWX15C-630/2，额定电流为630A，额定短路通断能力50kA。故障后中频机电源开关在工作位置合闸状态且确已到位，从中频机电源开关门所受电弧灼烤痕迹看，在合闸时，开关门应当是关着的，而运行人员在将开关由检修位置摇至工作位置时，门必须打开才能操作，因此，可排除运行人员将合闸状态的开关摇入工作位置的可能。

（2）中频机就地电源箱配有RT11-300A熔断器，故障时并未熔断，且故障后测量中频机绝缘仍为故障前测量值，可排除由中频机发生短路故障造成的可能。

（3）从中频机电源开关烧损情况看，虽开关整体烧损严重，但开关主触头未有短路电流流过、烧熔缺损的情况，而开关的刀触头烧损十分严重，除B相尚保留一段外，其余全部烧熔，说明故障点不在开关的负荷侧，而在开关上触头至母线之间。开关柜上的静触头为鸭嘴式带弹簧夹结构，与开关的动触头接触行程长度约为30mm，在开关摇入工作位置并确已到位的情况下，其接触面应足够通过中频机的启动电流（中频机电动机额定功率为132kW，额定电流为242A，启动电流应为1000A以下）。因此，故障原因应为开关柜上固定静触头与引线鼻子接触不良，在中频机启动时通过较大的启动电流，局部产生电弧导致相间短路造成。

（4）短路故障发生后，380V低压变压器41TA过电流保护动作，切开41TA高低压侧开关，工作1PC A段及保安1PCE A段失电。此时运行电气班长忽视41TA过电流保护动作光字牌来这一重要故障象征，且在运行人员仍在1PC A段进行送电操作未返回的情况下，违反电气运行规程，强送1PC A、B段母联开关，使1PC A母线在故障还未消除的情况下合闸送电，致正常运行的41TB低压变压器跳闸，造成工作1PC B段及保安1PCE B段失电，由于1号机组工作1PC A、B及保安1PCE A、B段母线同时失电，必导致机组跳闸，且保安段所接各事件油泵等设备无法启动，而在工作1PC A段母线短路过程中，由于二次线、配电柜及一次电缆均烧损严重，使控制直流环网线在此处中断，使得0.38kV公用01PC B段和保安1PCE B段控制直流失去，在工作1PC B段及保安1PCE A、B段恢复送电的情况下，仍有一些直流控制的事件油泵等设备无法远方启动，只能由运行人员到就地启动。

故障的起因是由于 1 号机组 380V 工作 1PC A 段中频机电源开关柜静触头与引线鼻子接触不良，中频机启动时产生放电拉弧引起相间短路。

4. 防范措施

（1）运行部要认真总结此次事件的经验教训。组织各运行班组，针对此次故障开展专题学习讨论，认真学习故障分析会议纪要，进一步深入细致分析在故障处理操作过程中存在的问题和不足之处，避免类似事件的发生。每年要增加一次事件演习，并做到全员参与，同时做好事件预想和其他形式的技术培训工作，提高运行值班员的业务素质和事件处理的能力。

（2）在此次故障开关的检查中，发现中频机开关闭锁装置（防止开关本体处于合闸状态下，隔离触刀被误插入或拔出触刀座）上的脱扣执行元件脱落，并掉入开关本体侧边缝隙，从脱扣推杆被熏烤变色及脱落的执行元件较新判断，应是故障前脱落的，虽此次故障与该元件脱落无关，但也是设备一大隐患。电气分部要安排对全厂此种类型开关先进行一次外观检查，对该元件脱落的开关做好登记，一旦设备停运，即时进行处理。在今后的开关检修中，要注意对闭锁功能的试验检查。

（3）电气低压班今后在对 380V 厂用系统设备的检修中，除对开关本体进行检修试验外，在母线停电时，要对母线进行全面检查，所有连接部位全部检查是否松动，并予以紧固（包括不常用的负荷开关间隔）。

（4）此次故障中，1 号柴油发电机或自启动不成功，或 1EG–B 自投不上，给运行人员事件处理带来很大困难，危及机组设备的安全。电气分部要组织技术力量，采用更符合实际工作条件的模拟自启动方式进行试验检查，从中发现问题、解决问题，提高柴油机在事件情况下自动投入的可靠性。

（5）380V 厂用工作段负荷均为机组重要负荷及电源，中频机电源取自该处不合适，电气分部要安排落实。

（6）380V 及 6kV 厂用部分开关在就地合闸，对运行人员的人身安全构成一定威胁，应实现远方操作，由电气分部提出实施方案。

（7）此次故障，41TA 低压变压器首次跳闸时，事件音响未发出，电气继保班要在厂用系统的检修中，加强对事件音响回路、闪光回路的检查试验，为运行人员快速发现、处理事件创造必要的条件。

（8）此次故障，暴露出主控室与现场的通信设施不健全，使主控室人员不能及时了解到现场发生的异常情况，不便于事件处理时的指挥与协调。应在主厂房各配电室与主控室间装设通信设施，要求电气分部提出具体实施方案。

（9）特殊消防报警装置的电源应取自更加可靠的不停电电源装置，保证火灾报警可靠，由电气分部、保卫科负责实施。

（10）运行人员要熟悉直流系统网络接线，运行部电气专工要在各母线配电室张贴相关的直流系统网络图，为快速处理异常情况创造条件。

（11）生技部要组织有关部门讨论研究配电室通风设备的改造方案，以保证事件处理及抢修有一个好的工作环境。

（七十二）未执行操作监护制度，导致误拉隔离开关事件

1.事件经过

1995 年 6 月 17 日 08：40，四川某厂空气压缩机值班员何某接分厂调度员指令：启动 4 号机组；停运 1 号机组或 5 号机组中的一组。何某到电气值班室，与电气值班员王某（副班长）和吴某商定：启动 4 号机组后停运 1 号或 5 号中的一组。王某就随何某去现场操作，吴某留守监盘。

09：00，4 号机组被现场启动，然后 5 号机组现场停运。这时，配电室发出油开关跳闸的声音。

电气值班室的吴某判断 5 号机组已经停运，于是，独自去高压配电室打算拉开 5 号油开关上方的隔离开关。但是，她错误地拉开了正在运行的 1 号机组的隔离开关，"嘭"的一声巨响，隔离开关处弧光短路，使得 314 线路全线停电。

2.原因分析

造成这起误操作事件的原因首先是违反"监护制"。电气值班室的吴某在无人批准的情况下，擅自离开监盘岗位，违反"一人操作、另一人监护"的规定，独自一人去高压配电室操作，没有看清楚动力柜编号，没有查看动力柜现场指示信号，也没有按照规程进行检查，就错误地拉开了正在运行的 1 号机组的隔离开关，是事件的直接原因。

间接原因是副班长王某的组织工作有疏漏。

（1）商定"启动 4 号机组后停运 1 号或 5 号中的一组"，其实没有定。应该明确，到底是 1 号还是 5 号，使得在场人员都心中有数。

（2）负责人王某离开监盘岗位去现场，没有把吴某的工作职责作出明确交代，在现场操作后又没有及时通知吴某，负有领导责任。

（3）事件发生是平时管理不严、劳动纪律松弛、执行安全操作规程不严格、值班人员素质差等原因的必然结果。

第五章　电气二次专业事件

（七十三）空气压缩机定子绕组故障，导致1号机组跳闸事件

1.事件经过

3月21日，1号机组负荷为157MW，主蒸汽压力为13.01MPa，主蒸汽温度为530℃，再热蒸汽温度为528℃，给煤量为102t/h，一次风量为264km³/h，二次风量230km³/h，总风量498km³/h。6kV ⅠA段工作电源进线开关611A电压为6.424kV，电流为911A；6kV ⅠA段备用电源进线开关610A电压为6387V，电流为–2.14A；6kV ⅠA段母线电压为6400V。6kV ⅠB段工作电源进线开关611B电压为6.505kV，电流为456A，6kV ⅠB段备用电源进线开关610B电压为6.397V，电流为–1.88A，6kV ⅠB段母线电压为6496kV，16：59：46：974，1号空气压缩机6kV电源开关零序保护动作，二次动作电流为1.09A，一次动作电流为65.3A。17：03：03：621，1号机组厂用变压器B分支零序保护经延时（t_1=0.6s）动作，跳厂用变压器B分支同时闭锁厂用B分支快速切换装置（即闭锁启动备用变压器B分支低压侧开关快切合闸），6kV ⅠB段611B开关（高压厂用变压器B分支低压侧开关）动作跳闸成功。17：03：03：920，1号机组厂用变压器B零序保护经延时（t_2=0.9s）动作，出口全停（发电机跳闸，厂用变压器6kV ⅠA段611A开关分支跳闸、1号主变压器高压侧5011开关及5012开关跳闸），6kV ⅠA段610A备用电源进线开关（启动备用变压器A分支低压侧开关）合闸，即快切自动合闸成功。17：03：04，1号发电机跳闸，1号汽轮机跳闸，1号锅炉BT（控制保护）保护动作。17：04：56：747，运行人员手动合1号机组6kV ⅠB段610B开关（启动备用变压器B分支低压侧开关），合闸成功。17：15，电气二次人员到1号机组6kV配电室查看综保装置动作情况，发现6kV ⅠA段1号空气压缩机有"接地故障报警"，其他设备无报警信号。17：20，电气专业检查发现1号高压厂用变压器低压侧A分支与B分支零序互感器接线接反。17：30，电气一次人员对1号空气压缩机电动机进行检查发现定子绕组烧损，绝缘为零。

2. 原因分析

1号高压厂用变压器采用三相自然油循环风冷无载调压分裂变压器，1号机组6kV系统分为ⅠA、ⅠB段，工作电源分别取自1号高压厂用变压器低压侧A、B分支，同时各有一路备用电源，分别取自启动备用变压器低压侧A、B分支。1号高压厂用变压器、启动备用变压器接地方式为高压侧不接地，低压侧经40Ω电阻接地。1号空气压缩机6kV电源取自6kVⅠA段。

本次事件的直接原因为1号空气压缩机电动机定子绕组烧损，空气压缩机6kV电源开关拒动，发生越级跳闸，由于高压厂用变压器两个分支的零序TA回路接反，故障点未能切除，最终导致1号发电机跳闸。

（1）6kVⅠB段工作电源跳闸原因通过在零序TA根部二次侧进行通流试验确认，1号高压厂用变压器A分支和B分支零序TA接反，即1号高压厂用变压器低压侧A分支零序互感器二次线接入了B分支保护，B分支零序互感器二次线接入了A分支保护。

（2）1号发电机跳闸原因1号空气压缩机电动机在17：02：44：200发生B相接地故障（一次接地电流为65.3A，大于保护定值为18A，延时0.3s）后，其6kV电源开关（F-C接触器）综合保护装置零序保护动作，跳1号空气压缩机6kV F-C接触器。因该接触器分闸回路辅助触点表面氧化、接触不良，造成接触器不能正常动作分闸。接地故障电流继续存在（此时为25.02A），达到1号高压厂用变压器零序保护定值（22.8A），高压厂用变压器保护装置 t_1 时限零序保护动作，因零序TA接线错误，跳开6kVⅠB段工作电源开关并闭锁快切。因接地故障电流仍未切除，1号高压厂用变压器保护装置 t_2 时限执行机组全停跳闸，同时解除快切闭锁。6kVⅠA段备用电源开关快切合闸成功。

（3）6kV F-C接触器跳开原因：此时6kVⅠA段快切合闸成功后，接地故障电流降至7.26A，小于启动备用变压器零序保护电流定值（1.14A），故保护未动作。接地故障电流持续约21s，6kVⅠA段A、B相电流突然增大，经10ms后恢复正常。期间1号空气压缩机F-C熔断器熔断、熔断器撞针弹出，加之短路电流的电动力作用，使原接触不良的辅助触点KM重新接通，跳闸线圈KM3得电，F-C接触器跳闸。

（4）空气压缩机电动机定子绕组损坏原因电动机解体后发现，在非驱动端定子铁芯槽口处发生了绕组A、B相接地短路，先发生B相接地，后发展为相间短路。现场观察发现，该电动机定子铁芯槽口处绝缘相对薄弱，且存在应力集中，长时间运行老化疲劳及振动磨损，使定子绕组绝缘 -64- 受损击穿，导体对铁芯放电，发生接地和相间短路。

3. 暴露问题

（1）隐患排查不到位。未深刻吸取以往事件教训，没有落实公司电气二次自查工作要求，未及时排查出高压厂用变压器低压侧 A、B 分支零序 TA 二次回路接线接反问题。

（2）运行人员安全风险意识差，违章操作。6kV IB 段工作电源跳闸后，在没有查清跳闸原因、核实故障点是否已经隔离并对母线摇绝缘的情况下，手动抢合备用电源为该段母线送电，可能造成事件进一步扩大。

（3）运行人员启动重要设备前事件预想不足，巡视检查不到位，事件处理措施不当。

（4）运行值长对现场信息掌握不全面。运行人员在启动 6kV 空气压缩机时，没有通知值长，导致值长在汇报事件前操作时，没有将空气压缩机启动操作作为重点工作汇报，不能第一时间为检修人员提供事件判断依据，导致故障排查时间延长，运行管理存在缺失。

（5）1 号空气压缩机 F-C 熔断器额定电流选择偏大（5.3 倍电动机额定电流），不能及时切断短路电流。

（6）公用系统电动机定期检查工作不到位，不能及时发现设备存在的隐患

（7）岗位培训工作针对性不强，运行、检修人员日常反事件演习开展不到位。

4. 防范措施

（1）发电运行部、设备维护部组织各班组学习本次事件通报，仔细分析事件处理过程中的不足和经验，防止类似事件再次发生。发电运行部要在培训中对特殊情况下快切装置的运行操作做培训。

（2）制定专项检查方案，利用机组停机机会，对 1、2 号机组互感器二次回路，采用在互感器根部使用通流加压法接线进行一次全面彻底检查，并做好详细记录。

（3）严格重要设备的启动检查。6kV 设备启动前，运行人员要进行仔细检查，启动期间，运行人员就地监视，启动后检查确认运行正常后方可离开。

（4）对全厂二次回路（含 6kV、380V 开关辅助触点）和保护装置进行分区域、分系统全面普查。明确检查内容、试验项目、责任人、验收人、完成时间，并建立二次回路、保护装置台账、档案。

（5）对 6kV F-C 配置的熔断器进行核算，更换合理的熔断器。

（6）加强 6kV 电动机（特别是公用系统 6kV 电动机）的维护保养和预防性试验工作，利用机组检修，对重要高压电动机进行定子绕组整体真空浸漆，提高绕组的整体强度和绝缘水平。

（7）优化空气压缩机运行方式，改进空气压缩机卸载方式，加强运行监视，减少电

动机启停次数。

（8）完善《继电保护检修规程》，明确试验方法、试验项目。

（9）电气二次班结合设备分工，对全厂二次保护回路进行责任划分，明确责任人和检修维护职责，并明确在保护试验时，要实行三级验收制度。

（10）加强运行人员的培训工作，严格执行设备送电管理制度。运行人员启动重要设备前进行事件预想，分析存在哪些风险并制定相应措施。

（11）加强继电保护培训工作，细化培训内容，强化风险意识，定期进行技能培训考试。固定设备主人 A、B 角色，对所辖设备和二次回路进行深入学习，熟练掌握保护图纸、定值、逻辑、接线。

（12）组织运行、检修人员进行事件演习，使相关人员掌握迅速处理事件和异常现象的正确方法，进一步掌握现场规程，熟悉设备运行特征。

（13）通过技改，完善 6kV 保护单元与发电机 – 变压器组故障录波器及 DCS 系统的 GPS 对时系统，便于故障分析。

（七十四）励磁系统故障，导致机组非停事件

1. 基本情况

1 月 30 日 10：20，1 号发电机有功功率为 599MW，无功功率为 107Mvar，转子电压为 327V，转子电流为 3724A，定子电压为 21.62kV，定子电流为 16365A，励磁系统自动方式 1 通道运行，2 通道跟踪备用，AGC、AVC 投入，5 台磨煤机运行，A、B 汽动给水泵运行，电动给水泵备用，A、B 一次送风机，引风机运行，除灰系统、脱硫系统正常运行方式。

2. 检查情况

检查故障录波器，动作曲线见图 5-1，故障录波器动作曲线见图 5-2。

10：19：07 — 10：23：03，段励磁系统共进行三次强励：

10：19：08.010 机端 C 相电压测量值降至 10.185kV，励磁系统开始第一次强励，励磁电流最高达到 7985A，持续时间为 23.051s，10：20：23.760，励磁过电流限制动作，励磁电流降至 4518A；10：22：23.024，励磁过电流限制复归。

10：21：27.947，机端 C 相电压测量值降至 10.498kV，励磁系统开始第二次强励，励磁电流最高达到 6851A，持续时间为 3.133s。10：22：25.228，励磁过电流限制动作，励磁电流最低降至 4507A，10：24：11.768，励磁过电流限制复归。故障录波器动作曲线见图 5-3 ~图 5-5。

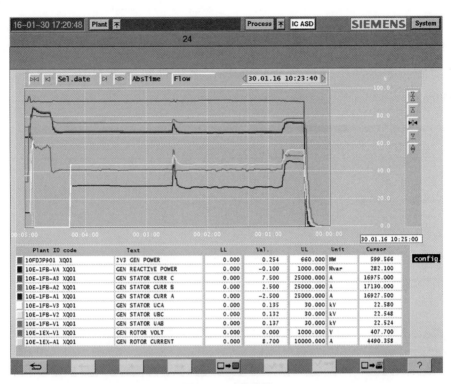

图 5-1 动作曲线

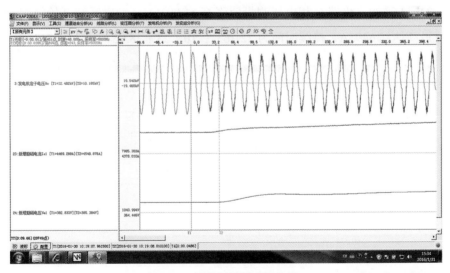

图 5-2 故障录波器动作曲线 1

3. 事件经过

10∶20∶04，主控室"发电机 - 变压器组第一、二套后备保护动作"光字牌报警，DCS 电气画面发电机参数报警，发现机组无功升至 300 Mvar，立即安排人员就地检查发电机 - 变压器组保护，同时解除机组 AVC 手动减励磁无效，退出 1 号机组 AGC 开始减负荷。10：24：34，1号发电机跳闸，机组大联锁保护动作正常，汽轮机跳闸，锅炉灭火，厂用电切换正常。立即打闸 A、B 汽动给水泵，对磨煤机充惰。

跳闸后：主蒸汽压力最高为 17.9MPa，汽轮机转速为 3193r/min，炉膛负压为 –1490Pa。

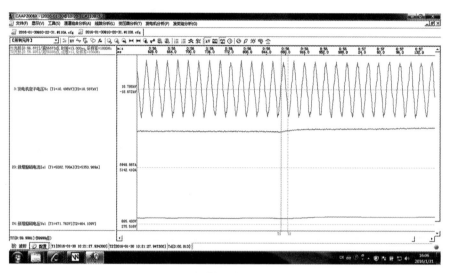

图 5-3　故障录波器动作曲线 2

10：23：16.688，机端 C 相电压测量值降至 11.093kV，励磁系统开始第三次强励，励磁电流最高达到 6495A，持续时间为 22.263s；10：23：38.951，1号机组跳闸。

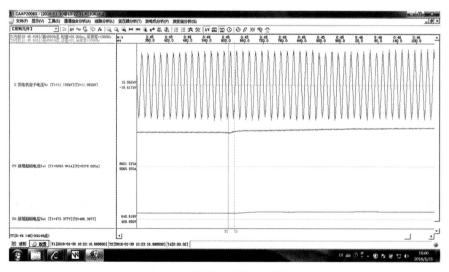

图 5-4　故障录波器动作曲线 3

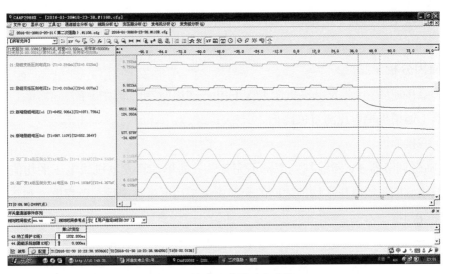

图 5-5 故障录波器动作曲线 4

检查 DCS 报警清单：

10∶20∶23.760，10E-1EX-Z7 OVER EX LIMIT OPERAT 励磁过电流限制动作。

10∶22∶23.024，10E-1EX-Z7 OVER EX LIMIT OPERAT 励磁过电流限制复归。

10∶22∶25.228，10E-1EX-Z7 OVER EX LIMIT OPERAT 励磁过电流限制动作。

10∶24∶11.768，10E-1EX-Z7 OVER EX LIMIT OPERAT 励磁过电流限制复归。

动作曲线见图 5-6。

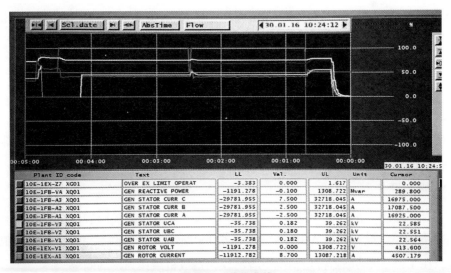

图 5-6 动作曲线

就地检查发现发电机机端 1TV C 相一熔断器熔断。

对机端 TV 进行空载电流、绝缘、直阻试验，试验合格，检查 TV 二次回路正常。

对库存发电机机端 TV 熔断器备件使用调压器进行加压通流检查，熔断器未见异常熔断。

4. 原因分析

（1）直接原因：1 号发电机机端 1TV C 相一次熔断器正常运行中慢速熔断，造成励磁调节器 1 通道机端电压测量值降低。

（2）间接原因：

1）励磁调节器 TV 断线判别逻辑不完善，只简单计算发电机线电压平均值与励磁变压器低压侧同步线电压平均值之间的允差，未采用电流突变量、负序电流和三相电压相位变化等判据。

2）允差定值厂家设定为 15%，整定不合理。本次事件发电机机端 TV C 相一次熔断器慢熔，C 相二次电压最低降到 46.3V，线电压平均值降低（允差）6.6%，导致调节器未能正确检测出 TV 断线，误判为一次系统故障，误发强励，转子过流保护二段动作，灭磁开关跳闸，发电机 - 变压器组 C 屏励磁系统故障出口，1 号机组停机。

3）1 号发电机励磁系统为 ABB UN5000 型，2004 年投产，TV 断线判别逻辑为实测发电机线电压 U_MACH_REL 与励磁变压器低压侧同步线电压 U_SYN_REL 之间的允差（15%），以标称电压的百分数表达。如果两信号值的差超过该允差，下列两个信号中的一个将有效。其中发电机电压故障信号 U_MACH_FAIL 的报警延时为 100ms，同步电压故障信号 U_SYN_FAIL 的报警延时为 1.5s。

如果 U_MACH_REL ＜（U_SYN_REL–DEV_U_MONITORING），则发报警 U_MACH_FAIL（10908）。

如果 U_SYN_REL ＜（U_MACH_REL–DEV_U_MONITORING），则发报警 U_SYN_FAIL（10909）。

目前运行的 ABB UN5000 型励磁调节器 TV 断线判别逻辑图。

励磁调节器备用通道转子过电流保护一段、二段动作经东方电机控制设备有限公司试验室仿真试验，结论为转子过电流保护功能正常。

5. 暴露问题

（1）专业技术人员保护逻辑、定值隐患排查深度不够，对现场设备存在的隐患分析、预控不到位，没有发现 ABB 励磁调节器 TV 断线判别逻辑不完善、允差定值整定不合理，在 TV 一次熔断器慢熔情况下容易误判造成机组误强励的问题。

（2）运行人员对此类励磁系统故障处置经验不足，应急预案不完善，培训不到位，不能及时判断励磁电流波动及无功大幅增长是由于 TV 断线引起励磁误强励。

（3）对于重要设备保险管采购工作重视程度不够，目前均按设计型号直接网采，对产品供货方式和型式试验等未做出明确要求，导致备件质量失控。

（4）备用熔断器管采购、运输、保管环节没有防止碰撞冲击的管理措施，存在备用熔断器管损坏风险。

（5）本次事件熔断的 TV 一次熔断器更换运行不到 1 年，反映出该熔断器质量差，不能满足长期可靠运行需求。

6. 防范措施

（1）根据 ABB 励磁调节器厂家最新设计的 TV 断线判别逻辑对 4 台机组进行升级，使其具备慢熔鉴别能力。

具备慢熔鉴别能力的 TV 断线判别逻辑图。如图 5-7 所示。

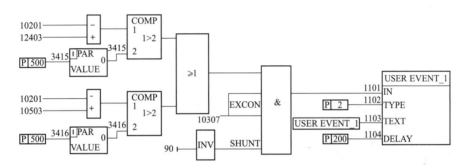

图 5-7 具备慢溶鉴别能力的 TV 断线判别逻辑图

注释：

1）10201 为本通道机端电压，12403 为备用通道机端电压，10503 为本通道同步电压。

2）当本通道机端电压（10201）比备用通道机端电压（12403）小，且差值大于参数 3415 设定的偏差值（默认设置 5%）或当本通道机端电压（10201）比本通道同步电压（10503）小，且差值大于参数 3416 设定的偏差值（默认设置 5%）时，输出到 USER EVENT1（用户事件 1）模块。且 USER EVENT1 模块动作类型选择 2（AUTO FAULT），即本事件定义为自动方式故障，会导致通道切换或切换至手动方式，本事件动作的延时设置为 2s。

3）动作类型 Auto Fault 会切换通道，如果切换后，仍然有 Auto Fault，那么会切换到手动模式，与原内部 TV 断线的动作逻辑一致。且原 TV 断线检测逻辑保留，之所以采用 User Event_1，而不是直接连接到 TV 断线逻辑中，是为了便于现场判断 TV 断线和慢熔的情况。

（2）运行部对 TV 断线后从仪表参数等方面存在的变化进行详细描述，制定完善励磁系统故障处置措施，对运行值班人员进行全员培训考试，掌握故障处置措施要领。

（3）对机组参与保护的重要电气、热工测点进行全面梳理，根据逻辑关系和测点功能制订测点失灵的现场应急处置方案。组织全体集控运行人员进行培训学习，并进行模拟演练考试，确保运行人员熟练掌握应急处置操作要领。

（4）对重要设备备用保险管采用制造厂家直采方式，防止代理商以次充好，同时要求供货方提供同型产品的完整型式试验报告，必要时送权威机构进行抽样检验，确保采购质量可靠的产品。

（5）制定管理措施，防止 TV 保险管在采购、运输、储存过程中受到碰撞冲击，发生碰撞或跌落的坚决不使用。

（6）机组等级检修时，定期更换 TV 一次熔断器，并进行技术改造，将 TV 一次熔断器的安装方式由水平安装改为竖直安装。

（七十五）有功测点到 0，导致机组跳闸事件

1. 基本情况

4 号机组负荷为 472.5MW，主蒸汽压力为 21.6MPa，6 台磨煤机运行，所有磨煤机差压料位显示不准，给煤机全部手动运行，总煤量为 183t/h；六大风机、B 密封风机运行，A 密封风机备用、一次风压为 9.4kPa；A、B 汽动给水泵、B 凝结水泵、3 号循环水泵运行，A 凝结水泵、2 号循环水泵备用。精处理系统、脱硫系统投入运行。

协调控制系统（CCS）投入运行，机组投入 AGC 运行，AGC 指令由 472.5MW 减至 360MW，进行 AGC 指令带负荷试验。

2. 事件经过

14：16：21，机组负荷为 472.5MW，AGC 给定指令为 360MW，进行 AGC 指令带负荷试验。14：16：21，4 号机组 LED 光字牌有功及无功显示到 0，4 号机组实际有功功率测点显示坏点，检查发电机 - 变压器组电气画面，发现所有电气参数全部变成坏点。立即派人到就地励磁小间监视电气参数，同时翻看机组协调画面，机组实际负荷指令已经变为坏点，锅炉主控切至手动，汽轮机主控自动未退出，机组协调控制由 CCS 方式切至机跟随方式。此时检查锅炉汽水系统画面，发现协调控制系统自动将给水指令降至最低给水流量 650t/h，值班人员手动设置给水自动偏置，给水自动偏置由 123t/h 增加到 300t/h（偏置设置最大为 300t/h），实际给水流量在 939～754t/h 之间波动，此时就地励磁控制系统监视面板显示负荷为 280MW；14：18，实际给水流量已降至最低 754t/h，值班人员设置给水偏置无效的情况下立即解除给水自动，手动增加 A、B 给水泵汽轮机转速增加给水流量，最高给水量加至 1460t/h，就地励磁控制系统监视面板显示负荷为 340MW；14：20：56，发现过热度升至 45℃（正常维持在 15～20℃ 之间），折焰角入口汇集集箱

温度至 420℃（正常满负荷维持在 390 ～ 415℃之间），立即手动打掉 F 磨煤机，一次风压由 9.4kPa 增至 10kPa，在手动降低一次风机出力，准备将 E 磨煤机手动打闸时，壁温大面积超温报警；14：21：56，因折焰角入口汇集集箱温度高到 466℃（保护定值为 465℃）保护动作，锅炉 MFT 跳闸，机组大联锁动作正常跳闸。

4 号锅炉事件跳闸过程中水冷壁垂直管段在锅炉 MFT 时温度最高点位前墙 247 点壁温 486℃，最高升至 519℃；分离器出口压力 MFT 动作时为 22.7MPa，最高升至 25.5MPa。

3. 事件原因

施工人员在检修电子间内发电机 - 变压器组保护柜上部日光灯时，工作人员拆除的灯罩架误碰发电机 - 变压器组变送器屏交流小母线，交流小母线接地放电，UPS 供变送器屏交流小母线电源开关跳闸，变送器交流电源全部失去，从而造成 DCS、DEH 电气参数全部变为坏点。由于 4 号机组协调控制系统的实际有功功率测点显示故障，二期机组逻辑中给水自动在协调投入时跟踪负荷指令，在协调退出时跟踪机组实际负荷指令（即实际有功功率），在机组协调退出、实际有功功率显示故障、给水投入自动的情况下，4 号机组给水流量指令迅速下降至最低给水流量 650t/h，实际最低给水流量降至 750t/h，锅炉在燃料量没有大幅下降的情况下，锅炉短时缺水，使壁温大面积超温报警，从而导致锅炉折焰角入口汇集集箱温度高保护动作，锅炉 MFT 跳闸。

4. 暴露问题

（1）在 4 号机组 LED 光子牌有功及无功失去，DCS 监视画面所有电气主要参数失去时，正在进行 AGC 备用通道调试，值班人员盲目地认为是备用通道调试造成有功测点失去，第一判断仅认为是测点变坏，没有第一时间进行迅速反应。暴露出运行人员对主要参数失去的认识不足，对主要参数的控制逻辑带来的联锁反应不清，事件处理不果断的问题。其中主要有以下几点方面存在问题：

1）事件处理中给水流量指令下降时，在增加给水自动偏置无效的情况下，没有及时解除给水自动，进行手动增加给水泵汽轮机转速以增加给水流量。

2）判断出锅炉缺水的情况下，没有快速地手动打闸第一台磨煤机（F 磨煤机），造成事件处理延误，特别是第二台磨煤机（E 磨煤机）的打闸不够果断，从而造成锅炉水冷壁大面积超温，致使锅炉折焰角入口汇集集箱温度高保护动作，水冷壁后墙爆管。

3）对主要控制逻辑不清，在机组协调控制系统解除的情况下，没有提前考虑给水自动跟踪已发生变化，没有第一时间进行给水自动解除。

（2）本事件暴露出在锅炉折焰角入口汇集集箱温度高保护动作锅炉 MFT 后，锅炉后墙水冷壁仍发生爆管的情况，说明锅炉厂家制定的锅炉保护不完善，折焰角入口汇集集箱温度高保护没有起到保护锅炉水冷壁的作用，建议增加水冷壁垂直管段的温度保护。

（3）本次事件暴露出协调控制系统存在问题，正常按照直流炉的煤水比控制给水自动应跟踪燃料量，不应跟踪负荷，本次事件协调控制系统中给水自动跟踪燃料量不会发生锅炉水冷壁大面积的超温，致使锅炉折焰角入口汇集集箱温度高保护动作，水冷壁后墙爆管的后果。但由于我厂磨煤机采用双进双出钢球磨煤机，给煤量不能代表锅炉的燃料量，只能通过磨煤机容量风门开度对进入锅炉的燃料量进行控制，目前由于我厂一次风机达不到磨煤机需求的风压，并且磨煤机差压料位不准，不能投自动，造成磨煤机容量风门开度不成线性，从而造成机组给水自动只能跟踪负荷指令和实际负荷，这样在实际有功功率显示故障的情况下就造成给水自动指令减至锅炉最小给水量650t/h，使锅炉缺水。建议在目前现有设备的条件下，对协调控制系统进行优化。

（4）本次事件暴露出电气主要参数的变送器电源不可靠，控制柜电源母线不应裸露无防护罩，多个电气主要参数的变送器电源不应取自同一电源，应分配到两路电源。

5. 防范措施

（1）加强运行人员的培训力度，特别是机组逻辑说明及事件处理方面，另外应加强做好运行人员的事件预想工作，特别是在设备和系统存在缺陷的情况下，应提前做好事件预想和关键点、危险点的分析，做到心中有数，处理得当。

（2）加强监盘人员管理，做到监盘人员分工明确、责任到位，在监视参数、设备出现严重的异常情况要及时大声汇报，在值长、机组长的统一指挥下进行异常处理，做到稳妥、准确、得当地处理各种事件异常，确保机组安全、稳定、可靠运行。

（3）运行人员要摆正在调试过程中的位置，提高自我认识，在事件发生后应及时做出正确反应，在"保人身、保设备"的前提下再进行各种事件异常操作处理。

（4）应加强交接班管理和交接盘管理，要求所有运行人员在交接班、交接盘时做到"交班要交得详细，接班要接得清楚"，避免交接班管理中出现漏洞。

（5）运行人员在事件已经发生后要仔细分析，从中能够学到教训以及经验，并且要从事件中发现是否有其他问题存在，包括保护是否拒动或误动，在参数变动或消失后协调是否符合实际要求，为以后有类似的异常中能够做出迅速正确的反应。

（七十六）离相封闭母线三相短路不良，引起过热事件

1. 事件经过

7月5日06：48，3号机组负荷为177MW，运行人员巡检发现3号主变压器低压进线A相离相母线套管抱箍烧红，汇报单元长及专业主管，并通知设备维护部值班人

员，现场用测温仪对过热点进行测温，温度为238℃，负荷降至172MW后，温度慢慢降至128℃。09：05，设备维护部办理3号机组离相母线过热处理工作票，首先采取对A相离相母线短路板加装一组接地线接地，引流A相离相母线外壳感应电流，当天下午离相母线外壳温度降至40℃左右，随后制作两块铝排对A、B相封母线外壳短路连接板之间进行加固连接、固定，7月6日18时工作结束。A相离相母线支撑包箍过热点如图5-8所示。

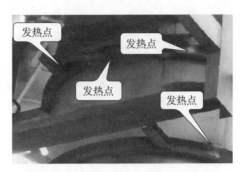

图5-8 A相离相母线支撑包箍过热点

2. 原因分析

短路板连接不规范，A、B相短路板连接不可靠。没有执行技术规范、行业标准，施工质量差。

（1）3号主变压器前期因返厂检修需要将离相母线三相短路连接板割开，修复回装后未采取焊接形式连接，而是采取两块5cm宽的铝板横向跨接。检修前封母短路板连接情况见图5-9。

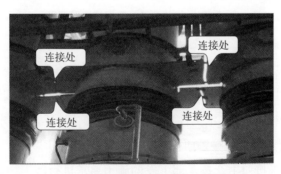

图5-9 检修前封母短路板连接情况

（2）为了确保短路连接板可靠规范地连接，在3C检修过程中生产技术部于2018年4月下发了《3号机组级检修需新增项目》，其中第11项为"主变离相母线接地板连接不可靠，需焊接"，工作内容为"搭接铝板，内外铝焊接短路连接板"，施工单位为"检修公司"，一级验收人为"喻某某"，二级验收人为"杨某某"，三级验收人为"唐某某"。

经调查了解，一级验收人员实际为"庞某"。

（3）在施工过程中，检修公司施工负责人提出放弃原焊接方案，采用与短路板割缝同宽的铝板连接，目的让接触面增大，经设备维护部、生产技术部相关人员现场碰头，口头认可后实施。检修后短接板连接情况如图 5-10 所示。

图 5-10　检修后短接板连接情况

（4）由于 A、B 相短路板不在同一水平面上，致使跨接板倾斜，检修公司施工人员采用垫敷铝块的工作方法施工，导致链接铝板与水平接地铝板有间隙，接触面进一步减少，面接触变成线（点）接触，连接不可靠，接触不良。A 相感应电流变大回不到 B 相接地，因此在 A 相发热。检修后 A、B 相的连接情况如图 5-11 所示。

图 5-11　检修后 A、B 相的连接情况

3. 暴露问题

（1）违反技术规范，未严格执行质量标准。在主变压器返厂检修回装时，未按照 GB 50149 — 2010《电气装置安装工程母线装置施工及验收规范》第 3.6.3 条第 4 项 "离相母线外壳短路板应按产品技术文件要求进行安装、焊接" 的要求彻底对切口进行恢复，仅用导电板横向连接，使接触面积减少。

在 3C 检修时，未按照生产技术部下发的施工要求进行施工。为增大接触面积，改为较短的跨接板纵向连接（将切口全部连接），但未考虑 A、B 相离相母线间不在同一高度，连接后变为线连接，点接触，接触面进一步减少。

（2）检修管理混乱，工作负责人（监护人）、当班班长对施工方案不清楚，质量验收卡空白无签字，冷热态验收走形式，各级人员不能发现问题隐患。

（3）各级人员麻痹大意，跨接板间连接变化后，没有组织检查和验收，过程管理缺失。

（4）三级验收未落到实处，各级质检人员未落实职责。

（5）对检修非标项目不重视，更改方案没有对施工工艺、施工方案进行讨论，没有组织会议讨论，现场口头交换施工意见，没有编制检修质量验收卡，施工具有随意性。

4. 防范措施

（1）现场作业严格执行相关规定。对于因工作需要拆除的设备、设施，在工作结束后，要恢复原样，如需要改变连接方式，需经过技术人员论证，下发变更说明。

（2）严格三级质量验收，重新修编检修文件包，质量验收卡，补充完善。在各类检修工作中，逐条完善检修质量验收卡和文件包制度，要做到有项目就有检修质量卡，有项目就有标准并严格执行，落实过程验收签字手续。

（3）每日工作交代，关键点的提醒，安全交底，班长日志要有针对性，对外委施工的过程管理，监护、监督严格控制和验收，对监护人和设备专责人的安全职责和工作职责从严管理。

（4）日常技术培训，提高人员技术水平。尤其在质检过程中，质检人员应懂得专业技术知识。设备维护部组织一次全员外委施工安全监护培训，安全环保部参加，7月15日前编制好培训计划。

（5）继续加强专责人的责任心教育和技能培训，真正做到设备到人，有人管。

（七十七）主变压器重瓦斯保护误动作，导致机组跳闸事件

1. 基本情况

2016年7月29日18：39：16，某电厂1号机组负荷为626MW，发电机定子AB相电压为22.41kV，发电子定子B相电流为17265.29A，主变压器高压侧电压为519.16kV，主变压器高压侧B相电流为679.89A，机组各项参数稳定。1号主变压器绕组铜温为90.27℃，油面平均温度为64.75℃，环境温度为44.09℃。

该电厂主变压器为新疆特变电工生产，型号为SFP—780000/500，心式结构，小钟罩式邮箱；主变压器波纹储油柜为沈阳天工热电设备有限公司生产，型号为BG 1400-6700，容积为7.595m³。气体继电器为德国百利门生产，型号为BC-80，定值整定为1m/s；压力释放阀为美国QUALITROL公司生产，开启压力为56.5kPa；截留阀为沈阳同盟变压器配件公司生产，固有关断速度值为0.3~0.4m/s。

2. 事件经过

2016年7月29日16：00，运行人员巡视检查发现1号主变压器油枕油位达到10

刻度，通知电气维护专业。电气维护人员就地检查确认后，准备进行 1 号主变压器放油，并讨论降油位安全措施。

2016 年 7 月 29 日 18：39：16：673，1 号主变压器本体压力释放阀动作。

18：39：18：545，1 号主变压器重瓦斯跳闸保护动作，C 柜非电量动作跳闸，1 号机组解列停机，厂用电自投正常。

18：39：18：580，1 号主变压器重瓦斯跳闸保护返回。

（1）19：30，化学试验人员对主变压器绝缘油进行取样，进行绝缘油色谱分析。色谱分析数据合格，与上次（6 月 6 日）试验数据进行对比无明显变化。

（2）重瓦斯动作后，运行、维护人员就地检查发现，1 号主变压器压力释放阀下方有明显喷油痕迹，压力释放阀喷油管道内壁有明显油迹，确定主变压器 C 相册压力释放阀动作，主变压器油位指示为 10（接近油位红色报警区域）。

（3）继电保护人员检查发电机 - 变压器组保护装置，确认发电机 - 变压器组 C 柜重瓦斯动作导致机组跳闸；发电机 - 变压器组 A/B 柜电气气量保护未动作，录波数据未发现异常。

（4）继电保护人员进行瓦斯继电器检查以及传动试验正常，重瓦斯跳闸回路正常，二次线绝缘正常。

（5）21：01，电气维护人员从变压器储油柜放油阀进行放油约 450L，使油位降至 8.6 刻度。并对主变压器各部位排气孔进行排气。

（6）电气维护人员进行主变压器试验，主变压器高低压绕组绝缘、主变压器绕组直组、主变压器直流耐压等试验数据合格，与 3 月 12 日预防性试验数据对比无明显变化。

（7）通过上述检查处理和试验结果，认为此次主变压器重瓦斯保护为误动作，主变压器本体无电气故障。

3. 事件原因

按照《国家电网公司十八项电网重大反事件措施》9.7.5："变压器本体储油柜与气体继电器间应增设止回阀，以防储油柜中的油下泄而造成火灾扩大。"和《防止电力生产事故的二十五项重点要求》（国能安全〔2014〕161 号）12.7.5 条的要求，2016 年 3 月 1 号机组计划检修期间，加装了变压器截流阀，油位调整时机组出于冷态，油温为 10.98℃，油位调整至 4 刻度左右。

7 月 29 日下午，哈密地区环境温度达到历史最高 44.09℃，油面平均温度为 64.75℃。按照计算，绝缘油体积膨胀量 = 绝缘油膨胀系数 × 温升 × 绝缘油体积 =0.000733×（64.75−10.98）×82000/0.9=3.591（m³），折算为波纹储油柜刻度值为 3.591/7.595=0.473，即 4.7 刻度。因此，7 月 29 日下午变压器波纹储油柜刻度值达到 4+4.7+8.7 刻度以上。

而实际就地显示油位为 10 刻度，说明其中存在部分气体，判断该油位为虚假油位。分析认为截流阀改造时，在绝缘油注入变压器本体过程中，真空注油工艺不规范，造成少量气体混入变压器本体，变压器油位虚假升高，已经达到 10 刻度，随着环境温度升高，1 号主变压器波纹储油柜容积逐渐饱和，压力达到主变压器本体压力释放阀动作压力，压力释放阀动作，变压器内部绝缘油沿压力释放阀导流管流出。

同时波纹储油柜内绝缘油流向变压器本体，当绝缘油流速达到截流阀动作值（0.3~0.4m/s）时，截流阀快速关闭，随着绝缘油排出，变压器本体绝缘油压力降低，压力释放阀关闭，变压器本体原有残余空气与绝缘油混合形成油气混合物，油气混合物在压力释放阀关闭后改变了原有的流动状态，瞬间形成浪涌激荡，触发瓦斯继电器在短短几秒钟之内多次动作，变压器主电量及辅助保护装置变位报告印证了以上分析。

通过以上分析论证和电气试验及化学油色谱分析，说明此次机组跳闸为重瓦斯保护误动，主变压器不存在电气故障，可以保证正常投入运行。

4. 暴露问题

（1）绝缘油注入变压器本体过程中，真空注油工艺不规范，造成少量气体混入变压器本体，致使变压器油位随温度升高虚假升高。

（2）运行人员、电气维护人员对设备巡检要点掌握不熟练，在近日油位逐渐高于标准油位时，未能核对变压器油温 - 油位曲线，及时发现油位异常。

（3）运行人员技能水平不足，未能及时采用外引水喷淋等应急降温措施对变压器降温、控制油位升高趋势。

（4）生产管理不足，未能根据地域特点和新安装设备特性及时进行风险评估，未进行事件预想和编制应急预案。

5. 防范措施

（1）本次机组并网前，进行零起升压试验，再次确认变压器无异常。

（2）新安装截流阀暂时出于强制开启位置，同时配合厂家进行截流阀参数核算。

（3）DCS 画面增设截流阀工作状态，运行人员能够实时监视截流阀工作位置。

（4）举一反三，对厂内所有变压器进行排查，对油位高的变压器进行处理。

（5）发电运行部各运行值完善巡检记录表格，量化记录各变压器油位，同时标明环境温度、机组负荷、油温等。

（6）设备维护部队维保队伍巡视记录进行普查，确认所有设备运行参数量化记录。

（7）根据地域特点，分析年度油位 - 温度变化趋势，完善变压器油位 - 温度曲线。

（8）制定冬季注油、夏季放油措施，严格执行注油，放油工艺标准。

（9）完善变压器油位超标时的时间预想和应急预案、并组织进行演练。

（10）针对变压器巡检要点和注油、放油工艺，完善检修规程、运行规程。

（11）编制变压器油位管理制度，明确各种情况下的应对流程、处置方案及处置措施。

（七十八）发电机出口隔离开关未分到位，发电机反受电，导致厂房坍塌事件

1. 基本情况

11月12日23：48，某电厂1号发电机组在停机操作过程中发生故障起火；23：53，2号机组打闸停机。13日00：05，500kV启动备用变压器跳闸，厂用电全失，保安电力由柴油发电机带出。事故时2号机组出力约30万kW，事故导致1号发电机组顶棚坍塌，设备严重受损，见图5-12。

图 5-12　厂房坍塌照片

2. 事故处理过程

（1）故障前运行方式。某电厂安装两台600MW机组，500kV一次系统采用3/2接线方式，经500kV某某1、2线接入某某变压器。故障前1号发电机准备停机转C修，2号机组正常运行。

电厂500kV母线为GIS设备，型号为ZF15-550。1、2号发电机型号为QFSN-600-2YHG。启动备用变压器型号为SFFZ10-63000/500。

（2）事故发生及处理过程。11月12日22：35，电厂1号机组操作停机，在拉开1号发电机-变压器组出口50136隔离开关后，准备将5012、5013断路器环并运行；

23：48：23，在合上5013断路器时，1号发电机发生爆炸着火。

23：49：07，5013断路器跳闸；

23：53，2号机组A循环水泵跳闸（B循环水泵联动失败），2号机组真空低，将2号机组打闸停机；

13日00：05，500kV启动备用变压器跳闸，厂用电全失。

08：00左右，在现场检查确认启动备用变压器是控制电缆烧损导致跳闸，本体没有受到火灾影响后，电厂申请启动备用变压器送电；

10：10，继电保护处下发启动备用变压器临时定值，使用启动备用变压器5000断路器保护的过电流保护作为启动备用变压器的临时保护。

11：55—13：58，××一线由运行转冷备用一次。原因为××一、二线两套纵联

保护因通道故障退出，××一线线路高抗保护需利用纵联保护通道远跳线路开关，需将××一线临时停电一次，摘除线路高抗。

14：50，省调和电科院相关技术人员抵达现场，开展事故调查。

15：13，启动备用变压器使用临时定值送电成功。

3. 保护动作情况

（1）1号发电机-变压器组保护动作情况。经过调查，在合5013断路器时，发电机-变压器组差动保护、突加电压保护、失磁保护、程序逆功率保护、逆功率延时跳闸保护、发电机制动过电流、负序过电流定时限、励磁系统故障等保护动作，详见图5-13。

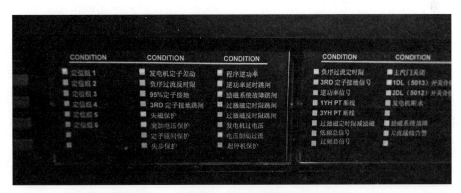

图5-13 1号发电机-变压器组保护动作情况

检查500kV升压站故障录波器，发现故障电流持续43.259s（开始时间为23：48：23.897，结束时间为23：49：07.156），故障电流起始约为1800A，跳闸前增大至3700A。详见图5-14和图5-15。

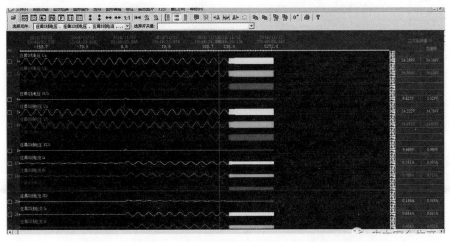

图5-14 500kV升压站故障录波器故障电流开始时间

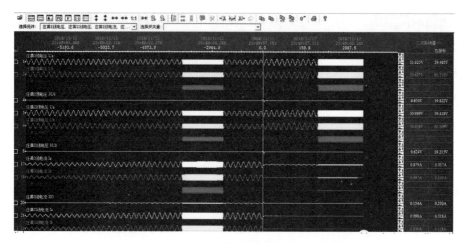

图 5-15　500kV 升压站故障录波器故障电流结束时间

电厂在合 5013 断路器前，运行人员按操作票将发电机-变压器组保护跳 5012 和 5013 断路器出口连接片断开，发电机组反充电时，虽然发电机-变压器组相关保护动作，但由于出口连接片的退出导致无法分开 5013 断路器，故障持续了 44s；根据现场保护信息判断，5013 断路器后来跳闸是控制电缆烧损，导通 5013 断路器跳闸回路所致。

（2）5012 断路器和 5013 断路器短引线保护动作情况。正常情况下，电厂 50136 隔离开关断开后，通过辅助触点应自动将 5012 断路器和 5013 断路器短引线保护投入。经现场查看，短引线保护装置有保护启动信息，没有保护动作报告，保护装置面板"投保护"与"跳闸"灯未亮，查询保护开入信息发现"投保护"控制字为"0"，见图 5-16。

图 5-16　短引线保护装置情况

根据以上信息，5012 断路和 5013 断路短引线保护在事故过程中一直未能投入运行，故 5013 断路器跳闸与其无关。

（3）500kV 启动备用变压器动作情况。事故发生时启动备用变压器非电量保护动作信号：压力释放、有载开关重瓦斯、有载开关压力释放、油温过高、冷却器全停、绕组温度过高等保护动作；电量保护动作信号：在事故调查时电量保护信号已被复归。根据录波文件，判断上述保护动作信息是电缆烧损引起，并引起高压侧 5000 断路器跳闸。

（4）50136 隔离开关位置检查。事故中，省调端监控和电厂集控站均显示隔离开关在分位，但经现场查看，50136 隔离开关操作拉杆位置异常，不在正常的合位和分位位置，见图 5-17、图 5-18。

图 5-17　隔离开关操动机构位置状态

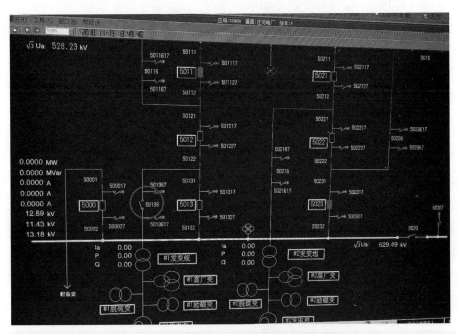

图 5-18　电厂集控室 50136 隔离开关位置状态

4. 事故原因初步结论及处理建议

（1）在 1 号机组停电操作中，1 号主变压器高压侧 50136 隔离开关分闸未执行到位，导致在合上 5013 断路器时给发电机组反充电，是引起此次事故的直接原因。

（2）5012 断路器和 5013 断路器短引线保护受 50136 隔离开关分闸执行不到位影响未能自动投入，以及 1 号发电机 - 变压器组保护出口连接片在 5013 断路器合闸时未投入，导致发电机组在反充电时失去保护是本次事故扩大的间接原因。

（3）本次事故电厂严重受损，有关信息不全，给现场事故分析带来不便，事故的详细过程需要电厂和有关单位进一步调查。

（4）事故导致启动备用变压器本体控制电缆和通信光缆被烧损，目前启动备用变压器、××一线、××二线无主保护运行，建议督导电厂优先抢修启动备用变压器控制电缆及通信光缆，尽快将启动备用变压器、××一线、××二线保护恢复正常，以保证电网安全稳定运行。

5. 防范措施与要求

（1）深刻吸取事故教训。要从根本上认识本次事故的严重性，积极配合上级部门和相关单位对事故原因进行调查。并及时采用有效隔离防护措施，防止次生灾害的发生。各单位要深刻吸取事故教训，切实加强安全生产工作，立即开展一次全面的升压站隐患排查，重点整治开关、隔离开关、互感器、避雷器等高压设备的隐患，尤其加强对 GIS 等高压组合电器开关、隔离开关状态指示的排查，坚决防止类似事故发生。

（2）加强设备管理。针对本次事故暴露的问题，各发电企业要结合本单位实际，强化设备治理，落实各项要求和措施；对开关、隔离开关等高压设备操作机构卡涩、频繁动作、油压气压异常、状态指示不清晰不明确等问题要引起高度重视，及时消除缺陷。

（3）加强运行管理。严格执行三票三制，每一步设备操作必须进行现场确认，未确认操作到位前严禁进行下一步操作；操作票上的重要节点必须记录操作时间；操作票的风险分析应有针对性，执行前必须进行风险分析预控。完善运行规程、操作票等相关内容，加强运行人员培训，使运行人员明确检查、操作工作内容和要求。开展事故预想和反事故演习，提高应急处置能力和水平。

（4）认真核查启停机操作步序，操作前对开关、隔离开关的分合位置进行核实，除人员检查确认外，还应保证开关、隔离开关分合位置接点指示确认。梳理发电机 - 变压器组保护的作用、保护范围，并在机组启停操作票中增加投入相关保把保护状态下运行，确保主设备安全。

第六章 热工专业事件

（七十九）EH 油压低试验执行不到位，触发机组跳闸事件

1. 基本情况

2018 年 2 月 9 日 15：32，2 号机组负荷为 180MW，主蒸汽温度为 539℃，主蒸汽压力为 13.49MPa，瞬时煤量为 156.7t/h，汽包水位为 –26.79mm，EH 油压力为 14.36MPa，各主辅机设备运行正常。

2. 事件经过

15：30：00，当值人员执行"2 号机组 ETS 通道试验 EH 油压低试验（操作票编号：JK2Z–RJJH–201802–003）"定期工作，各级人员按要求到岗到位。

15：32：12，执行至操作票第 16 项"在 2 号机组 DEH 画面上点击 20–1/LPT 试验按钮并确认"操作后，操作盘面显示 EH 油压低开关 1、2 动作，触发汽轮机"EH 油压低"ETS 保护动作，机组跳闸。执行操作票见图 6-1，事发曲线见图 6-2。

3. 原因分析

（1）机组停机后，对 4 台 EH 油压低开关及 1 台 EH 油压变送器进行检查，接头无松动、无漏油，校验合格。

（2）EH 油压低保护设置为 EH 油压小于或等于 9.5MPa，"四取二（EH 油压低 1、3 为 1 路，EH 油压低 2、4 为一路，两路各有至少一个开关动作后保护触发）"作用于机组跳闸。试验时在操作试验按钮后，盘面显示 EH 油压低开关 1、2 动作，机组跳闸。正常试验时应为 EH 油压低开关 1、3 动作，油压低开关 2 不应动作，判断为 EH 油压低开关 2 误动作，对现场接线进行核对后，经分析确认就地压力开关 2、3 信号线接反。EH 油压低试验画面见图 6-3，EH 油压低开关动作趋势见图 6-4。

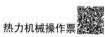

热力机械操作票

单位：集控 B 值　　　　　　　　　　　　　编号：JK2Z-RJJH-201802-003

操作开始时间：2018年2月9日15时30分		操作结束时间：　　年　月　日　时　分	

操作任务 2 号汽轮机 ETS 通道试验 EH 油压低试验

顺序	操 作 项 目	√
1	接值长令：进行 2 号汽轮机 ETS 通道试验 EH 油压低试验	√
2	检查 2 号汽轮机机组运行正常（已挂闸）	√
3	检查 2 号汽轮机无异常报警出现	√
4	热工、汽轮机人员已到现场配合进行 2 号汽轮机 ETS 通道 EH 油压低试验	√
5	运行检查就地 EH 油控制站 2 号汽轮机 EH 低油压 1 通道试验手动门（系统图 25 号阀）关闭	√
6	汽轮机检修人员检查确认 2 号汽轮机 EH 低油压 1 通道试验手动门（系统图 25 号阀）关闭到位，无内漏现象	√
7	运行检查就地 EH 油控制站 2 号汽轮机 EH 低油压 2 通道试验手动门（系统图 26 号阀）关闭	√
8	汽轮机检修人员检查确认 2 号汽轮机 EH 低油压 2 通道试验手动门（系统图 26 号阀）关闭到位，无内漏现象	√
9	检查 2 号汽轮机 EH 油油压正常，就地油压为 15 MPa	√
10	检查 2 号汽轮机无其他试验进行	√
11	热工人员检查 20-1/LPT、20-2/LPT 试验电磁阀动作关闭正常	√
12	汽轮机检修人员检查 20-1/LPT、20-2/LPT 试验电磁阀关闭到位，无内漏现象	√
13	在 2 号汽轮机 DEH 试验画面上按下 "EH 油压低试验" 按钮，灯亮，进入 EH 油压低试验状态	√
14	检查 DEH 画面 ETS 试验无报警	√
15	记录 2 号汽轮机 EH 油压低试验块 1 通道 EH 油压为 15 MPa	√
16	在 2 号汽轮机 DEH 画面上点击 20-1/LPT 试验按钮并按确认	√
17	检查 2 号汽轮机相应的 PS1、PS3 压力开关动作正常	
18	运行和热工人员共同记录 2 号汽轮机 EH 油压低试验块 1 通道 EH 动作油压　　　 MPa	
19	点击 2 号汽轮机 20-1/LPT 退出 1 通道试验	
20	检查 20-1/LPT 就地关闭到位	
21	热工检查 20-1/LPT、20-2/LPT 试验电磁阀动作关闭正常	
22	汽轮机检修人员检查 20-1/LPT、20-2/LPT 试验电磁阀关闭到位，无内漏现象	
23	检查 2 号汽轮机 EH 油油压正常，就地油压　　　 MPa	
24	记录 2 号汽轮机 EH 油压低试验块 2 通道 EH 油压　　　 MPa	

备注：

操作人：　　　　监护人：　　　　值班负责人（值长）：

图 6-1　执行操作票

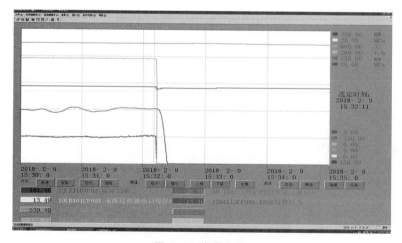

图 6-2　事发曲线

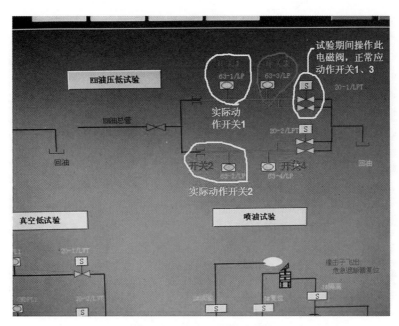

图 6-3　EH 油压低试验画面

　　经调查核实，2018 年 1 月 9 日进行 ETS 系统通道定期试验过程中，发现 EH 油压低开关 3 不能正常动作，检修人员办票进行处理（2 号机组 EH 油压低开关不动作检查，编号：RK-1801-0025），检查发现 EH 油压低开关 3 信号电缆绝缘低，EH 油压低开关 1、2、3 信号电缆在控制柜出线孔处均存在不同程度损伤，对 3 台 EH 油压低开关信号电缆进行了更换，确认此次检修作业导致压力开关 2、3 接线错误。就地端子箱接线情况见图 6-5。

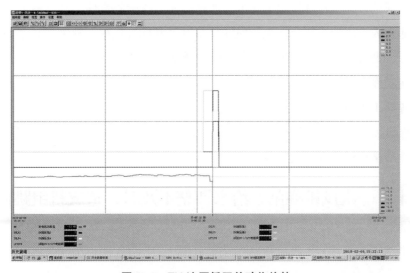

图 6-4　EH 油压低开关动作趋势

77、78 端子为油压低 2

79、80 端子为油压低 3

图 6-5　就地端子箱接线情况

4.暴露问题

（1）立即开展保护核查工作，逐条核对主辅机保护信号，建立、完善检查清册，特别对线缆、设备标识进行统一规范，修订设备图纸、清册等技术资料，确保与现场设备一致。

（2）研究制定 EH 油压低单个开关试验方案，避免试验过程出现保护误动。

（3）强化检修作业全过程管理，对涉及主辅机保护的检修工作制定作业方案、验收标准和试验规范，完善检修作业工序卡，严格落实三级验收责任，确保各类保护可靠。

（4）加强人员培训，使全体人员熟知规章制度和标准规程，杜绝把异常当正常、把违章当常态、把习惯当标准的不良现象，逐步养成上标准岗、干标准活的良好习惯。

（5）建立设备分级管控体系，理清安全生产管理流程，明确各级人员职责和责任界面，确保各项工作规范开展。

（6）修订完善制度流程、作业标准、方案措施，强化刚性执行；对生产过程中发生的各类事件严格责任追究，强化各级人员责任心，提高安全生产管理水平。

（八十）一次风机跳闸，给水调整不及时，造成机组跳闸事件

1.基本情况

2013 年 6 月 7 日，1 号机机组负荷为 600MW，主蒸汽压力为 23.9MPa，主蒸汽温度为 549.8℃。A、C、D、E、F 给煤机运行，B 磨煤机检修。

2. 事件经过

6月7日18：16，1号机组A一次风机突然跳闸，RB动作触发，给煤机A、D、E相继跳闸；18：17，负荷最低降至285MW，随后负荷开始升高。

18：21，负荷升至430MW左右，此时主蒸汽压力降至21.06 MPa，主蒸汽温度降至489℃，汽轮机主蒸汽温度保护动作（该时刻调速级压力对应主蒸汽温保护定值为492℃），汽轮机跳闸，联跳发电机、锅炉。

当日23：58，机组重新并网。

3. 检查处理情况

（1）机组跳闸后，检查发现，1A一次风机运行信号消失。

（2）检查至1号机组DCS电气信号处发现电气输入信号正常，就地电气开关无异常。

（3）检查DCS卡件，发现HPM15第17块卡件状态指示灯不亮，处于离线状态。

（4）调过程报警日志，18：16：04，该卡件处于离线报警。此时间与一次风机跳闸时间一致。

4. 事件原因

（1）A一次风机跳闸逻辑为运行信号消失，指令反馈不一致，一次风机跳闸。因此，HPM15第17块卡件故障离线是造成1A一次风机跳闸的直接原因。

（2）报警日志和曲线显示：

18：16：04，机组RB动作，给煤机A、D、E相继跳闸，机组协调为机跟随方式，负荷由600MW降至285MW，RB动作正常。降负荷过程中，给水流量由于指令反馈偏差大（大于260t/h）由自动切至手动。

18：17：32，给水流量由1743t/h降至1470t/h后，给水指令维持70.4%不变，此时由于给水泵汽轮机低压供汽压力（四抽压力）降低，给水泵汽轮机汽源切为高压汽源，给水泵汽轮机转速升高，给水流量由1470t/h上升至1730t/h。给水流量从1743t/h降到1470t/h再到升至1730t/h期间未进行调整。给水流量上升过程中，F、C磨煤机一次风压基本维持不变，二次风量随负荷降低而降低。

18：17：55，煤量由于受二次风量限制，由30.3kg/s减至20.9kg/s。

18：19：37，运行人员发现给水流量升高后开始减少给水流量至759t/h，比煤量减少时间点晚2min。

18：20：34，运行人员担心给水流量低跳闸又加水至1130t/h。

整个过程，给水调节滞后，煤量受风量限制减少，造成煤、水配比失调。

18：21：29，主蒸汽压力降至21.06 MPa，主蒸汽温度降至489℃，汽轮机主蒸汽温度保护动作，汽轮机跳闸。

因此，给水调节在 RB 动作后切为手动，运行人员给水调整不及时，引起水煤比失调，是造成此次机组跳闸的主要原因。

5. 暴露问题

（1）热工、电气逻辑普查梳理工作不深不细，没有发现一次风机热工控制逻辑缺陷，导致在指令与反馈不一致时直接发出跳闸指令，给造成设备误动作埋下隐患。

（2）风险辨识、评估与风险预控工作开展不深入，对 DCS 卡件故障后可能引起的设备误动风险没有相应的预控措施。

（3）运行事件预想不够，在一次风机跳闸触发 RB 后事件处理过程中，运行人员职责分工不明确，导致事件处理时，尤其是当出现煤水、风煤比失调时，不能协同、迅速、正确处理。

（4）热工技术业务方面有待提高，对重要卡件更换和处理须加强培训。

6. 防范措施

（1）各单位要扎实开展热工、电气逻辑与保护的普查梳理、优化工作，做好风险辨识、评估与风险预控工作，对于发现的暂时不能修改、完善的逻辑，要制定相应的预控措施。

（2）各单位要加强运行事件预想管理和事件处理的培训，明确事件状态下的运行人员职责分工，确保突发事件发生时，有机协同、正确处理。

（3）要做好以下工作：

1）确认一次风机等重要辅机指令反馈不一致跳闸的逻辑设置原因，对其逻辑及 RB 逻辑进行完善优化，并在事件处理上从组织上、操作上进一步规范。

2）仔细排查重要辅机的逻辑，对容易造成误动的逻辑进行优化，尤其是单点保护。

3）运行人员利用仿真机加强 RB 动作后应急能力的培训，并对 RB 情况下，如何进行风量、煤量、水的调整在运行规程中细化。

4）对故障卡件返厂检测，根据故障原因做好防范措施。

5）利用 1A 大修前的时间，对 DCS 备品进行全面梳理，制定购买和调整计划。

（八十一）负压表管泄漏，表计指示误导，导致锅炉灭火停机事件

1. 基本情况

某发电厂 3 号炉是东方锅炉厂生产的 DG1000—171—1 型亚临界自然循环煤粉炉。1988 年 12 月 11 日投产。

1989年3月26日，事件前，1、2、3号机组与系统并列运行，全厂出力为900MW。02：20，3号机组负荷由300MW减至280MW，02：21，3号炉甲、乙送风机突然跳闸，发出紧急停炉信号，锅炉灭火，因其缺水，发电机解列，系统周波降至49.69Hz，锅炉主蒸汽压力最高到18MPa，甲过热器1号安全阀动作，主蒸汽温最低至450℃。经检查认为无异常情况，即点火开机，于02：40发电机与系统并列，02：50按中调令负荷带至260MW。03：18，3号机组发出主汽门关闭信号，汽轮机掉闸，03：21发电机逆功率保护动作，发电机解列，03：27汽轮机转速正常准备并列时，主汽门关闭信号又发出，汽轮机掉闸，重新挂闸冲转，于03：38与系统并列。少发电量79.5万kWh。

2. 事件原因

（1）事件的主要原因是锅炉负压表管（$\phi16×2$mm不锈钢管）在2号集控电缆夹层拐弯处有3条裂纹，最长的达10mm，是弯管时造成的，致使负压表不能正确反映炉膛真实压力。锅炉调整时负压表变化甚微，导致压力保护动作，启动紧急停炉保护，造成锅炉灭火。而该缺陷当时却并未能查出来，误以为保护误动，造成4月12日同类事件又重演了一次，这才查出了负压表管裂纹泄漏，并做了临时处理，恢复正常运行，教训是深刻的。

（2）运行人员对调整过程中，各参数的变化幅度，缺乏综合分析判断的经验，一直没能发现这一缺陷，应认真接受这一教训。

（3）汽轮机主汽门关闭与调速系统在工况变化时抗干扰性能不良。该机投产以来未做扰动性能试验。

3. 防范措施

（1）对锅炉负压表管破裂处，借停炉机会加以焊补或更换。

（2）加强职工技术培训，提高运行人员对表计变化异常的综合分析、判断能力，以便及早发现缺陷，防止事件发生。

（八十二）处理省煤器入口流量表管，造成非停事件

1. 基本情况

2016年1月24日02：43，某电厂2号机组负荷为332MW，总煤量为125t/h，省煤器入口流量A为942t/h，省煤器入口流量B为938t/h，省煤器入口流量C为936t/h，给水流量自动调整通过A、B、C 3路测点"三取中"实现。2B汽动给水泵运行转速为4072r/min（2A汽动给水泵检修）。

2. 事件经过

2016 年 1 月 23 日 23：40：02，省煤器入口流量 B 指示从 938t/h 升至 2129t/h（1min 时间），1 月 24 日 00：23：20，热工人员与值长沟通后，怀疑该点上冻，对该点进行置值至 939 t/h；00：28：27，热工人员重新置值至 1147t/h；00：28：58，重新置值至 1239 t/h（为了防止改点参与流量调整）；热工人员就地检查省煤器入口流量表计防冻措施情况，确认该表计上冻。

1 月 24 日 03：15：39，热工人员在就地处理时接到值长通知，省煤器入口流量 C 指示大幅波动（917 ~ 0 t/h）；03：27：38，将省煤器入口流量 C 置值为 1149 t/h。

03：27：36，2B 汽动给水泵转速从 4125 r/min 下降至 2926 r/min（03：28：52）。

03：27：36，省煤器入口流量 A 从 954 t/h 下降至 158 t/h（03：28：52）。

03：28：46，给水流量调整"自动"切为"手动"（给水实际流量与设定流量偏差大于 500t/h），"协调方式"切成"汽轮机跟随方式"。

03：28：56，运行人员手动提升汽动给水泵转速；03：29：25，转速升至 3381r/min，此时"B 汽动给水泵指令与实际转速偏差大"切除给水泵汽轮机"CCS"，导致给水调整面板无法继续提升汽动给水泵转速（此时运行人员可以在 MEH 操作画面上提升汽动给水泵转速）。

03：28：45，水冷壁壁温开始上升；03：31：01，螺旋水冷壁前墙出口壁温 12 点温度高至 460℃，报警；运行人员启动电动给水泵，给水流量从 764t/h 升至 1113t/h。

03：30：19，停止 C 磨煤机运行，总煤量从 135t/h 降至 90t/h，紧接着 A、B 磨煤机同时各增加 11t/h，总煤量至 112t/h（燃料主控自动投入状态）。

03：31：19，前墙出口壁温 12 点温度高至 479℃。

03：31：19，"螺旋水冷壁出口金属温度高 MFT"动作（前、后墙螺旋管出口壁温任一面墙 20 选 4），壁温 460℃报警，475℃跳机。

3. 原因分析

（1）设备部热工人员在防寒防冻检查中未能发现省煤器入口流量表管内部保温棉严重不符合要求的问题，造成省煤器入口流量 B、C 两点表管上冻。是造成此次非停事件的直接原因。

（2）设备部热工人员对省煤器入口流量 C 点置值不当，设备部、运行部相关人员风险预控严重不到位，沟通不畅，均未采取防范措施是造成此次非停事件的主要原因。

（3）运行管理不到位，没有制定完善的重要参数故障应对措施；在给水流量 B 上冻时，没有相应的事件预想，在第一次置值时，没有及时将给水"自动"切为"手动"；运行人员监盘不细致，第二次置值时，给水泵转速大幅下降，没有及时发现，将给水

"自动"切为"手动",手动增加给水泵转速和流量;应急处置能力不强,手动升转速至3340r/min 时,"CCS 遥控"切除后,没有在给水泵汽轮机"MEHB"画面,手动将给水泵转速升起,增加给水流量,最终导致此次非停事件的发生。

4. 暴露问题

(1)安全生产岗位责任制落实不到位,防冻工作不细致导致 2 号机组在 1 月 13 日因等离子载体风调压阀结冰引发非停后再次因防寒防冻原因导致机组非停;防寒防冻检查表虽然落实到了责任人,但由于防冻工作不细致,没有发现省煤器入口流量表管保温缺陷;

(2)现场以值长为核心的生产组织体系不健全,在主给水流量测点因结冰发生异常后,运行和检修消缺人员沟通配合存在漏洞,运行人员通知热工人员消缺但没有采取防范措施;设备部热工人员在对省煤器入口流量 C 点置值时同样未与运行人员沟通,也未办理相关审批手续;值长协调组织不力没有有效组织相关人员可靠消缺。正常的生产体系运转存在问题。

(3)风险预控管理能力不足,运行、维护人员安全风险意识淡薄,没有认识到省煤器入口流量表管冻结及处理过程存在的风险。

(4)运行管理不到位,运行人员监盘不力,应急处置能力不足,培训针对性不强,在省煤器入口流量测点故障后,没有在第一时间退出给水流量调节"自动",最终导致非停发生。

(5)专业技术管理不到位。针对重要测点可能发生的故障没有制定相对应的应急处置措施。

(6)生产管理不到位,在发生 1 号机组非停事件后重视程度不够,防寒防冻工作组织开展不力,对重要区域防寒防冻措施落实监督检查不细致。在抽查过程中未能发现防寒防冻工作漏洞。

5. 防范措施

(1)立即对 1、2 号机组压力、流量、水位等测点保温重新排查,并完善保温措施。完善防寒防冻措施检查表和保温、伴热的工艺标准,明确保温、伴热质量验收人,质量验收责任到人。

(2)对全厂重要测点防寒防冻措进一步细化完善,按照"五定"原则制定详细排查、整改计划表,组织开展全面排查。

(3)运行部、设备部组织学习《热工定值和保护联锁投退的管理规定(试行)》,严格执行审批流程,制定风险预控措施并向现场运行人员交底,经正式审批后方可实施。

(4)对机组参与保护的重要测点进行全面梳理,根据逻辑关系和测点功能制订测点失灵的现场应急处置方案。并组织全体集控运行人员进行培训学习，并进行模拟演练考试，确保运行人员熟练掌握应急处置操作要领。

（5）开展全体生产人员反思活动，厂领导、管理人员在单机运行期间参加每轮次的安全学习。

（6）强化现场以值长为中心的生产现场指挥调度体系，对违反调度纪律的责任人严肃考核。

（八十三）汽动给水泵再循环阀过调，导致机组跳闸事件

1.事件经过

2015年10月13日09：20，2号机组负荷为85MW，主蒸汽压力为9.17MPa，主蒸汽温度为443℃，再热蒸汽压力为1.2MPa，再热蒸汽温度为458℃，辅助蒸汽联箱压力为0.77MPa，给水流量为1024t/h，汽动给水泵入口流量为1122t/h，给水泵汽轮机汽源由辅助蒸汽供，辅助蒸汽由冷段再热器供给，给水泵汽轮机转速为2580r/min，汽动给水泵再循环开度为70%，主给水旁路开度为77%，总燃料量为107 t/h，高、低压旁路在自动状态，按照冷态启动操作票准备进行汽轮机高、中压缸切缸操作。09：27，机组进行切缸前准备工作，为防止切缸时再热器压力过低，从而造成汽动给水泵汽源压力过低，导致给水流量下降，汽轮机主管令主值将汽动给水泵再循环关至由70%关至50%，在保证给水流量的前提下降低汽动给水泵转速，同时注意汽动给水泵各参数在正常范围内。09：27：55，值班员用减少按钮将汽动给水泵再循环关至50%，汽动给水泵入口流量下降至1000t/h。09：30：40，监盘操作人员再次用减少按钮将汽动给水泵再循环关至22%，汽动给水泵入口流量下降至787t/h，至09：31：10，汽动给水泵入口流量缓慢下降至749t/h。满足汽动给水泵最小流量保护（再循环小于40%且汽动给水泵入口流量小于750t/h），延时5s，汽动给水泵跳闸，给水流量低触发锅炉MFT，联动汽轮机跳闸、发电机解列。

2.原因分析

运行人员将汽动给水泵跳闸逻辑"再循环开度小于40%或再循环前后电动门任一关闭，且汽动给水泵入口流量小于750t/h，延时5s跳闸"错误的记忆成"汽动给水泵再循环开度小于20%或再循环前后电动门任一关闭，且汽动给水泵入口流量小于750t/h，延时5s跳闸"，从而导致正常操作时存在较大过调，引起汽动给水泵流量低保护动作。

3.暴露问题

（1）运行人员操作技能水平不足，对重要设备逻辑保护、运行操作规程学习、掌握不够。

（2）针对单给水泵（无备用泵）设计的设备系统风险辨识、评估不到位，给水泵运行过程中操作再循环调节阀等关键操作，未制定切实可行的技术措施，操作过程中监护不到位。

（3）运行培训不到位，未能定期组织运行人员学习主辅设备运行特性，尤其是涉及设备跳闸的保护，明确操作限定值，指导运行人员按标准规范日常操作。

4. 防范措施

（1）加强运行及热工人员对逻辑保护的学习和培训。

（2）加强对联锁保护投退、定值修改制度的学习，严格按照制度执行。

（3）针对单给水泵（无备用泵）设计的设备系统，全面开展风险辨识、评估，制定再循环手动操作等重要操作的技术措施，指导运行人员操作。

（4）重要操作时班组安排熟悉人员操作，加强主管监护。

（八十四）汽动给水泵推力轴承温度高跳闸，导致机组停运事件

1. 基本情况

现场组织进行 4B 汽动给水泵跳闸原因检查，查看曲线发现汽动给水泵工作面推力瓦温度从 58℃突涨至 104℃，温度高跳泵保护动作（跳闸保护定值为 100℃），检查发现瓦块热电阻 TV100 阻值异常，更换热电阻后恢复正常，同时检查汽动给水泵推力瓦块及油管路未见异常。

2. 事件经过

2014 年 2 月 8 日 18：50，某电厂 4 号机组负荷为 600MW，A、B、C、D、E、F 磨煤机运行，A/B 引风机、送风机、一次风机运行，A 凝结水泵运行，A、B 汽动给水泵运行，RB 未投入。

18：54：26，4 号机组 B 汽动给水泵跳闸。

18：55：25，手动打闸 F 磨煤机，负荷为 484MW，主蒸汽压力为 20.6MPa，一次风压为 12.18kPa。

18：55：33，手动打闸 E 磨煤机，负荷为 458MW，主蒸汽压力为 20.6MPa，一次风压为 12.00kPa。

18：55：37，手动打闸 D 磨煤机，负荷为 444MW，主蒸汽压力为 20.6MPa，一次风压为 11.92kPa。

18：55：39，解除 4 号机组协调运行，切为汽轮机跟随模式。

18：55：55，4 号机组 A 给水泵汽轮机转速为 5802r/min，解除 A 给水泵汽轮机自动。

18：57：51，负荷为 296MW，主蒸汽压力为 22.20MPa，A 给水泵汽轮机转速为 3659r/min，A 汽动给水泵出口压力为 16.93MPa，A 给水泵汽轮机汽源压力为 0.76MPa，"给水流量低二值"发出，4 号锅炉 MFT。

3. 原因分析

（1）直接原因

4B 给水泵故障跳闸后，运行人员快速减负荷过程中，未能同步降低主蒸汽压力（负荷由 600MW 减至 298MW，主蒸汽压力由 22.04MPa 升至 24.42MPa），随着机组负荷快速下降，四段抽汽压力也快速下降（四抽压力由 1.08MPa 下降至 0.54MPa），致使 4A 给水泵因供汽不足转速下降，出口压力始终低于主蒸汽压力，导致给水流量低保护动作，锅炉 MFT。

（2）间接原因

1）4B 汽动给水泵跳闸原因为汽动给水泵工作面推力瓦测温元件热电阻质量差，运行中故障，轴瓦温度高保护动作，给水泵跳闸。

2）汽动给水泵高压汽源因设计不合理，在 2013 年给水泵汽轮机高压汽源投入时导致给水泵汽轮机轴向位移大跳闸，已将高压汽源隔离，此时高压汽源无法投入。

3）二期 3、4 号机组设计无电动给水泵，当 1 台汽动给水泵发生故障跳闸时，单台给水泵汽轮机无过负荷能力，会造成锅炉壁温超限、给水流量低，机组跳闸事件。

4. 暴露问题

（1）运行人员对汽动给水泵在不同工况下的运行特性不了解，事件处理能力差，4B 给水泵故障跳闸后，因处理不当导致事件进一步扩大。

（2）热工温度元件质量差，经 3 年左右运行，发生故障。

（3）基建期调试工作未能全部完成，RB 逻辑未调试完成并投入，造成单台辅机跳闸未有 RB 功能保护机组安全。

（4）二期 3、4 号机组汽动给水泵高压汽源设计不合理。

5. 防范措施

（1）加强运行人员技能培训，定期开展事件预想和反事件演习，提高运行人员日常调整水平和事件处理能力。

（2）利用夜间低负荷时段，对 4 号机组及其他几台运行机组所有轴瓦热电阻式测温元件进行了全面检查。

（3）利用 3 号机组 C 修机会，对 3 号机组所有轴瓦热电阻式测温元件进行了全面检查。

（4）利用 3、4 号机组检修机会，完成 RB 逻辑修改，机组启动后完成 RB 试验，保证 RB 的可靠投入，目前 RB 试验措施已编制完成，逻辑组态完成，待调度批复后进行试验。

（5）对汽动给水泵高压汽源进行改造。目前已完成 3 号机组汽动给水泵高压汽源加装小旁路改造，高压汽源加装减压阀改造项目已完成招标，利用机组检修机会实施，保证高压汽源可靠投入。

（八十五）误设负荷，导致机组跳闸事件

1. 基本情况

2018 年 8 月 1 日 11：49，1 号机组 D 磨煤机启动之前稳定负荷为 256MW，AGC 投入，CCS 负荷上限设定为 260MW，下限设置为 175MW，负荷变化率为 7MW/min；为进一步满足 AGC 负荷指令，运行人员预改变 CCS 负荷上限为 280MW（AGC 投入后上下限和负荷变化率均可人为改变）。送风机、引风机自动运行，送风机 / 引风机动叶开度为 37.6%/70%，总风量为 978t/h，炉膛负压为 –100Pa，11：49：25 启动 D 磨煤机，A、B、C、D 磨煤机运行，总燃料量为 102t/h，给水泵自动运行，给水流量为 800t/h，主 / 再热蒸汽压力为 22.1/3.45MPa，主 / 再热蒸汽温度为 567/565℃。

2. 事件经过

11：49：19，随 AGC 指令加负荷至 256MW，启动 D 磨煤机。

11：51：19，D 磨煤机启动后，副值长命令将 CCS 负荷上限设定至 280MW，主操误将负荷上限设定为 28MW；CCS 负荷指令由 260MW 降至 28MW，CCS 协调负荷禁增"负荷到高限"发出。

11：51：25，发现 CCS 负荷上限设定错误，立即将 CCS 负荷上限设定为 280MW。

11：51：28，负荷上限至 280MW，CCS 负荷指令仍保持为 28MW，CCS 锅炉指令由 98t/h（煤量）降至 23t/h；CCS 总风量设定值由 974t/h 降至 446t/h，送风机动叶指令由 37% 降至 5%，此时开度为 18%，持续关闭；引风机动叶指令由 70% 降至 65%，此时开度 68%，持续关闭。

11：51：33，MFT 动作，首出为炉膛压力低低（炉膛负压为 –1800Pa；送风机 / 引风机动叶开度为 5.6%/58.2%），联锁跳闸汽轮机、发电机。

3. 原因分析

（1）直接原因。运行人员误操作，负荷设定时误将负荷上限 280MW 设置为 28MW，AGC 指令与负荷上限两者取小，直接输出至负荷指令，负荷指令通过折线函数至锅炉主控前馈，导致送风机动叶迅速关闭，炉膛负压低低保护动作，锅炉 MFT。

（2）间接原因。

1）CCS 画面手动设定负荷上限时，负荷上限范围较大，为 0 ~ 360MW，并且手

动设定负荷上限的下限值可以低于负荷下限的设定值。没有通过逻辑判断运行人员置数的有效性。

2）AGC指令与负荷上限两者取小后，没有经过速率判断，直接输出至负荷指令，见图6-6。

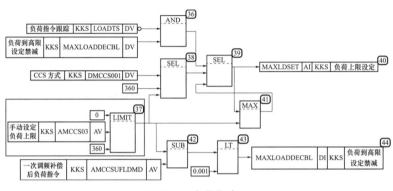

图6-6 负荷指令1

3）运行人员手动置值28，相当于在LIMIT限制功能块第二个引脚（AMCCS03）端输入28，后经过选择功能块SEL和大选MAX判断后至负荷上限设定（MAXLDSET）输出。

4）通过图1逻辑输出的负荷上限设定（MAXLDSET）至图6-7粗线部分。可以看出，运行人员在进行负荷上限输入时通过选择功能块进行判断，负荷升闭锁置0时，粗线部分中间引脚触发；因此，在运行人员将负荷上限设置为28MW时，负荷升闭锁为0，负荷指令即为28MW。负荷升闭锁为1时，触发第3个引脚负荷指令。

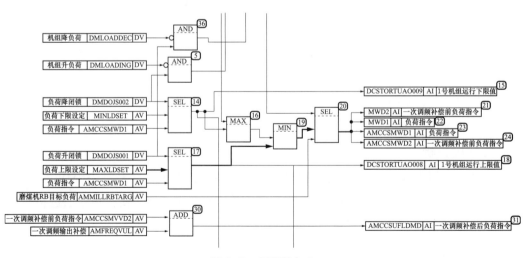

图6-7 负荷指令2

5）炉膛负压显示的滞后，送风机至引风机的前馈作用不足，使得引风机出力与送风机匹配性不强，在极端情况未能更好地控制炉膛压力，致使炉膛压力低低保护动作，锅炉 MFT。动作曲线见图 6-8。

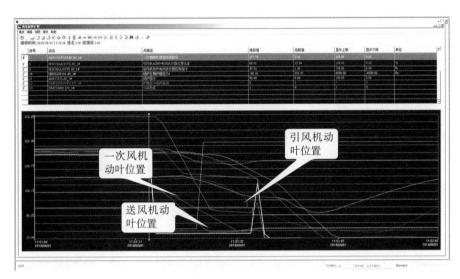

图 6-8　动作曲线

6）炉膛压力低低开关动作值为 -1780Pa，炉膛压力模拟量为 -1800Pa 左右。开关动作正常，MFT 动作之后正常联动相关设备。

7）11：51：33，锅炉 MFT 动作，联锁跳闸汽轮机、发电机。负荷指令从 11：51：19 — 11：51：33 一直为 28MW，机组实际负荷由 256MW 降至 190WM 后突然趋于平缓，至跳机实际负荷为 175MW，未按指令继续下降，经分析为主控 PID 积分饱和，积分分离值为 100，故主控指令停止下降，阀门未继续关闭，负荷基本维持。11：51：27，机组上限恢复为 280MW，通过逻辑里选小功能已经将目标负荷改为 28MW，因此，即使机组负荷上限恢复为 280MW 后，也不能通过修改负荷上限来修改目标负荷，致使负荷无法上升。

4. 暴露问题

（1）运行操作人员精细化操作专注程度不够，对 DCS 操作画面各功能按钮的作用及风险不熟悉，对可能导致严重后果的操作不够谨慎，对负荷上限设置错误有可能带来的严重后果估计不足，存在疏忽大意的情况。

（2）逻辑设计不完善未及时发现，造成误操作后无法挽救。手动负荷设置上限可以低于当前负荷，造成将上限值直接赋给负荷指令。

（3）专业管理不到位，热工逻辑方面隐患排查不够细致。关于一号机组热工逻辑方面存在的问题，试运指挥部领导多次安排（分别在 3 月 20 日、4 月 25 日、7 月 23 日调试会上）进行排查，热工专业虽多次进行排查，但未发现此次事故所暴露出的逻辑问题。

（4）对锅炉热工保护方面的性能调试把关不严，送风机和引风机在极端工况下匹配性不强，引风机前馈量不足，动作滞后，炉膛负压达到锅炉 MFT 动作值，间接导致了本次误操作后产生机组故障停运。

（5）调试标准不高，对锅炉扰动试验调试的深度不够。送风机至引风机的前馈作用不足，引风机出力与送风机匹配性不强，引风机调节较为滞后，在异常情况下未能更好地控制炉膛压力，致使炉膛压力低低保护动作，锅炉 MFT。

（6）日常培训不扎实，对逻辑保护方面的技术交底重视程度不够。热工技术人员对于运行人员技术交底不清楚，运行人员对热工逻辑、保护方面的技术掌握不够。

5. 防范措施

（1）对协调控制逻辑进行逻辑优化，从技术层面避免误操作。

（2）避免运行人员误操作，取消负荷上限及下限运行人员数值输入功能，增加手动增加和减小箭头用于运行人员改变负荷上限和下限，增加负荷上、下限输出速率限制，并将负荷下限作为上限的下限，从逻辑设计上彻底避免运行人员误操作的可能，并且通过现场试验验证其可靠性。

（3）增加负荷上、下限输出指令速率限制，并且将负荷下限值作为负荷上限的下限值。

（4）将 DCS 系统中 CCS 画面手动置数设定按钮全部更改为加、减按钮。

（5）优化增强送风机至引风机的前馈量，将 $Y[2]$ 由 6 增加至 10，$Y[3]$ 由 42 增加至 50，以使引风机动叶调节能够快速响应送风机动叶调节的变化，来调节负压。

（6）加强运行管理。提高运行人员运行标准化操作水平，提高运行人员精心、敬业、防误操作等工作意识。对 DCS 所有画面进行排查，对可能发生误操作的画面提出防误操优化申请。

（7）扎实开展专业技术培训工作。发电运行部开展培训需求调查，制定详细的培训计划，采取邀请厂内专业人员、外部专家等方式有针对性的技术培训工作。保证培训效果，定期开展专业考试，并建立奖惩机制。

（八十六）空气预热器跳闸，导致锅炉 MFT 事件

1. 基本情况

2013 年 1 月 13 日，2 号机组 A 磨煤机检修，B、C、D 磨煤机运行，因调度中心要求加负荷，运行人员启动 E 磨煤机，E 磨煤机启动后因热一次风插板门未能正常开

启，运行人员停止 E 磨煤机，并联系检修人员进行处理。停止 E 磨煤机前，因磨煤机未加载负荷，为防止触发 RB 动作，运行人员退出 RB。停止 E 磨煤机后，RB 未能及时投入。

2. 事件经过

1 月 14 日 00：29：10，2 号炉 B 空气预热器主变频器运行信号消失，辅电动机联启未成功，运行人员就地手动启动未成功。00：30：09，B 空气预热器转子停转报警发出。00：30：38，B 空气预热器全停信号发出，B 侧一次风机、引风机、送风机联跳。00：31：16，因总风量小于 388t/h（额定风量 1300t/h 的 30%），MFT 动作，MFT 首出显示风量小于 30%，汽轮机 ETS 动作，发电机 - 变压器组跳闸。

电气保护班值班人员接到通知后赶至现场，配合运行在空气预热器控制柜辅变频器手操器上快速启动 B 空气预热器辅电动机成功，后发现 B 空气预热器主电动机变频器失电，经确认主电动机动力电源消失。检查主电动机动力电源开关，发现开关所在的锅炉 MCC（2）段整段失电，检查工作段 PCB 段上锅炉 MCC（2）段电源开关跳闸。

2 号炉 MCC（2）段电源开关型号为 Merlin Gerin NSX 400/630 型塑壳外壳式断路器，本体带电子脱扣单元 Micro1ogic5.3A。检查电源开关及电缆、2 号炉 MCC（2）段负荷开关及所有电缆无异常，检查空气预热器主、辅电动机控制柜控制回路及元件无异常。初步判断为 Merlin Gerin 品牌的 NSX400/630 型塑壳外壳式断路器设备不可靠，发生偷跳现象。

经处理，2 号机组于 1 月 14 日 06：43 并网运行。

3. 事件原因

2 号炉 MCC（2）跳闸，B 空气预热器主电动机动力电源消失，控制电源取自 UPS，正常带电。主电动机控制回路继电器带电，闭锁辅电动机启动，导致 DCS 及就地启动辅电动机失败。当 2 号炉 B 空气预热器跳闸，导致 B 侧一、二次风机、引风机跳闸时，运行人员手动执行 RB（RB 保护退出），未能及时调整锅炉总风量，总风量小于 388t/h（额定风量 1300t/h 的 30%），MFT 动作，造成机组跳闸。

4. 暴露问题

（1）根据规定，RB 退出需由退出申请人提交退出申请，分别由申请部门主任、运行部专工、运行部主任、生技部专工、生技部主任、生产厂长签字同意后方可退出。但在实际执行中，RB 退出并未履行审批手续，且退出后未及时投入，说明在重要保护投入退出等制度执行上存在随意性。

（2）在 RB 退出的情况下，电厂没有制定针对运行人员的技术措施，暴露出风险预控管理存在漏洞，风险预控的观念还没有真正落实到车间、班组。

（3）空气预热器主电动机控制电源与相关保护配合存在问题，其控制电源未取自动力电源上口且未配合相关低电压跳闸等逻辑，导致在动力电源消失后，主电动机控制回路运行继电器仍然带电，闭锁了辅电动机启动。

（4）2号炉B空气预热器跳闸后，运行人员调整不及时，导致机组跳闸。暴露出该单位运行人员技能培训不到位，事件处理能力不足，技术水平不高，发生异常不能及时采取有效措施，反事件能力亟待加强。

5. 防范措施

（1）各单位要进一步规范保护投退管理，严格执行保护投退的审批制度，扎实开展风险预控管理和制定非正常方式的技术措施。

（2）各单位要高度重视运行人员的技能培训工作，对运行规程、事件处理方法等开展培训，做好针对性事件预想，提高运行人员应对突发事件的处理能力。

（3）各单位要查找互备电动机控制回路与逻辑是否存在漏洞，举一反三，组织研究改进。

（4）公司电力生产部要组织进一步判断 Merlin Gerin 品牌的 NSX 400/630 型塑壳外壳式断路器的可靠性，并将其作为设备隐患进行管控。

第七章　化学专业事件

（八十七）凝结水、给水系统内进入树脂，导致机组停机事件

1. 基本情况

9 月 13 日 23：36，4 号机组因凝结水泵全停凝结水系统中断，机组手动打闸停机。

23：38，汽轮机排汽温度达到 103.2℃。低压缸胀差值（停机时为 16.55mm，23：48 超过报警值 19.8mm）上升速度较快。23：50，4 号机组破坏真空，停止轴封系统，以防止低压缸胀差值继续上升，低压缸胀差上升趋势变慢；23：58，低压缸胀差值上升至 20.33mm 后开始下降。

为给低压缸降温，准备恢复凝结水系统投运低压缸喷水系统，同时为锅炉再次点火做准备，将锅炉剩余 4 台磨煤机烧空。23：48，退出精处理装置（1、2 号前置阳床和 1、2、3 号高速混床进出电动门、出口气动门全关，旁路电动门全开）。将所有低压加热器旁路电动门打开，并打开除盐水至凝结水系统注水手动门，凝结水系统注水（轴封加热器入口温度由 96.4℃降至 28℃）。23：55，恢复 B 凝结水泵工频运行的电气操作。

2. 事件经过

9 月 14 日 00：18，工频启动 B 凝结水泵，启动电流为 380A，凝结水出口母管压力为 3.35MPa。缓慢开启除氧器上水调节阀（开度为 68%）向除氧器上水，凝结水母管压力降至 2.47MPa。

00：26，启动 A 汽动给水泵前置泵，01：40，A 给水泵汽轮机转速达 3000r/min；02：00，锅炉点火；02：10，A 汽动给水泵前置泵入口滤网差压高报警，A 汽动给水泵入口压力低跳闸，通知电建单位处理。03：22，停运 A 汽动给水泵前置泵，对 A 汽动给水泵组隔离放水，电建单位对 A 汽动给水泵前置泵出、入口滤网进行检查清理，发现汽动给水泵前置泵出、入口滤网有树脂。

3. 原因分析

从凝结水系统压力的情况来看，工频启动 B 凝结水泵时，凝结水系统压力呈上升趋势没有压力波动现象，即未发生水锤，只能判断为系统压力上升较快，系统发生了水冲击（4号机组 DCS 显示凝结水压力和精处理 DCS 系统均显示凝结水压力上升，没有压力反复波动情况）。

（1）4号机组凝结水、给水系统内进入树脂直接原因：

1）4号机组1号前置阳床、2号前置阳床、2号高速混床树脂捕捉器质量差，当阳床或混床跑树脂时，树脂捕捉器无法起到捕捉树脂的作用。

2）4号机组1号前置阳床、2号前置阳床、2号高速混床水帽质量差。在凝结水泵启动后由于工频启动凝结水泵，凝水压力升高较快（1s 内升高 1.8489MPa），造成4号机组1号前置阳床、4号机组2号前置阳床、4号机组2号高速阳床内压力迅速升高，导致床内水帽损坏，由于水帽损坏造成前置阳床（或混床）出口树脂捕捉器损坏。导致树脂进入凝结水、给水系统内。

（2）4号机组凝结水、给水系统内进入树脂根本原因分析：

1）4号机组1号前置阳床进口电动蝶阀、出口气动蝶阀质量差，阀门不严；在受到压力突然大幅度变化时阀门内漏。

2）4号机组2号前置阳床进口电动蝶阀、出口气动蝶阀质量差，阀门不严；在受到压力突然大幅度变化时阀门内漏。

3）4号机组2号高速混床进口电动蝶阀、出口气动蝶阀质量差，阀门不严；在受到压力突然大幅度变化时阀门内漏。

4. 暴露问题

（1）设备管理不到位，轴封蒸汽的温度测点设计取样点不合理长期没发现，造成设备隐患一直存在。

（2）设备风险评估不到位，未能及时发现系统存在的隐患。

（3）当值运行人员技术水平有待提高，发生异常时，对事件原因分析不清，致使事件扩大。

5. 防范措施

（1）机组启动前确认前置阳床和高速混床进、出口气动门关闭严密，发现关闭不严联系检修进行处理。

（2）加强对精处理各前置阳床、高速混床的维护，防止水帽、树脂捕捉器带缺陷运行。

（3）对4号机组前置阳床、高速混床进、出口气动门进行全面检查，确认是否不严、阀门安装方向是否正确。

（4）有条件的情况下将4号机组凝水系统切至再循环方式，工频启动凝结水泵，观察、确认4号机组精处理是否能够满足系统要求。

（八十八）化学水质不合格，造成爆管事件

1.基本情况

1994 年 6 月 7 日 22 ∶ 53，某电厂 1 号炉水冷壁发生爆管事件，经停炉检查发现卫燃带上方 18 ~ 20m 标高范围内有 45 根管异常，其中 39 根不同程度鼓包或穿孔，6 根被吹损。这是一起典型的水冷壁结垢过热爆管事件。

2.事件原因

（1）汽轮机冷凝器铜管泄漏，给水品质不合格，未采取果断措施及时处理，这是锅炉水冷壁结垢过热爆管的主要原因。

（2）化学监督不严。锅水品质长时间不合格，没有采取有效措施和停炉处理。

3.暴露问题

（1）锅炉运行人员责任心不强，化学监督人员工作失职。凝结水不合格时间长达 38 天，此间锅炉运行人员未按化验要求进行排污；化学人员对锅水品质监督不严，未监督排污执行情况及其排污效果，造成锅水品质长期不合格，水冷壁结垢爆管。

（2）设备管理不善，设备缺陷未及时处理，如定期排污现场无照明、地沟盖板残缺等，影响运行人员定期排污安全操作，加药泵运行不正常，影响锅水品质；循环水进口阀门长期锈蚀无法关闭，不能分别停下进行单侧冷凝器的检查堵漏。

4.防范措施

（1）1 号炉水冷壁结垢量严重超标，应尽快安排进行酸洗，并全面检查水冷壁管过热和减薄情况，对不合格者进行更换。2 号炉水冷壁结垢情况也应安排检查。

（2）加强监督凝结水、给水和锅水的品质。补充锅水含盐量监督项目，如超标应分析原因，及时处理，处理无效继续恶化可能导致设备损坏时，应采取果断措施。

（3）认真执行锅炉排污制度。化学人员应监督排污、加药通知单执行情况及其效果，如排污不能保证锅水品质合格，应采取其他有效措施，甚至停炉处理。

（4）立即改善定期排污系统的环境，加强管道阀门维护，改造排污系统，将排污阀门移开出渣口，恢复电动装置，确保运行人员安全操作。

（八十九）内冷水的铜含量严重超标，导致系统腐蚀产物的沉积事件

1.事件经过

某公司 1 号发电机自 2007 年 6 月投运，运行约半年后，定子内冷水流量减少 5 ~ 10t/h，部分线棒温度有升高现象，进、出水压差有所增大。12 月 3 日，在机组检

修期间对内冷水系统进行反冲洗，清理滤网，更换滤芯。12月5日，机组启动，进行投运以来内冷却水铜含量的首次测试，达225μg/L。12月5—14日，监测内冷却水铜的含量一直在200～300μg/L，pH值为6.05～6.95，平均约在6.6左右，导电率在1μS/cm以下。离子交换器8月3日以前投运，后因内冷水电导率合格（1μS/cm以下）而未投运。12月14日，对离子交换器树脂进行了更换并投入运行，内冷却水铜含量1天后降至40μg/L以下。

2007年12月19日，召开了1号发电机内冷水水质异常分析专题会。会上发电厂有关人员对1号发电机内冷水水质异常情况做了简要介绍，与会人员从不同角度对该问题进行了剖析，并提出了下一步发电机内冷水系统运行应采取的措施。

2. 事件原因

（1）从机组投产后至12月5日没有对发电机内冷水的铜进行监测。这期间缺乏对水质的有效监督。从12月5—14日检测铜含量来分析，认为在离子交换器没有投运的4个月期间，内冷水的铜含量严重超标，并会引起腐蚀产物的沉积，是系统压差增大、流量降低的主要原因。

（2）内冷水pH值低会促进内冷水系统的铜腐蚀。按照标准要求pH值应控制在7.0～9.0的范围，但实际运行的pH值明显偏低，最低为6.05，是造成铜线棒腐蚀的主要原因。

（3）在pH值较低的内冷却水中，溶解氧对铜线棒的腐蚀影响很大。最危险的溶解氧浓度范围为200～300μg/L。由于采用目前的补水方式为直接补入除盐水，补水含氧量达6000～8000μg/L，在系统运行过程中，水的溶解氧经历从高到低的过程，要经过危险浓度范围，加快了铜的腐蚀，是造成内冷水的铜含量高的另一原因。

（4）原设计未明确内冷却水必须充氮运行，实际运行按未充氮运行，导致氢气在内冷却水中长期聚集，可使腐蚀下来的铜腐蚀产物还原，可能在水温高（发电机出水端）、水流速低（线槽流向改变处）的地方发生单质铜的沉积。

（5）pH值低使系统发生腐蚀是铜含量高的直接原因，离子交换器没有投运是内冷却水系统的铜含量高的间接原因。由于2号机组离子交换器一直投运，虽然腐蚀依然存在，但铜含量不会过高（12月5日前没有测试），铜腐蚀产物沉积的可能性很小。

3. 防范措施

（1）建议发电机内冷却水铜的检测纳入正常的水汽监督。含铜量超过40μg/L应及时换水；在10～40μg/L应投运离子交换器。

（2）提高pH值可有效抑制铜的腐蚀，建议加氢氧化钠调整内冷水pH值至8.0～8.5。在此pH值范围内氧含量对铜腐蚀速率的影响较小。从短期考虑，可手工向水箱加入适量（10 ~ 100mL，由试验确定）1mol/L 的 NaOH，保证电导率小于 2μS/cm 的前提下，将 pH 值提高到 8.0 以上。从长期考虑，采用自动加药，应配置一套水质自动控制装置（包括 pH 值自动控制、电导率自动控制、溶解氧自动控制）。

（3）在机组启动时和铜含量超过 10μg/L 时，离子交换器必须投运。采用加 NaOH 处理后，铜含量小于 10μg/L、电导率合格时，离子交换器可以不投运。

（4）由于空冷机组没有设精处理混床，凝结水含氨量高、电导率高不能作为内冷水的补充水，只能补含氧量高的除盐水。为了避免氢气在内冷却水箱聚集使铜的腐蚀产物还原、沉积和保证水中的溶解氧合格，建议内冷却水箱采用负压运行，可接一路细管与凝汽器真空泵连通或采用另加真空泵的方式，使内冷却水箱处于微负压状态。

（九十）冷库氨气管道爆炸事件

1. 基本情况

2004 年 5 月 15 日，一家企业冷库在对氨气管道进行焊接过程中发生爆炸，造成一起死亡 1 人、重伤 3 人，冷库及附属设施遭到严重破坏的重大伤亡和严重经济损失的生产事件。

2. 事件经过

该冷库是新建的，在安装调试后，发现氨气管道有泄漏现象。为了找到泄漏点，在没有排空氨气的情况下，便充入氧气进行打压试验，发现泄漏部位后，又在没有对管道进行任何处理的情况下进行补焊。因此，在焊接过程中发生爆炸。

3. 原因分析

氨气是一种有毒的化学物质，具有中等燃烧危险，与空气或氧混合后能形成爆炸性气体。其燃点是 650℃，爆炸极限浓度为 16% ~ 25%。氨在空气中不能燃烧。但在纯氧中能燃烧，火焰呈黄色，能水平传播，遇油类和可燃物会增大火灾危险。在该起事件中引起爆炸的主要原因是由于在焊接时，没有排空管道内的氨气和氧气，当焊接温度达到 650℃后，导致氨气和氧气发生氧化反应，产生大量热量，此外产生的氮气和水蒸气又使管道内压力增加。更主要的是，氨气在管道内与氧混合形成了爆炸性气体，因此，遇到电焊火花便发生了爆炸。

事件调查还发现，该企业负责人安全意识淡薄，盲目指挥，没有必要的安全常识。施焊作业人员又没有经过专门的安全技术培训，无证上岗。其主要作业人员也没有经过必要的安全教育。此外，该企业安全规章制度不健全，作业人员不遵守安全操作规程等，都是导致发生爆炸事件的客观因素。

4. 防范措施

为了防止发生类似事件，冷库及其他利用氨气作制冷剂的行业和生产、使用氨气的企业应做好以下工作。

（1）必须加强各类人员的安全技术培训工作，特别是对企业法人、安全管理人员、特种作业人员的安全培训。做到持证上岗，严格遵守国家劳动安全卫生法律、法规和标准。落实各项安全生产责任制，建立健全劳动卫生规章制度和安全操作规程。

（2）氨气是一种有毒、有爆炸危险性的化学品，吸入或与眼、皮肤、黏膜接触有刺激性。能严重损伤呼吸道黏膜，甚至可能造成死亡的后果。国家规定车间内最高允许浓度是30mg/m³。生产、经销、运输、储存和使用环节应严格执行说明书和安全标签。对设备和作业场所的氨气浓度应定期进行检测，把事件隐患消灭在萌芽状态。

（3）用人单位给职工发放劳动防护用品。如护目镜或面罩及氨不能渗透的防护服等。

（4）冷库氨贮罐应存放在阴凉、通风良好、不易燃的场所，远离火源，与其他化学品特别是氧化性气体、卤素和酸类隔开。

（九十一）抗燃油漏入水汽系统，造成锅水磷酸盐、电导率严重超标事件

1. 基本情况

某发电厂2号机组是东方汽轮机厂生产的N300—16.7（170）537/537型汽轮机，1994年10月28日移交生产。1994年10月试运时，初期锅水 PO_4^{3-} 在合格范围内。10月18日，机组停炉消缺；10月20日，启动；21日，进入168h试运期。自带满负荷始锅水 PO_4^{3-} 一直较高，在27mg/L左右（当时怀疑因突然停机，加药泵未及时停，加入过多的药所造成），此后不加磷酸盐只加NaOH调锅水pH值，并加强排污进行锅水换水。到11月8日停机，锅水进行大量换水，PO_4^{3-} 由24.4mg/L降至5.1mg/L，机组启动后 PO_4^{3-} 继续增长至30mg/L左右（认为磷酸盐隐藏现象所致）；11月5日，机组降负荷，又一次进行大量排污，PO_4^{3-} 由32.8mg/L降至11.2mg/L，但满负荷后 PO_4^{3-} 继续增长，达50mg/L以上，此时判断汽水系统有问题，但结论不明确。

2. 事件原因

直至11月22日，凝结水除盐系统再生过程中发现有油的乳化物后，怀疑抗燃油进入系统，此后由汽轮机运行专业找系统，但未查到原因，到11月30日，锅水 PO_4^{3-} 最大到113mg/L，锅水导电率（加NaOH调pH值每天需工业碱30kg）最高达480μS/cm，且整个2号机组汽水系统取样有异味。11月30日起，再次进行系统全面检查；12月1日

16：00，发现 2 号机组右中压调节门油动机冷却水（来自凝结水，回水至凝汽器）回水混浊有异味，取样进行 PO_4^{3-} 分析，含量为 15.64mg/L，19：30 将其隔离，至 12 月 3 日 07：00，锅水导电降至 201μS/cm，PO_4^{3-} 降至 59.9mg/L。经过一段时间的监测，确认油动机有抗燃油漏入冷却水，随回水进入水汽系统。

3. 防范措施

（1）系统、设备有漏点，及时采取隔离措施，对泄漏点进行处置，防止事件扩大。

（2）水汽系统指标有异常时，应及时分析，进行全面检查。

（九十二）离子交换树脂进入给水系统，引起前置泵滤网堵塞无法开机事件

1. 基本情况

某发电厂 2 号机组是上海汽轮机厂生产的 300MW 机组。1996 年 12 月 1 日投入试生产。该厂 2 号机组在 12 月的一次事件停机时，约有 1.5m 的凝结水处理树脂进入了给水系统，厂里在开机上水时发现这个问题。采取过滤、排放等措施，经过近 30h 的处理，进入系统的绝大多数树脂被排出，但是也有不少残余树脂及其碎物造成锅炉点火至机组带负荷后的汽水品质恶化，近 20h 后才开始好转。

2. 事件原因

1997 年 1 月 25 日化学运行人员发现凝结水取样管流量越来越小，有堵塞现象，联系检修班检查清理冷却器，检修班人员发现高温架凝结水泵出口取样管中有树脂。化学车间组织人员检查又发现高速混床出口取样管、除氧器进出口取样管均有树脂，汽轮机人员清理电动给水泵的前置泵滤网时也发现有树脂，但在省煤器入口取样管就没再发现树脂。

分析认为 12 月 21 日 2 号机组突然跳机，瞬时整个系统失电，热井真空未破坏前，如果凝结水泵出口止回阀稍有不严就会造成倒流，使树脂从高速混床的入口管流到凝结水泵的出口管乃至热水井中。有三点可以说明这一现象：

（1）停机后高速混床压力降为零，床体泄压只能是通过入口管、凝结水泵到负压的热水井。

（2）凝结水运行温度是 34℃，刚停机时是 80℃，不久便长到 100℃（也可能超过 100℃），而床体的温度只是稍高些，这说明热水是从低压加热器系统倒流回来的。

（3）跑出的阴树脂约为阳树脂的 9 倍，因床内顶部约有 100cm 高的水垫层，阴树脂比重小，当树脂被倒吸翻腾起来后，阴树脂漂浮在水中跑失的可能性也就大些；反之，如果从下部出水装置跑树脂，阴阳树脂之比是 2：3。

3. 暴露问题

（1）确认高速混床出水装置无异常后，立即投运高速混床，使低压给水系统形成自循环，即热水井 - 凝结水泵 - 高速混床 - 除氧器，再通过除氧器水箱底部放水门回热水井，使进入系统的树脂通过高速混床再收集起来。

（2）停凝结水泵，静置后，从热水井、除氧器水箱底部的排污门放水，加速清除系统内的树脂。

（3）对已进入锅炉的水从定期排污系统进行排放。锅炉上水时轮流开启各给水泵，对前置泵的滤网进行运行中及停泵后的冲洗及清理，使进入除氧器下降管内的树脂被排放，以防前置泵滤网被堵。

（4）全开高温架低压给水系统取样门，并套上 50 目的套管网，进行跟踪检查，以确认高速混床出水是否正常，并随时掌握系统各部位树脂遗留情况。

（5）根据树脂的组成和结构，在高温高压下分解的可能产生低分子有机酸、硫酸根及硝酸根，加强对给水、锅水、蒸汽的监督、调整，蒸汽增加 pH 值监督项目，以监督树脂进入系统后对水汽的影响。

4. 防范措施

（1）修整凝结水泵出口止回门。

（2）加强汽轮机运行与化学凝结水处理的联系，必须先全开凝结水旁路门，高速混床解列后，汽轮机才能停凝结水泵。

（3）如果因故停凝结水泵，化学人员必须到就地取样观察判断，如高速混床入口树脂流出，必须及时采取可靠措施不能使树脂进入给水系统。

（4）凝结水泵启动前汽轮机运行应提前通知化学，以便及时监督凝结水水质及异常。

第八章　燃料专业事件

（九十三）除尘器吸粉管内积粉自燃，引起皮带着火事件

1. 事件经过

（1）机组运行方式。老厂（2×220MW 机组）7 号机组正常运行、8 号机组停备，新厂（2×1000MW 机组）1 号机组正常运行、2 号机组已于 2 月 21 日 21：30 按电网调度令停机检修。

（2）输煤系统运行方式。2 月 21 日，电厂燃料运行部输煤运行三班当班。新厂上煤运行方式为 1 号斗轮机取 2 号煤场、配 2 号斗轮机取 3 号煤场；卸煤运行方式为：翻车机接卸煤至 2 号煤场。14：00 — 17：20，1、2 号斗轮机配合供煤，C9A 皮带运行。20：45 — 22：25，1、2 号斗轮机配合供煤，C9B 皮带运行。22 日 02：25 — 03：50，翻车机配卸煤沟 C6B 上煤，C9B 皮带运行。

（3）发现着火及救援过程。2 月 22 日 04：45，运行三班副班长郭某在清理输煤运行交接班室卫生时，看见窗外发红，打开窗户发现 C9A/B 皮带拉紧装置处着火，立即拨打 657119 厂内消防报警电话，汇报燃料调度值班孙某和当班值长周某，并要求值长立即停 C9A/B 和 C10A/B 皮带机电源。值长立即向电厂领导汇报，并立即通知现场无关人员撤出着火现场。04：07：45，C9A 皮带火情，04：50，班长吴某通知锅炉房 45m 层 C10 皮带机值班员梁某抓紧撤离现场。随即当班班长吴某、郭某进入着火现场进行灭火，同时厂内消防队消防车也赶到现场进行救火。

04：27：17，总经理、副总经理、总工程师等领导赶到现场，指挥、组织火灾扑救和救援工作，控制火情扩大，并立即启动一级应急响应预案。至 05：40，将火势扑灭。06：00，当班值长周某向公司调度室进行了汇报，调度立即通知了公司各生产部门负责人和公司领导。公司总经理接到报告后立即启动了公司一级应急响应预案。06：30，调度室向生产指挥中心进行了汇报。

（4）抢修恢复情况。事件发生后，公司组织成立了以总经理为组长的抢修领导小组，以副总经理为组长的安全生产领导小组，组织安排进行 24h 不间断抢修恢复工作。

成立了事件调查、物资供应、技术支持、后勤服务、财产理赔、宣传、设备抢修和运行保障等 11 个工作项目组。

全面开展抢修恢复工作。2 月 28 日 11∶52，C9A 皮带抢修工作全部结束，恢复运行。2 月 28 日 22∶26，电厂 1 号机组启动并按调令并网。3 月 1 日 10∶50，C9B 皮带抢修工作全部结束，恢复运行。

（5）事件现场设备损坏情况。事件造成 C9A 侧皮带 400m、C9B 侧皮带 300m 烧损；两台皮带秤、两台入炉煤取样机上半部部分损坏；控制电缆总长 6000m 烧损；皮带架 100m 局部变形；6 个滚筒包胶局部脱落；水消防系统管路 2 处断开，栈桥两侧护板局部烧损。

2. 原因分析

经事件调查组现场反复勘察、调查、试验、取证，查看监控录像，询问当班运行与检修等相关人员，查阅当班记录、相关的图纸、档案，分析确定原因如下：

（1）直接原因。2 月 21 日 20∶45，C9A 皮带机停运。从监控录像查看，在 2 月 22 日 04∶05，除尘器吸粉管内积存煤粉自燃，自燃煤粉落到 C9A 皮带上，引起皮带着火。

1）除尘器吸风口滤网积粉。由于粉尘浓度大、气流速度不均匀等原因，造成除尘器吸风罩入口滤网处积粉较多。

2）煤粉自燃。除尘器滤网积粉较多，温度的变化加剧煤粉氧化，温度达到积粉的燃点后引起煤粉自燃。

（2）扩大原因。

1）C9A 皮带着火：C9A 导料槽积粉自燃掉到皮带上，初期火情火险没有及时发现，未得到及时扑灭和控制，致使火势蔓延。

2）C9B 皮带引燃：C9A 皮带烧断后滑落至栈桥下部拉紧装置处堆积燃烧，引燃相邻的 C9B 皮带着火。

3）输煤栈桥消防水幕喷淋系统和水喷淋系统未联动投入，造成火势沿皮带蔓延扩大。

（3）间接原因。

1）检修人员为解决除尘器振打期间风机停运，造成导料槽大量煤粉飞扬污染输煤廊道的问题，在危险源辨识不清、风险评估不到位的情况下，未履行变更程序加装了 C9A/B 除尘器风筒联络管，形成吸风口气流分布偏离原设计，导致气流速度不均匀，同时吸收口处风量减少，造成滤网上部吸入管积粉严重。

2）燃料消防监测系统设计存在盲区。原始设计中火灾感温电缆采用吊装形式（感温电缆用钢丝拉线吊装在皮带上方 1.0 ~ 1.5m 处）敷设，考虑保持一定松紧度，电缆长度保留一定的富余量，C9A 皮带首尾部中心桶距离为 206m，实际电缆覆盖距离仅 170m，存在敷设盲区。暴露出原始设计不规范，验收审核部门把关不严。皮带上方防护罩、除尘器、导料槽、除铁器等设备处没有感温电缆，出现约 30m 盲区。火灾初期发生在导料槽，距离最近的感温电缆约 18m，致使报警感温电缆自动报警时间延误 26min。

3）燃料消防水喷淋系统未发挥作用。C9A 消防水喷淋系统包括消防水幕喷淋系统和预作用水喷淋系统，均未联动喷淋。水幕喷淋系统和预作用水喷淋通过报警信号（温度为 68℃）联动电磁阀控制管内水压，启动水喷淋，由于自动报警系统报警时间延误，导致联动电磁阀控制电缆在报警前已烧断，造成联动电磁阀未动，水幕喷淋系统未喷淋，预作用水喷淋系统在闭式喷头玻璃泡破裂（爆裂动作温度为 68℃）的情况下也未喷淋。设计院消防系统设计说明书中明确"预作用阀控制管路中设计存在压缩空气"，经与设计人员核实，属说明书文字编写错误。

4）现场巡视、输煤运行监控未及时发现火情，错过了初期火情火险扑灭时机。火灾报警装置报警后，输煤程控室和集控室当班人员严重失职，没有迅速做出反应。

5）输送皮带经煤科院进行燃烧性能检测，样品检测结果火焰持续时间为 64.12s（技术要求不大于 60s），再燃性无法判断，"结论不合格"。

3. 暴露问题

（1）设备异动、变更管理存在严重不足。C9A/B 皮带机电除尘器吸粉管由单独设计改为联通管，其目的是为了抑制扬尘，但在变更过程中，没有对改造方案和变更后的风险进行认真的辨识和分析。没有严格执行设备异动、变更管理程序，设备变更管理存在管理漏洞。

（2）基本建设过程控制存在缺失。C9A/B 感温电缆存在敷设盲区，暴露出原始设计不规范，验收审核部门把关不严。特殊消防系统未及时移交生产，针对特殊消防系统的操作和使用，未对生产人员进行必要的消防培训。

（3）安全职责落实存在问题。《设备分工分界实施细则》（GHFD-01/XD-01）中关于 1000MW 机组设备管辖范围的规定内容，对消防系统责任分工不明确，消防设施维护试验工作、输煤程控消防报警装置分工出现真空，燃料分公司和设备维护部专责人员、管理人员对此不清楚。设备分工不清，导致安全责任制无法落实到位。

（4）安全生产管理文件体系存在漏洞、执行落实不到位。公司现行的安全生产管理文件及检修运行规程中，缺少消防设施、报警装置定期试验、按时监控画面巡回检查的规定，且岗位工作职责中没有消防安全职责的明确规定。暴露出在发电生产本质安全管理建设过程中，基本的文件体系建设还存在漏洞和不足，执行过程中没有切实落实到位。

（5）消防安全培训存在问题。发现火情后，燃料调度人员拨打12次报警电话，历时2min 35s才正确拨通报警电话，且对火情描述不清，致使消防人员未能正确判断火情，分批出警。生产人员对消防报警装置的报警信息处置程序不清，对现场手动启动水幕消防系统的程序不清，对现场消防系统的整体情况，包括系统配置、系统布置、功能均不清楚。暴露出公司消防培训工作缺乏针对性、实效性，百万机组投产后，没有将消防技能作为生产人员上岗必备条件。

（6）劳动作业组织不适应两台百万机组运行要求。经核实，自2006年以来，燃料运行值班人员采用上一天（24h）休3天（72h）的倒班方式。

（7）对集团消防工作要求没有严格落实。2月14日，集团公司下发了《关于开展集团公司电力板块消防管理安全检查的通知》提出了7项具体要求，其中要求各发电单位要对输煤系统、制粉系统的消防管理状况进行检查。但发电公司没有严格落实文件要求，没有发现输煤系统存在的火灾隐患。这起火灾事件还暴露出发电公司在动火作业管理方面存在严重不足。事件调查中发现，发电公司规定输煤系统动火作业需办理二级动火工作票，现场要有消防监督，但输煤系统长期以来动火作业没有办过动火工作票，失去了动火作业的管控。

（九十四）输煤栈桥火灾事件

1. 基本情况

公司输煤系统共有16段输煤皮带，编号为7~11、15~25段，输煤皮带均为阻燃皮带。其中，7~11、17、21~25段为双路皮带，15、16、18~20段为单路输煤皮带。7~11、17、18、22、23段皮带为7、8号机组供煤，7~11、17、24、25段皮带为9号机组共煤。设有2座3万t储煤筒仓和一个12万t储煤场。

2017年3月，对8、9、11段输煤皮带栈桥钢结构进行了加固，围护结构为彩钢保温板。11段甲乙路输煤皮带机型号为TD75型，带宽为1.2m，带速为2.5m/s，甲路皮带长106.4m，乙路皮带长98.4m。

8、9号机组运行。2018年4月27日21：50，11段甲皮带启动上煤，由煤场取煤，至28日00：15上煤结束，停止运行。

2. 事件经过

2018年4月28日04：15，燃料皮带运行四班班长发现10段输煤皮带下部碎煤机室有烟冒出，随即走到11段输煤皮带尾部门口查看，发现11段尾部室内已充满烟雾，

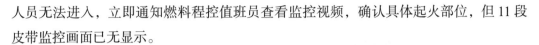

人员无法进入，立即通知燃料程控值班员查看监控视频，确认具体起火部位，但11段皮带监控画面已无显示。

04:35，程控值班员将起火情况汇报给燃料运行调度员杨某某，杨某某立即向当值值长徐某、燃料分场书记和主任汇报。04:39，燃料分场书记报火警119；04:57，市消防队到达现场扑救；06:20，现场明火全部扑灭。

事后查看监控视频发现，4月28日03:43，11段甲皮带导料槽处出现着火点；03:51，出现明火；03:56以后，随着火势逐渐变大，现场充满浓烟，视频画面消失。

3. 原因分析

（1）损失情况：经初步查看，11段甲乙皮带机、甲乙皮带、皮带架构及附属设备烧损，10段甲皮带烧损15m，11段皮带围护结构烧损约40m。无人员伤亡，具体经济损失待进一步核实。

（2）初步原因：经现场核实，并根据最初起火点判断，可能由于11段甲输煤皮带尾部导料槽积粉自燃导致火灾，具体原因需进一步鉴定分析。

4. 防范措施

（1）进一步落实各级人员安全责任。按照"党政同责、一岗双责、齐抓共管、失职追责"要求，各级安全第一责任者认真督促检查安全工作，高度重视安全责任落实。借助目前春检时机，认真排查安全责任制健全完善及落实情况，严肃追究履职不力、最后一公里不到位问题，压实各岗位安全责任。

（2）立即开展输卸煤系统火灾隐患治理。详细排查防止输煤系统火灾事故防范措施落实情况，认真治理扬尘，全面清理积粉，尤其要深入清理落煤管、导料槽腔内、除杂物器、除尘器及皮带架构死角等部位积粉。严格落实《电气火灾隐患综合治理方案》，全面排查输煤系统电缆积粉和电气、电缆绝缘情况，及时消除火灾隐患。加强煤场管理，及时消除存煤自燃现象，严禁带火煤上皮带。

（3）高度重视消防安全工作。利用春检时机，全面排查治理各类火灾隐患，系统排查消防系统设备设施完好及投入情况，认真治理重点防火部位火灾报警及自动灭火系统存在的问题。按照公司《消防安全管理规定》要求，健全完善本单位消防安全管理制度，企业消防安全责任人、消防安全管理人严格履职，切实督促检查消防安全工作。落实责任，建立机制，突出做好消防安全巡查工作。

（4）强化重点时段安全管控。严格落实领导带班和各关键岗位值班工作，严格值班纪律，带班领导认真巡查，掌握有关安全工作情况，值班人员认真做好岗位安全巡查工作。强化运行值班纪律，严格落实巡回检查制，采取突击检查方式，抽查值班纪律和运行巡检工作，严格处罚违规违纪行为。深入落实重点部位重大作业到位制度，有关负责人和管理人员切实履行到位职责，把好安全关。输煤系统示意如图 8-1 所示。

图 8-1　输煤系统示意图

（九十五）皮带未完全停运清煤，造成人身伤害事件

1. 事件经过

1993 年 2 月 20 日 05：00，燃料三期输煤皮带正常启动上煤；06：30，6 段值班员金某接到程控值班员停止上煤的命令，停止了运行中的 6 段乙皮带，此时皮带在惯性下仍在行走，金某在皮带没有完全静止的情况下手握铁锹，清理 6 段乙侧头部皮带转向滚筒处的地面落煤，因人在皮带外侧够不着落煤，金某便钻入皮带下，拿锹的左手碰到皮带转向滚筒，连同身体被带到皮带与转向滚筒之间，左手拇指和头被挤住，此时金某头脑清醒，急忙将头抽回，金某戴的安全帽两侧被挤压变形，这时皮带也完全静止，金某被卡在转向滚筒与钢梁支架处，金某大声呼救，7 段皮带值班员听到金某的呼救声，立即赶到现场，同其他赶到现场的人员将皮带割断，将金某救下，送往市内医院，检查确认是闭合性脑骨损伤。

2. 事件原因

（1）运行中人工清理皮带滚筒上的黏煤或对设备进行其他清理工作。

（2）临时工素质低，对皮带停后仍有惯性考虑不周。

（3）燃料分公司贯彻事件通报不力，没有认真吸取教训。

3. 暴露问题

（1）在工作中不严格执行规章制度。

（2）临时工素质低，安全思想不牢。

（3）贯彻事件通报、落实防范措施上不深不细。

4. 防范措施

（1）在全厂范围内开展安全大检查，举一反三，堵塞漏洞，进一步完善安全，确保不再发生人身伤害事件。

（2）对全厂临时工地、劳务工进行整顿，对燃料运行临时工进行培训，考试合格后方允许上岗。

（3）对职工进行遵章守纪教育，严格执行规章制度。

（4）在事件现场，挂事件警示牌。

（九十六）启动炉碎煤机电动机烧损事件

1. 基本情况

2015年3月9日21：40，启动炉开始上煤；22：39，启动炉碎煤机跳闸。23：10，将碎煤机堵塞的煤掏空后再次启动，电动机没有启动，并发出嗡嗡声，运行人员立即停电，停电后检查电机已经烧损。

2. 事件经过

2015年3月9日21：40，启动炉开始上煤；22：39，启动炉碎煤机跳闸，上煤人员从振动平煤算上发现不再下煤，立即去-4m检查，发现碎煤机已经停运，但是运行指示灯和停止指示灯都亮着，上煤人员以为碎煤机没有断电，立即按下停止按钮，运行指示灯还亮着，上煤人员连续按下启、停按钮，运行等熄灭，此时上煤人员开始清理积煤。23：10，清理完毕后再次启动碎煤机，按下启动按钮后碎煤机没有启动，只听见电动机嗡嗡声，然后按下停止按钮，电动机嗡嗡声仍然存在，上煤人员立即前往值班室进行汇报，此时辅控值班员刘某正在启动炉0m观察启动炉燃烧情况，刘某立即赶往配电室查看，到达配电室后闻到轻微焦糊味，打开碎煤机开关柜门后发现接触器已经烧损，值班员刘某立即拉开碎煤机电动机空气断路器，在拉开断路器的瞬间接触器上方产生火花。值班员汇报值长联系维护人员进行处理，同时测量电动机绝缘到零。

3. 原因分析

22：39，启动炉碎煤机跳闸，碎煤机上煤人员发现碎煤机运行指示灯仍然亮着，误导了上煤人员以为电动机仍在通电状态，工作人员连续3次按下启停按钮，运行灯熄灭。此时接触器已经出现故障，工作人员没有及时汇报。堵煤清理完毕后再次启动，造成接触器彻底损坏，不能分闸，造成电动机未启动的情况下长时间通电烧损。

4. 暴露问题

（1）由于外委队伍水平有限，发现问题不能及时汇报，再次启动存在隐患的设备造成故障扩大。

（2）管理不到位，电厂设备不应该交给未经过专业培训的外委队伍操作。

5. 防范措施

（1）梳理现在还存在由外委队伍单独操作的设备，禁止将电厂设备交给未经专业培训外委人员进行操作。

（2）加强各区域外委队伍的培训，发现异常及时汇报。

（3）设备跳闸后不允许重新启动，必须联系维护人员处理。

第九章　脱硫脱硝专业事件

（九十七）吸收塔喷淋支管检修孔被冲开，引起 SO_2 超标停机事件

1.基本情况

2016 年 6 月 29 日 05：35，接到机组启动命令后，开始 2 号吸收塔注浆；17：55，吸收塔液位为 6143mm，启动 2 号吸收塔第一层浆液循环泵；18：00，启动第二层浆液循浆泵。6 月 30 日 05：49，启动 2 号吸收塔第三层浆液循环泵，pH 值为 6.74。6 月 30 日 07：50，2 号机组并网，至 7 月 5 日 06：21 之前 3 台浆液循环泵、增压风机、GGH 运行正常，除雾器差压、pH 值、吸收塔液位等参数正常，出口 SO_2 排放浓度达到环保指标。

设备系统检查情况如下：

喷淋层：第一、二层喷淋母管检修口（450mm×500mm）冲开，第三层喷淋分支母管 8 处喷嘴检修口冲开，第一、二、三层喷嘴堵塞 151 个，螺旋喷嘴碳化硅喷头断裂 9 个。

除雾器层：平台积浆，除雾器卡套松脱，除雾器面板堵塞严重，除雾器冲洗水管堵塞，一级除雾器前冲洗水管道脱落，一级除雾器面板脱落 8 组，二级除雾器面板脱落 6 组。

吸收塔底部：第一层浆液循环泵滤网脱落，第二、三层浆液循环泵滤网变形。

DCS 历史曲线图检查情况分析：

7 月 5 日 07：45，1 号吸收塔浆液循环泵电流从 51.16A 逐步降至 49.30A，2 号吸收塔浆液循环泵电流从 51.19A 逐步降至 46.95A，3 号吸收塔浆液循环泵电流从 56.47A 逐步降至 52.81A。

7 月 6 日 19：46，一层浆液循环泵电流从 51.98A 突然上升至 55.1A。

7 月 7 日 05：42，第三层浆液循环泵电流从 56.81A 突然下至 50.89A。

7 月 7 日 05：42，第三层浆液循环泵电流从 56.81A 突然下至 50.89A。

7 月 7 日 15：46，第三层浆液循环泵电流从 50.49A 突然升至 56.81A。

7 月 7 日 09：57，在锅炉负荷为 450MW，吸收塔浆液循环泵保持 3 台运行不变的情况下，除雾器差压从 199Pa 突降至 153Pa。

7月8日10：07，第二层浆液循环泵电流从48.91A突然上升至52.29A。

7月8日10：24开始至7月10日机组停运，循环泵电流波动较小但偏高。

2．事件经过

7月5日，2号吸收塔3台浆液循环泵电流下降并波动。7月6日，2号出口SO_2浓度超标2h。7月7日，2号出口SO_2浓度超标13h；7月7日05：42，第三层浆液循环泵电流从56.81A突然下至50.89A。7月7日08：30，第三层浆液循环泵机封泄漏。09：57，在锅炉负荷为450MW，吸收塔浆液循环泵保持3台运行不变的情况下，除雾器差压从199Pa突降至153Pa。10：15，停运第三层浆液循环泵，更换机械密封，15：46，第三层浆液循环泵处理完毕启动，电流为56.81A。7月8日SO_2排放浓度超标13h。23：00，2号吸收塔添加脱硫增效剂，效果不明显。7月9日，对CEMS烟气分析仪进行更换，期间用手持分析仪比对校验依然超标。7月10日16：00，2号A引风机投入运行，增压风机出口压力由0.5kPa增至1.12kPa。2号脱硫出口浓度仍超标，无明显变化。7月10日17：00，申请网调停运2号机组。

3．原因分析

（1）直接原因。临修时，喷淋母管和喷淋支管上部为疏通堵塞的管道和喷嘴开的临时检修孔，在复原时未严格按照技术方案要求加固，运行时有个别检修孔被浆液冲开，直接冲刷除雾器，导致个别除雾器脱落，是造成本次事件的直接原因。

（2）间接原因。除雾器整体设计不合理，除雾器下层底部与喷淋层上层喷嘴只有80cm高度；除雾器板片端部连接强度不足；运行冲洗间隔时间较长；个别除雾器面板变形；敏东一矿更换开采面，燃煤成分发生较大变化，入口SO_2浓度最高达到3100mg/m³（标准状态，设计脱硫入口SO_2浓度为1540mg/m³），热值最低值达到2900kcal，为防止出口SO_2排放浓度超标，在吸收塔内添加增效剂；维保单位检查不到位，2号机组停运期间，对除雾器检查不仔细、不认真，未能检查分析出除雾器脱落的隐患并做相应处理；电厂现场监督管理不到位，验收把关不严，对施工过程中存在的问题未能及时发现并纠正。

（3）原因分析。从DCS和就地检查情况分析：

7月5日07：45，在锅炉负荷、吸收塔液位没有变化的情况下，3台吸收塔浆液循环泵电流突然下降2～4A，波动较大，原因是第三层喷淋支管喷嘴检修孔被冲开直接冲刷除雾器，导致个别除雾器面板脱落，掉至吸收塔浆池内，经搅拌器搅成碎片，形成浆液循环泵入口滤网和出口喷嘴堵塞，导致电流下降和波动。

7月6日19：46，第一层浆液循环泵电流突升4A，原因是随着除雾器碎片在塔内增多，堵塞入口滤网，电流波动逐渐增大，滤网一张一弛，固定螺栓未点焊，造成滤网脱开，大部分除雾器碎片进入喷淋层，造成喷嘴堵塞，管道压力增大，将第一层喷淋层母管进吸收塔处检修孔（400mm×450mm）冲开，流量突然增大，电流升高。

7月7日05：42，第三层浆液循环泵电流突然减小5A，入口滤网和喷淋层被除雾器碎片堵塞严重，循环泵吸入量减小，造成电流下降。15：46，第三层浆液循环泵电流突然增大6A，入口滤网变形严重，形成较大缝隙，大量碎片进入喷淋层，管道压力增大，将新开第三层喷淋支管喷嘴检修孔冲开，流量增大，电流升高。

7月7日09：57，除雾器差压突降46Pa，第三层喷淋支管喷嘴检修孔冲开，液柱直接冲刷除雾器，造成除雾器脱落较多，烟气通过除雾器阻力减小，差压减小。

7月8日10：07，第二层浆液循环泵电流突然增大4A，入口滤网变形严重，四周形成较大缝隙，大量除雾器碎片进入第二层喷淋层，管道压力增大，将新开第二层喷淋母管进吸收塔检修孔（400mm×450mm）冲开，流量突然增大，电流升高。

7月8日10：07—7月10日停机，循环泵电流稳定，波动较小，原因是第一、二层浆液循环泵喷淋层母管检查孔已冲开，第三层浆液循环泵喷淋层支管检查孔已冲开，流量压力比较稳定。

经以上综合分析，造成电厂2号脱硫系统SO_2超标的原因是喷淋支管个别检修孔未按规范加固被浆液冲开，浆液柱直接冲刷除雾器，致使个别除雾器脱落，碎片堵塞喷嘴，管道压力增大，冲开其他检修孔，掀开更多除雾器面板，造成恶性循环。由于喷淋层喷嘴堵塞，喷淋支管、母管检修孔冲开，喷嘴压力减小，雾化效果变差，形成烟气走廊，除雾器局部脱落，差压减小，烟气流速加快，烟气在吸收塔内停留时间减少，与浆液循环接触时间减少，进入吸收塔的部分烟气未经浆液吸收直接排出。导致出口SO_2超标，无法控制，机组被迫停运。

4. 暴露问题

（1）各级管理人员对环保设备设施运行维护管理重视程度不高，专业技术管理不到位。电厂2号机组6月8—29日机组利用停备时间对2号吸收塔内部喷淋层进行维护疏通，项目实施前电厂对喷淋层母管及支管检修孔开孔方式及恢复加固技术方案未进行充分论证，审批过程中未能严格审核把关，导致方案不科学、不完善。项目实施过程中技术措施落实不到位，施工质量未得到有效保障。暴露出电厂对环保设备设施重视不够，认识不足。

（2）安全生产基础薄弱，检修标准化管理落实不到位。2号脱硫吸收塔维护工作计划中未安排对除雾器进行系统排查，吸收塔内部检修检查工作安排存在严重缺项漏项，导致设备安全隐患未能及时发现，暴露出电厂安全生产基础薄弱，检修标准化管理工作落实不到位。

（3）运行专业人员技术能力欠缺，SO_2超标原因分析不到位。7月5日，2号机组

SO₂出口浓度波动攀升，因 CEMS 正进行改造调试，运行人员和技术人员认为是 CEMS 表计波动所致，未能对超标原因和设备进行全面分析，未能及时发现和认真分析吸收塔浆液循环泵和搅拌器电流以及除雾器差压的剧烈波动产生的原因，错过了防止事件恶化的最佳时机。

（4）外委维保队伍施工技术工艺质量差，工作不负责。2 号机组吸收塔临修期间维保单位对喷淋层检修孔开孔和恢复未严格按照技术方案要求，仅用陶瓷复合材料粘接，未用玻璃丝布加固处理，部分喷淋支管喷嘴检修孔切割方式不对，采用垂直切割，致使在喷淋支管内部发现检修口盖板堵塞喷淋支管。在技术施工过程中责任心不强，施工工艺不规范，施工质量存在严重问题。

（5）外委队伍监督管理不到位。对外委单位在脱硫吸收塔检修实施过程中，现场监督管理流于形式，验收把关不严，对施工过程中存在的问题未能及时发现纠正。对本次临修主体质量监督检查不到位，对新开检修孔固化强度不够易引起吸收塔系统和除雾器系统运行工况恶化认识不足，重视程度不够。

5. 防范措施

（1）电厂要切实将环保设备纳入主设备管理体系，加强环保设备的运行维护工作。

（2）电厂紧急采购除雾器、喷嘴等物资，并到厂家进行现场监造，严格把控质量关。保证物资按时到厂，提供详尽物资清单，核实物资型号，避免发生到货物资不符合现场实际需要的情况。

（3）将除雾器及平台彻底清理干净，并对除雾器的关键结构支撑点进行加固处理，对有变形虽然未脱落的一并更换。

（4）运行人员密切关注除雾器冲洗水泵电流、压力，除雾器差压变化情况，加强冲洗，出现异常应认真分析处理。

（5）对喷淋层管道及喷嘴进行彻底疏通，临时开的检修孔必须按照新制定的技术方案进行加固处理。

（6）对破损的螺旋喷头进行更换并进行加固处理。

（7）对冲刷穿孔的钢梁进行修复、防腐并加装护板。

（8）对吸收塔浆液循环泵变形脱落的入口滤网进行修复回装，后续对滤网进行改造，增大通流面积。

（9）增设吸收塔浆液循环泵出口压力变送器，对循环泵及喷淋层运行工况加强监视。原、净烟道石膏浆液及塔壁结垢必须彻底清理干净。

（10）抢修期间必须做好现场安全、质量监督工作，确保 24h 全程监控，消防设施等布置到位。

相关附图如图 9-1 ～图 9-5 所示。

 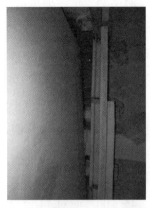

图 9-1　除雾器板片老化开裂　　　　图 9-2　除雾器模块老化变形并脱出卡槽

图 9-3　除雾器模块变形　　　图 9-4　喷淋管损坏　　图 9-5　吸收塔出口侧除雾器脱落

（九十八）2 号机组吸收塔出口烟气温度高，造成非计划停运事件

1. 基本情况

10 月 8 日 05：43，2 号机组负荷为 263MW，锅炉主蒸汽温度为 537.2℃，再热蒸汽温度为 530.7℃，主蒸汽压力为 14.72MPa，再热蒸汽压力为 1.79MPa，给煤量为 212t/h，C、D、E、F 磨煤机运行，给水流量为 874t/h，A、C 电动给水泵运行，输煤 10kV Ⅰ、Ⅱ段运行，2 号脱硫 4、5 层浆液循环泵运行，1、2、3 层浆液循环泵备用，吸收塔出口烟气温度为 52.7℃。

2. 事件经过

05：43：31，输煤运行值班员在 DCS 上启动 B 碎煤机电动机后，听见输煤 10kV

配电室有异响，立即汇报值长。

05：43：32，集控值班员发现10kV公用2段输煤Ⅱ段馈线开关跳闸，火灾报警装置发出"输煤10kV火灾报警"。值长令集控值班员到输煤10kV配电室检查，发现输煤10kVⅡ段B碎煤机电源开关烧损；到10kV公用2段检查，发现输煤Ⅱ段馈线开关过电流保护动作，立即将输煤10kVⅡ段隔离。

05：43：33，2号脱硫DCS画面报搅拌器、石膏排出泵、除雾器冲洗水泵、吸收塔地坑搅拌器、磨机再循环箱搅拌器跳闸，1、2号脱硫石灰石供浆泵同时跳闸。

05：43：43，2号脱硫DCS画面报浆液循环泵跳闸。值班员立即对DCS画面及就地设备进行检查，并汇报值长；值长下令立即采取措施控制烟气温度。

05：45：00，面对14台设备同时跳闸，脱硫班长首先判断配电室出现问题，令主值班员到吸收塔MCC配电室检查减速机油泵、搅拌器、石膏排出泵、吸收塔地坑搅拌器、除雾器冲洗水泵电源开关，翻开液晶显示屏查看保护动作记录；副值班员到石灰石MCC配电室检查石灰石浆液泵、磨机再循环箱搅拌器电源开关、翻开液晶显示屏查看保护动作记录；巡检员去现场对跳闸设备进行检查；在检查人员反馈检查情况之前，脱硫班长检查1号脱硫运行情况及2号脱硫报警情况，但未进行设备启停操作（当班人员为4人）。

05：51：18，2号吸收塔出口烟气温度升至75℃，延迟10s锅炉MFT，2号机组停运。

05：54：00，值班员检查完毕，汇报脱硫班长，配电室无异常，现场设备无异常，可以正常启动。

05：55：30，启动2A除雾器冲洗水泵运行，投入事故喷淋，同时对2号吸收塔除雾器进行冲洗（因为启动浆液循环泵，需启动3台吸收塔搅拌器、减速机油泵运行，开启浆液循环泵入口门，门开启时间与操作时间约为5min，所以应急预案中要求先恢复除雾器冲洗水泵）。

05：56：07，启动搅拌器2A、2B、2C、2D、2E成功。

05：57：00，1号吸收塔pH值降至5.0以下，出口SO_2浓度上升。启动1A石灰石供浆泵，1号脱硫吸收塔恢复供浆，pH值升至5.5，SO_2排放浓度降至35mg/m³（标准状态）以内，1、2号脱硫设备恢复正常。

07：25：00，检查输煤10kVⅠ段正常，开始上煤。

08：30：00，机组点火成功。

12：12：00，2号机组并网。

3. 事件原因

（1）B碎煤机电动机开关烧损原因：

1）与 ABB 厂家人员共同检查，发现 B 碎煤机电动机开关上口触头盒、主母线套管烧损；真空接触器上口三相动触头、触臂、三相熔断器烧损；上口 C 相静触头烧熔较严重，如图 9-6 所示。

2）真空接触器下口三相静触头、触臂基本完好，如图 9-7 所示。

3）ABB 真空接触器真空泡外观及绝缘测试，绝缘值均为 500MΩ，无损坏，如图 9-8 所示。

经分析确认，开关故障原因为开关上口触头接触不良导致发热，致使触头弹簧紧力减小，导致触头老化加速，在电动机启动瞬间，发生动静触头拉弧，引起的短路，导致开关烧损。

图 9-6　B 碎煤机电动机开关烧损情况　　　图 9-7　真空接触器下口三相静触头、触臂

图 9-8　真空接触器真空泡外观及绝缘测试

（2）锅炉 MFT 原因。输煤 10kV Ⅱ段和脱硫 10kV Ⅱ段均接在 10kV 公用 2 段上，B 碎煤机电动机开关上口三相短路后，10kV 公用 2 段电压下降至 1.24kV，脱硫 400V PC B 段电压降至 153V，导致 4、5 层浆液循环泵减速机油泵跳闸，延时 10s 后 4、5 层浆液循环泵跳闸。同时，脱硫 400V 系统的搅拌器、石膏排出泵、除雾器冲洗水泵、1 号脱硫石灰石供浆泵、2 号脱硫石灰石供浆泵、吸收塔地坑搅拌器、磨机再循环箱搅拌器跳闸。

（3）事故处置不及时的原因。面对 14 台设备跳闸信号同时报出，脱硫班长首先判断配电室出现故障，第一时间安排班组其他 3 人去检查各配电室及现场情况，未果断强行启动除雾器冲洗水泵，错过了投入事故喷淋的最佳时间，脱硫出口烟气温度升高至 75℃，锅炉 MFT。

4. 暴露问题

（1）履职尽责不到位。对集团公司安全生产工作会议精神学习不透彻，认识不深入，执行不彻底，对"非停就是事故"的思想认识不到位。

（2）事故预想不到位、应急处置能力不足。脱硫运行人员在 2 号机组浆液循环泵、搅拌器、除雾器冲洗水泵等 14 台设备跳闸后，在 7min 45s 内未能及时启动事故喷淋系统，导致吸收塔出口烟气温度升高，暴露出脱硫运行人员经验不足、事故处理能力不强。

（3）培训不到位。2 号机组超低改造后，未对改造后的脱硫系统进行事故演练，暴露出技术培训缺失。

（4）设备管理不到位。2017 年 7 月 9 日，对 B 碎煤机开关进行了检修、预试工作，但在 2 号机组超低改造及 C 修期间，没有抓住检修时机开展输煤公用系统的检修工作，暴露出设备管理不细致。

（5）隐患排查不深入、技术管理不到位。未能排查出脱硫系统负荷分配不合理的隐患，5 台浆液循环泵减速机油泵电源均取自吸收塔 MCC，如母线发生故障，浆液循环泵将全部停运，暴露出风险辨识不到位，技术管理存在漏洞。

5. 防范措施

（1）开展"非停"事件的反思和总结，提高对"控非停"工作的思想认识。生产各部门立即开展大反思、大讨论活动，深入反思安全管理、技术管理、培训管理、检修管理、运行管理、应急管理、隐患管理中的不足，查找管理漏洞，制定整改措施，把安全生产责任制真正落到实处，切实履职尽责。

（2）完善应急演练方案，制定应急演练计划，对脱硫运行人员定期开展应急演练，提高运行人员的应急处置能力。紧急情况下，运行电动机跳闸，备用电动机启动不成功或无备用电动机时，若查明跳闸电动机无明显故障时强启一次。

（3）按照超低排放改造后的规程及系统图，制定详细的培训计划，扎实开展培训工作，提高运行人员操作水平。

（4）对输煤 10kV 及全厂公用系统电气设备定期开展轮换检修、预试，加强清扫、检查及巡检工作。

（5）重新梳理脱硫系统负荷分配情况，将同类型重要负荷分配在不同的 MCC 段上，对脱硫保安 MCC 进行增容改造，将两台浆液循环泵减速机油泵电源改造在保安

MCC 上，完善脱硫电气系统；把环保设备当主设备一样管理，对环保设备进行隐患排查，对排查出的问题按照"五定"原则进行整改。

（九十九）氨逃逸控制不良，导致 1 号炉空气预热器堵灰，机组被迫停运事件

1. 事件经过

18：55，1 号炉点火，投入 B 层微油及 A 层两支大油枪，启动 B 磨煤机，投入空气预热器连续吹灰。

21：20，一次风压波动逐步增大至 4kPa，锅炉停止升温升压，决定对空气预热器转速进行切换。

21：35，将 B 空气预热器进行转速切换后，风压波动降至 2kPa，锅炉继续升温升压。

22：30，1 号机组冲转。次日 00：15，1 号机组并网。

04：47，1 号机组负荷升至 185MW，1 号炉一次风压波动大，最低低至 1kPa，同时 A 空气预热器电流波动至 18A，将负荷快速减至 150MW。

06：00，进行 B 空气预热器电动机转速切换，风压波动无明显好转。

06：18，1 号炉一次风压波动，最低至 0，A/B 一次风机喘振，电流在 45 ~ 60A 之间波动，炉膛负压为 +200 ~ −1000Pa 大幅度波动，1 号机组打闸停机。

2. 事件原因

（1）脱硝投运后，脱硝出口安逃逸和 NO_x 在线仪表显示均不准确，氨逃逸形成的硫酸氢氨在低温环境黏结性很强，硫酸氢氨黏结在空气预热器冷段换热元件表面，造成空气预热器冷段换热元件积灰加剧。

（2）燃煤水分在 30% 左右，灰分中钠、钙含量高，造成煤灰黏性高，易造成空气预热器积灰。

（3）为防锅炉结焦、沾污，吹灰器吹灰频次高，造成吹灰过程烟气中水分增加，在空气预热器入口风温低时，空气预热器换热元件内积灰不能及时排出，导致空气预热器积灰加剧。

（4）进入冬季，电厂周边自备机组相继投运（多达 5 台，系统出力增加 1730MW），造成机组连续低负荷运行。因机组负荷低，造成锅炉排烟温度降低和烟气流速降低，烟道及空气预热器积灰加剧。

3. 暴露问题

（1）锅炉脱销系统投入运行，生产人员氨逃逸率影响空气预热器堵灰认识不够，重

视程度不足。

（2）暖风器风温控制调整不到位，对暖风器投退时间不合理。

（3）对设备的危险源辨识不充分，没有制定相应的风险控制措施。

4. 防范措施

（1）组织实施针对煤炭加除焦剂项目，以改变灰渣特性，综合减少吹灰器投运频次。

（2）通过暖风器改造提高空气预热器入口一次风、二次风温度，减少空气预热器冷段换热元件堵灰。

（3）对暖风器疏水排放系统进行改造，降低原设计疏水管道标高，将疏水引入汽轮机扩容器，减小疏水阻力。目前，暖风器疏水排放系统改造方案已下发，正在组织实施。

（4）对氨逃逸表计进行升级改造。目前，已确定改造方案。

（5）环境温度低于15℃时，及时投运一次、二次风暖风器，确保低温环境空气预热器安全运行。

（6）进一步加强市场营销，努力提高市场占有率，争取机组高负荷运行。

（7）加强运行参数监控和参数比对，进一步优化吹灰器运行方式。